U0021322

時基競爭：

快商務如何重塑全球市場

Competing Against Time:

How Time-Based Competition is Reshaping Global Markets

喬治・史托克（George Stalk, Jr.）
湯瑪斯・郝特（Thomas M. Hout） ｜合著
李田樹｜譯

Competing Against Time: How Time-Based Competition is Reshaping Global Markets
Original English Language edition Copyright © 1990 by The Free Press
Complex Chinese Translation copyright © 2022 by EcoTrend Publications, a division of Cité Publishing Ltd.
Published by arrangement with the original publisher, Free Press, a division of Simon & Schuster, Inc.
All Rights Reserved.

經營管理 175

時基競爭：
快商務如何重塑全球市場

作　　　　者 —— 喬治‧史托克（George Stalk, Jr.）、湯瑪斯‧郝特（Thomas M. Hout）
譯　　　　者 —— 李田樹
企 畫 選 書 —— 文及元
責 任 編 輯 —— 文及元
封 面 設 計 —— 陳文德
內 頁 排 版 —— 薛美惠
行 銷 業 務 —— 劉順眾、顏宏紋、李君宜

總　編　輯 —— 林博華
發　行　人 —— 涂玉雲

出　　　版 —— 經濟新潮社
　　　　　　　104 台北市民生東路二段 141 號 5 樓
　　　　　　　電話：(02)2500-7696　傳眞：(02)2500-1955
　　　　　　　經濟新潮社部落格：http://ecocite.pixnet.net

發　　　行 —— 英屬蓋曼群島商家庭傳媒股份有限公司城邦分公司
　　　　　　　台北市中山區民生東路二段 141 號 11 樓
　　　　　　　客服服務專線：02-25007718；25007719
　　　　　　　24 小時傳眞專線：02-25001990；25001991
　　　　　　　服務時間：週一至週五上午 09:30-12:00；下午 13:30-17:00
　　　　　　　劃撥帳號：19863813；戶名：書虫股份有限公司
　　　　　　　讀者服務信箱：service@readingclub.com.tw

香港發行所 —— 城邦 (香港) 出版集團有限公司
　　　　　　　香港灣仔駱克道 193 號東超商業中心 1 樓
　　　　　　　電話：25086231　傳眞：25789337
　　　　　　　E-mail: hkcite@biznetvigator.com

馬新發行所 —— 城邦 (馬新) 出版集團 Cite(M) Sdn. Bhd. (458372 U)
　　　　　　　41, Jalan Radin Anum, Bandar Baru Sri Petaling,
　　　　　　　57000 Kuala Lumpur, Malaysia.
　　　　　　　電話：(603) 90578822　傳眞：(603) 90576622
　　　　　　　E-mail: cite@cite.com.my

印　　　刷 —— 漾格科技股分有限公司
初 版 一 刷 —— 2022 年 3 月 8 日

I S B N —— 9786269574711、9786269574728 (EPUB)　版權所有‧翻印必究

定價：480 元　　　　　　　Printed in Taiwan

導讀

快商務時代，速度比規模更重要

文／徐瑞廷

　　時基競爭是波士頓顧問公司（Boston Consulting Group，BCG）繼「BCG 矩陣」與「經驗曲線」以來，最經典且影響最久遠的著作之一。主要核心概念為，時間也是企業的重要競爭優勢來源之一。能夠用最短時間滿足客戶需求的企業，有更大機會得到高利潤。

　　「企業本來就是比快的，這不是常識嗎？」在這個處處講求速度、敏捷的時代，各位可能不覺得這個洞察有什麼了不起。然而，在兩位作者首次提出該論述的 1980 年代，當時的主流想法還是規模掛帥，多數企業認為只要掌握規模，市場佔有率越大，利潤就越高。提出越快越賺錢的想法，可說是相當有革新性的。直到現在，時間對企業競爭優勢的重要性還是無庸置疑，也難怪蘋果公司執行長（CEO）提姆・庫克（Tim Cook）會推薦本書給員工看。

　　發現該論述的契機，是來自於作者當年做製造業利潤與規模分析的時候，注意到除了大型歐美製造業外，有些日本小型製造業很賺錢。原本大可將之視為統計上的雜音忽略不計，然而有強烈好奇心的 BCG 顧問們，針對這些日本公司做了深入研究，發現相比歐美大型企業規模雖小，但是卻能有更高的人均生產力，而且能製造更多種類的產品。進一步調查才發現秘密在於速度，這些日本小型製造業能用更短時間，做出符合客戶需求的產品，

除了因此生意源源不絕外，更重要的是因爲速度帶來了庫存降低等好處，導致更好的邊際利潤。順帶一提，聽說當初因爲要徹底研究這些日本企業，史托克還請調東京辦公室，在日本住了好幾年。

基於這些研究，後來兩位 BCG 的前輩，史托克與郝特，於 1980 年代，在《BCG 觀點》（*Perspectives*；BCG 定期分享給客戶的小冊子）上，首次提出時基競爭的論述。在 1988 年於哈佛商業評論上登出後，才開始打響知名度。1990 年正式把研究結果出書。

書中提到幾個歸納法則，像是從接單到交付，端到端所花的時間，只有 0.05% 到 5% 是有附加價值的（所謂 0.05~5 法則）。剩下的時間都浪費在三種等待，有三分之一在等其他流程、三分之一等重做、三分之一等管理層決策（所謂 3/3 法則）。這些法則至今仍然值得管理階層參考。

BCG 在 2013 年，也是公司成立 50 週年之際，針對時基競爭做了一次回顧，並發佈了〈BCG 經典回顧：時基競爭〉一文。並且用多個示例說明，該論述不但有效，而且越來越重要。該文指出，隨著時代進步，各行各業可利用各種科技，除了更快的交付產品或服務到顧客手上，更能敏捷地應付顧客不同需求。

在這個充滿不確定的時代，面對疫情、地緣政治、什麼都缺等眾多因素導致黑天鵝事件頻傳，企業對於「時間」的競爭需要有更進化的思考。一方面、如書中所言、利用快來提升生產力、降低成本、提升利潤；另一方面，利用快來提升企業韌性，來應付黑天鵝等突發事件。

希望讀過這本書後，各位讀者能藉機反思自己公司，到底在時間這條賽道上的表現如何。試著自問：

- 我們真的比競爭對手能更快滿足顧客需求嗎？怎麼證明？
- 我們有用充分的時間指標（Time-based KPI）來評量部門或員工績效嗎？
- 如果有新型的競爭對手出現，用比我們快兩倍的速度交付，對我們的影響是什麼？
- 針對過去一連串發生的黑天鵝事件，我們的反應速度如何，未來如何確保能夠反應更快？

　　以上問題是我們會拿來問客戶的，藉以刺激對時基競爭進一步思考，提升競爭力，希望對各位有參考價值。

本文作者為波士頓顧問公司（Boston Consulting Group，BCG）董事總經理暨全球合夥人、BCG台北辦公室負責人

謹以本書獻給波士頓顧問公司（BCG）
過去、現在和未來的客戶及工作夥伴

目次

（編按：本書原文寫於 1990 年，書中提到的公司名稱、人物職稱，皆以當時為主）

前言

　　我們對以時間為基礎的競爭（time-based competition，簡稱時基競爭）課題的探索，始於 1979 年。那年，看到某客戶提供的部分資料時，包括我們在內的幾位同事，均頗感震驚。該公司運用標竿管理法（benchmarking），評比旗下位於歐、美、日幾間主要製造廠的生產績效。結果發現，和一向被該客戶視為模範生的歐美廠相比，日本廠的廠房空間較小，存貨水準非常低，卻能以用更快的產出時間（throughput times）與極高的生產力，生產出品質更好的產品。事實上，該公司旗下產量偏低、產品種類更多的日本廠，經營績效反而遠優於該公司歐美姐妹廠。波士頓顧問公司（Boston Consulting Group，BCG）創辦人布魯斯・韓德森（Bruce D. Henderson, 1915-1992）當時，便說過這樣的話：「除非有人能解釋造成上述績效差異的原因，否則現有企業策略的許多理論基礎都該被質疑。」

　　其後數年，我們陸續發現，愈來愈多的公司也有類似遠勝過同業的優異績效。此一卓越企業名單當中，有不少是日本企業，但也出現了一些歐美公司，後來更陸續加入了部分韓國、台灣與香港的公司。為深入探討造成上述績效差異的因果關係，我們逐展開了為期兩年的研究，對象涵蓋了日本、美國、歐洲、亞洲及澳洲。之後，我們又花了兩年時間，試圖找出時間因素，與工廠及組織為了更有效地管理工廠，而導入許多必要變革之間的關

連。其後，我們又用了一年時間來證明，時間因素對製造業固然重要，對非製造業同樣也很重要。

在這次調查研究過程中，從成本結構到顧客行為，許多過去被視為當然的假設，均被我們做了一些調整。舉例而言，生產週期（run-length）縮短，成本不升反降。其二，對提升品質投入更多資金，成本不升反降。再來，增加產品種類及縮短反應時間（response time），成本不增反降。最後，過去業者總認為，增加產品或服務選項，以及提升反應性（responsiveness；編按：簡稱反應），僅能很有限地刺激顧客需求。事實上，面對更好的服務，顧客的反應極為敏感（sensitive）。凡能設定顧客對產品選擇的期望值，並且能迅速回應顧客需求的公司，往往能創造最有利可圖的事業區隔（segment）。

上述理論架構得以成形，歸功於許許多多的人。其中大部分人來自 BCG 的客戶公司。以下列舉的感謝名單絕不可能完整，因為基於對客戶關係的保密，許多對本書內容有重大貢獻的人，我們均無法逐一列舉。事實上，本書作者一向嚴格遵守 BCG 的保密條款。本書收納的陳述與數據，無一來自公共來源以外的領域，否則我們會對內容作適度的修改，以免讓人聯想到 BCG 的特定客戶。最後，本書所舉的所有延伸案例，無一是 BCG 的客戶。

研究初期，BCG 的許多同仁，包括 Rene Abate、Barbara Berke、Len Friedel、Thia von Ghyczy、Shikar Ghosh、Richard Herman-Taylor、Rud Istvan、Gilbert Milan、Anthony Miles、Sy Tiles 及 Tom Wurster 等，均作出相當程度的貢獻。稍後，研究團隊又注入不少新血，包括 Jim Andrews、Jeanette Besharat、Mark Blaxill、Dana Cain、Phil Catchings、John Clarkeson、

Simon Cornwell、Mark Delfino、Jeannie Duck、Jeri Eckart、Erin Esparza、Philp Evans、Brad Fauvre、Myron Feld、John Frantz、Steve Gunby、Ranch Kimball、Barbara McLagan、Bob Malchione、Mike Marcus、Bob Morette、Klaus Nadler、Dean Nelson、Michael Norkus、Art Peck、Gary Reiner、Wayne Robinson、Heiner Rutt、Simon Sherwood、Larry Shulman、Ashok Siddhanti、Mike Silverstein、Hal Sirkin、Carl Stern、Roger Walcott、Iain Watson、Richard Winger 及 Alan Zakon 等。以上所列眾人，還有更多 BCG 同事，因著他們傾力協助，讓更多 BCG 的客戶蛻變爲時基競爭者，從眾多同業中脫穎而出。

　　對以上諸人長期投入時間精力，給予本研究的幫助，作者謹在此表示誠摯的感謝。這是一本能充分展現以上眾人努力成果，以及他們所服務的公司的著作。作者還要感謝《哈佛商業評論》（*Harvard Business Review*）精明幹練的資深編輯 Nan Stone、本書文字編輯 Marilyn Shepherd，以及哈佛商學院的教授約瑟夫‧鮑爾（Joseph Bower）。最後，我們要感謝日本企業理論家吉姆‧阿貝格倫（Jim Abegglen）及韓德森。多年來，這兩位 BCG 創辦人對本研究的指導，讓作者獲益良多，在此謹深表感激之意。

第一章

新競爭時代的誕生

　　處在 20 世紀後期的競爭環境中，一個創新競爭策略的生命週期可維持 10 到 15 年。每次出現一個新的創新策略，一定伴隨著競爭地位的重大改變，並爲相關企業帶來巨大財富。面對每一次的新變局，管理階層無不費盡心思，試圖了解領先者新建立的競爭優勢（competitive advantage）。然而，一如軍事機密一樣，一旦被同業解密，新競爭優勢來源不再神祕時，原有領先者即無法盡情發揮其創新策略。此時，業者必須尋求下一個創新。

　　時至今日，時基競爭已變成最新的創新策略。在管理階層嚴格要求下，許多更積極進取的企業，紛紛導入新的績效評量指標：從過去評量競爭成本、評量競爭品質，到現在不僅要評量競爭成本、評量競爭品質，**還要**評量反應性。也就是業者應設法在顧客期待的時間內，提供他們想要獲得的產品與服務。這種競爭重心的轉換，有助於創新領先者蛻變爲時基競爭者。相較於安步當車的同業，時基競爭者用更低的成本、更短的時間，提供給顧客更多樣化（varieties）產的品與服務。藉由這麼做，時基競爭者可說是遙遙領先他們變革速度較慢的同業。

　　那些適當調整組織結構，改成以加快反應爲經營重心的企業，都獲得豐碩的成果。如【**表 1-1**】所示，反應性有優勢的業者，其營收成長率（revenue growth rate，或譯爲增長率）至少三

倍於同業，獲利率（profitability）則是業界平均值的兩倍多。

【表 1-1】時基競爭者（預估績效值）：以五家公司為例

公司	經營優勢	反應性差異	營收成長率	獲利率
沃爾瑪	平價零售商場	80%	36% vs. 12%	19% vs. 9% ROCE *
亞斯滑升門	工業用滑升門	66%	15% vs. 5%	10% vs. 2% ROS *
拉夫威爾森塑膠廠	裝飾用美耐板	75%	9% vs. 3%	40% vs. 10% RONA *
湯瑪維	家具	70%	12% vs. 3%	21% vs. 11% ROA *
花旗集團	抵押型貸款	85%	100% vs. 3%	N/A

* ROCE = 投入資本報酬率（return on capital employed，或譯為已動用資本回報率）；ROS = 銷售利潤率（return on sales）；RONA = 淨資產報酬率（return on net assets）；ROA = 資產報酬率（return on assets）。

時基競爭者之績效遠勝同業

如【表 1-1】所示，在即時回應顧客需要的競爭優勢加持下，該五家公司均成為業界的佼佼者。

沃爾瑪（Wal-mart）是美國成長最快的零售商之一。沃爾瑪一年可賣出近二百億美元的商品。沃爾瑪的規模僅次於凱瑪特（Kmart），和已陷入經營困境的業界鉅子西爾斯百貨（Sears）。沃爾瑪的成功，可歸功於許多因素，而反應性是其中最重要的。沃爾瑪各分店平均每週補貨二次。許多分店每天都要補貨。反觀凱瑪特、西爾斯、Zayre 等同業，平均每兩週補貨一次。相較於同

業，沃爾瑪擁有下列優勢：

- 用四分之一的存貨投資，可維持相同服務水準
- 用相同的存貨投資，可提供顧客四倍的產品選項
- 有時可同時做到以上兩者

在整個平價零售業中，沃爾瑪的營收成長率三倍於同業平均值，其投資報酬率（return on capital）高過同業平均值的二倍多。

亞斯滑升門公司（Atlas Door）現已成為美國工業用滑升門的領導供應商。按一般人想法，滑升門是一種很簡單的產品，頂多就是比一般的門寬很多、高很多的滑升門而已。然而實務上，滑升門的尺寸有無限多的組合。因此，除非某顧客極為幸運，公司庫存正好有其所訂購的產品，否則顧客下單後，通常都要等候數個月——業者接到訂單，開始設計，並完成製造——才能收到產品；也就是說，除非他們是向亞斯下單。反觀亞斯，顧客下單後，如果無庫存，從接單訂製到交貨，亞斯僅需三至四週時間便可完成整個流程，相當於業界平均值的三分之一。

面對反應快速的亞斯，顧客不吝於給予回報。結果不僅亞斯的接單量大增，而且顧客通常寧願多花 20% 的錢，以換取儘早收到所需的車庫門。如今，亞斯已成功的擠下業界龍頭——滑升門公司（Overhead Door Corporation，達拉斯公司〔Dallas Corporation〕旗下事業部）——變成新領導廠商，而且市占率持續提高。亞斯的營收成長率是業界平均值的三倍，獲利率更比一般同行高出五倍。

威盛亞（WilsonArt）是 Premark 總公司旗下事業部拉夫威爾森塑膠廠（Ralph Wilson Plastics），所製造的裝飾用美耐板品

牌。裝飾用美耐板當初是由富美佳（Formica）所開創的新建材，初期大受市場歡迎，富美佳也因此成爲家喻戶曉的名詞。發展至今，富美佳連連受挫，美耐板市場霸主已換成威盛亞了。和同業相比，威盛亞能獲致今日成功，大部分可歸功於其更快速的反應性。如果顧客下了訂單，威盛亞發現當地經銷商或其區域經銷中心無庫存，威盛亞保證 8 日內或更短時間，即可完成接單製造交貨。反觀其他同業，一旦缺料，通常需要 30 天以上才能交貨。因此，市場對威盛亞美耐板的需求強勁，導致該公司營收成長率比業界平均值快三倍，而威盛亞的獲利率更比一般同行高出四倍。

受供應商交貨慢及品質不穩定等因素的影響，家具市場持續萎靡不振。近幾年卻冒出一顆明星：湯瑪維家具公司（Thomasville Furniture）。湯瑪維賴以成名的是，該公司自行開發的快速交貨計畫。如遇顧客看中意的商品無庫存之情況，湯瑪維保證 30 日內完成交貨。同樣碰到缺貨情況，一般同業至少需要三個月以上才能交貨。在此一優勢下，湯瑪維的營收成長率是同業平均值的四倍，獲利率則爲同業平均值的二倍。

三年前，花旗集團（Citicorp）推出最新款的抵押型貸款 MortgagePower，承諾買方及不動產業者 15 日內完成貸款撥付。而典型的貸款創始機構則需 30 至 60 日才能同意撥款。結果此一新產品大受歡迎，導致抵押型貸款市場對花旗 MortgagePower 的需求，每年均成長 100% 以上。其時，業界平均值僅爲 3%。新產品推出次年，花旗就一躍成爲美國抵押型貸款的領導者。花旗預計在五年內，努力把市占率提升爲當時的三倍。令人吃驚的是，1989 年 2 月 8 日，花旗宣稱，今後銀行承辦人可在 **15 分鐘**內，完成抵押型貸款案之核貸手續。

很明顯地，那些創造出時間優勢，從而變成時基競爭者的業

者，常能顛覆商場生態，擊垮傳統的領導者，在市占率及獲利率二個指標雙雙稱霸。根據本研究統計，當某時基競爭者能夠創造出比同業快三到四倍的反應優勢——出貨速度（turn around time）比同業快三到四倍——時，我們幾乎可以預估：該時基競爭者的營收成長率將比業界平均值快三倍，其獲利率則為業界平均值的二倍。更甚者，以上數字僅為「起跳值」。事實上，許多時基競爭者的營收成長率及獲利率均遠勝過同業。

當某業者善用特定策略創新，從而創造新的競爭優勢時，其他競爭者必須有所改變，以為因應。面對此種情況，管理階層基本上有二個選項：靜觀其變，等態勢明朗，亦即新競爭優勢確立後，再做改變；或是立刻著手並採取必要行動，而不管其他競爭者的做法。一般來說，採取後者做法（攫取機會建立新的競爭優勢來源）的公司，其營收成長率和獲利率，通常優於反應被動的公司。管理階層不僅面臨必須儘速確認新競爭優勢來源，並搶先採取行動之挑戰，還要在現有優勢逐漸消失之前，設法讓組織再做必要的調整。管理階層必須體認到，競爭環境已改變的事實，更必須體認，未來仍將持續改變。

策略式創新：回溯研究

長久以來，商業策略的創新多數可歸類為偶發事件。具體言之，當市場出現了一個通常以科技為基礎的重大發現時，此一發現不僅將顛覆產業生態，同時會改變企業的命運。例如在 1880 年代，人類發明火車後，河運及靠馬車為主的陸路運輸便逐漸沒落。到了 20 世紀中期，卡車運輸又取代了大部分鐵路運輸。同樣地，煤礦開採業取代木材伐採業後，其地位又被石油開採業

超越。

　　回顧歷史，伴隨著偶發革命的風險是，管理階層必須隨時做好準備，以應付非預期狀況。儘管如此，很少業者能做到這一點。近年來，市場上已較少出現偶發商業策略變革，取而代之的是革命性變革。這是一種連續變革，不僅涵蓋實體科技的改變，亦涉及管理技術面的變革。

　　然而，過去 40 年來，商場上陸續出現多個影響企業績效的營運創新，包括經驗曲線（experience curve）策略、投資組合（portfolio）策略、負債融資之策略運用（strategic use of debt）、成本差異化策略（de-averaging of costs，或譯為成本去平均化策略）、組織結構重組（restructuring，或譯為重整、組織結構調整），以及最新的時基競爭等。這些策略創新，和上述源於偶發事件的創新，實有明顯差異。

經驗曲線策略

　　1960 年代，若干企業嘗試以它們對工人行為的觀察心得為基礎，從而研擬出新的企業策略，這就是一種基於策略思考而建立的創新。經驗曲線成本行為（experience-curve cost behavior），便是主管的初期觀察心得。經驗曲線理論是指主管發現，從事複雜度（complex）高的產品與服務的人，每當他們累積了一倍的工作經驗後，相關產品與服務之成本，在剔除通貨膨脹和套用傳統成本會計，以平均成本方式分攤費用的因素後，大約會隨之降低 20% 至 30%。

　　事實上，人們很早就發現了成本隨著產量增加而降低的現象。例如在 1925 年，美國陸軍官員曾提出一份報告。該報告指出，飛機產量增加後，每單位成本便逐漸降低。稍後，一份深入

的調查研究，進一步描述了這種連動現象的性質：兵工廠組裝的第四架飛機，其直接人工成本僅及第二架飛機直接人工成本的80%；兵工廠組裝的第八架飛機，其直接人工成本僅及第四架飛機直接人工成本的80%；兵工廠組裝的第六十架飛機，其直接人工成本僅及第三十架飛機直接人工成本的80%，以此類推。

　　第二次世界大戰期間，人們對上述成本行為的了解，對飛機製造業規畫物料資源需求的任務至關重要。戰後，飛機製造業持續體驗經驗曲線的好處。在一份1957年出版的論文中，如【圖1-1】所示，馬丁・瑪麗埃塔（Martin-Marietta）生產的超級堡壘轟炸機B-29，波音（Boeing）生產的空中堡壘轟炸機B-17，以及道格拉斯飛機（Douglas Aircraft）生產的解放者轟炸機B-24，這三款飛機的生產成本下降走勢，均符合經驗曲線精隨。之後，經驗曲線觀念持續被應用至更多領域，從預測專案成本、制定生產排程（scheduling）、評估管理績效，到核算合約價格不等。更甚者，這個觀念已從飛機製造業擴及其他更多產業。

　　到了1960年代中期，經驗曲線效應已成為廣為人知的概念。其時，許多企業均以此概念為擬定策略之重要考量。如【圖1-2】、【圖1-3】所示，案例中產品成本與價格之下跌，均與經驗呈負相關。以日本啤酒為例，生產工人每累積一倍的經驗，其價格便下跌約20%。另一個例子是，美國發電廠工人每累積一倍的工作經驗，美國的發電成本便降低約20%。部分原因是，渦輪發電機製造廠每累積一兆瓦（megawatt）渦輪發電產能（capacity），每兆瓦發電量的直接成本便降低約20%。

【圖 1-1】展現出強大學習效應的飛機製造商

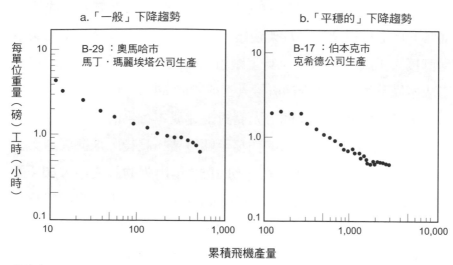

資料來源：米蓋爾‧瑞古雷歐（Miguel A. Reguero），「一份軍用飛機製造業的經濟研究報告」（俄亥俄州：美國空軍所屬萊特－派特森空軍基地〔Wright-Patterson Air Force Base〕，1957 年 10 月），231-235 頁。

　　這種價格下跌現象的根本原因，實爲成本降低了。而成本能夠降低，是因爲經驗的累積。具體言之，經驗的累積，讓：

- 工作者與管理階層學會如何能更有效率地執行任務
- 採用更好的作業方法，例如經過改良的工作排程及組織結構
- 研發出新的物料與製程技術（process technology，或譯爲程序科技），促成進一步的成本降低
- 針對如何提高生產效率而重新設計產品

　　如【圖 1-3】所示，我們發現，經過很長一段時間，成本仍可持續降低。某些類別成本可能呈現穩定降低趨勢。另外，某些類別成本一開始下降幅度較緩和，稍後加速下降，然後再度緩和。這多半是因爲企業開發出創新的設計與生產技術。

【圖1-2】經驗曲線實例

a. 日本啤酒產業

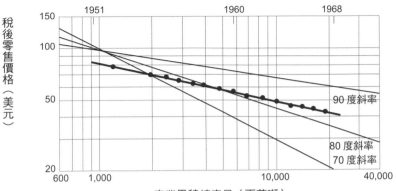

b. 美國電力產業

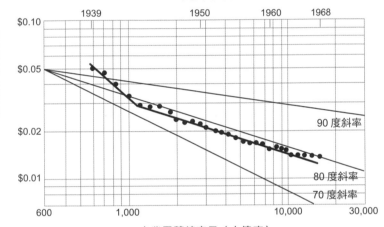

c. 美國聚氯乙烯產業

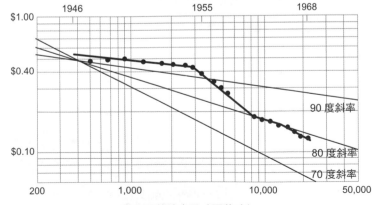

資料來源：《經驗透視》（*Perspectives on Experience*）。波士頓顧問公司員工，版權所有 © 1968, 1970, 1972

【圖 1-3】汽輪發電機直接成本的經驗效應：1946 至 1963 年

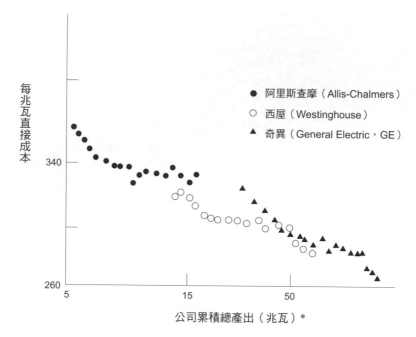

注：因著反托拉斯訴訟興起，先前被阿里斯查摩、西屋電氣及奇異視為機密的資訊，得以公諸於世。

＊每個資料點代表一整年數據，橫軸代表三家公司全年總發電量。

　　一家公司能否預測下一年度的價格，對管理階層而言特別重要。如果一家公司能夠預測未來 5 年，甚或未來 10 年的價格，此一能力無疑是該公司的一項重大策略優勢。某些作風較積極的企業，其管理階層清楚認識一件事：對成本行為資料做完整的紀錄建檔，實為訂定價格策略的良好基礎。管理階層根據產量預測成本，再根據成本訂妥價格，進而擬定未來的投資策略。有時，這類公司會壓低價格甚至低於當時的成本；因為管理階層清楚知道，一旦擴充產能，產品成本便會隨之下降。需求未至，產能先行。那些敢於率先採用經驗基礎策略的公司，常將落後者狠狠

地踩在腳底下。先行者通常能夠準確預測未來需求，據以擴充產能，待需求上升時，立刻吃下夠多的市場占有率（market share，簡稱市占率）。等到同業回神，採取因應措施時，市場需求已所剩無幾。即便市場規模夠大，這些落後者卻看得到吃不到，因為他們的成本幾乎無法和領導者匹敵。

　　德州儀器（Texas Instruments,TI）便是導入經驗曲線成本動力學的最早期使用者。其時，德州儀器飛速成長，其他競爭者因完全無法理解經驗曲線原理，而被該公司遠遠拋在後面。在科技領域，德州儀器是技術創新者，先是矽電晶體（silicon transistor），後來是半導體（semiconductor）。在管理領域，德州儀器也一度是創新者。該公司管理階層發現，在生產電晶體、二極體（diode），以及最後的半導體時，產量每累積一倍，成本便降至原先成本的 73%。於是德州儀器依據對此一特有的 73% 經驗曲線的理解，設立經營方針，訂定成本撙節方案，確保全公司上下持續不斷地降低成本。在市場上，德州儀器不斷砍價刺激需求，目的就是要擴大市場，待公司提高產能後，成本便會隨之降低。從一開始的二極體、電晶體，到後來的半導體，再到最後的攜帶式計算機與數位電子表，德州儀器逐一將競爭者擊潰。

　　然而好景不常，在數位電子表與計算機市場，德州儀器連續面臨競爭對手強力挑戰。德州儀器最被人詬病的，就是該公司犯了一個基本錯誤：過度依賴經驗曲線基礎策略，而忽略了市場導向策略。這是一個過度簡化的失敗例子。德州儀器致力於不斷地壓低成本，以至於未能給產品線增殖（proliferation）留下任何發展空間。德州儀器這種專注於單一經營重心的做法，反而讓緊追在後的競爭者有了突圍的機會。例如卡西歐（Casio）及惠普（Hewlett-Packard），便選擇以產品特性（features）為銷售訴求，

而非僅強調產品售價低廉。後來,當成本與價格被壓低到一定水準,顧客開始更在乎商品功能與式樣,而非價格時,此一產品特性策略即演變爲產業新標準。

　　某些企業或許不像德州儀器那樣,完全遵循經驗曲線的指導,但它們採行的策略,或多或少都與經驗成本行爲有關連。以今天的半導體產業爲例,大部分業者仍然奉行經驗效應原則,擬定以價制量的策略。更甚者,對大多數的產業來說,儘管業者不會對外界宣稱,自己是根據經驗效應擬定策略,但在骨子裡,他們無不默認自己乃根據經驗效應訂定市場占有率目標。市場占有率其實就是產量(經驗效應背後的主要推手)的代理人。擁有最大市場占有率的公司,自然能享有最高的毛利率(gross margin),而擁有最高毛利率,又代表該公司能造出最高產量,從而能持續快速累積產量。如【圖 1-4】所示,幾家日本輪胎製造大廠的製造成本與獲利率的差異,忠實反映出這些大廠所擁有市場占有率的差異。現有競爭者一個個力爭上游,直到其中一家公司打破市場均衡生態,脫穎而出,成爲新的領導者。

投資組合管理

　　一如經驗基礎策略逐漸變成普遍爲商場接受的理論,稍後,另一個新的策略見解也悄然興起了。當時,在 1960 年代末期及 1970 年代初期,爲了便於管理,許多公司紛紛重整組織結構,成立一個個利潤中心,讓它們變成享有最高程度自主營運權的事業體。在這樣的結構下,總公司乃針對各個營運事業單位設立績效目標,例如獲利率,接下來再分配投資額,要求事業單位,未來必須拿出與被分配投資額相稱的投資報酬率。二戰之前,奇異(GE)公司與西屋電氣公司率先引進利潤中心管理模式。奇異則

【圖 1-4】輪胎／內胎事業：獲利率與相對市占率關係圖（1968 至 1973 年）

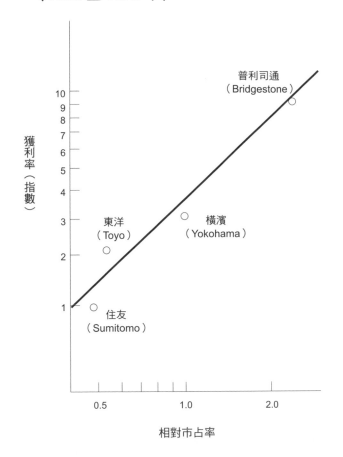

被世人公認為此類管理觀念的領導者。

關於在管理利潤中心組織結構時會碰到哪些困難，企業策略分析專家布魯斯·韓德森有以下獨到的觀察：「當企業發展為規模更大、產品更多樣化、產品種類更多的組織時，在實務上，公司總部管理階層便不大可能深入了解旗下個別事業、個別產品、個別競爭區隔的所有細節，遑論針對個別事業單位欲採行的策略提供任何指導意見。到了這個階段，管理階層愈來愈依賴短期次

最佳化（suboptimization）成效。使用季報表做為衡量利潤績效的主要工具，而利潤中心的管理階層，將無可避免地變得愈來愈短視，利潤中心的資源管理也被侷限於技術的操作範圍。」[1]

換言之，在利潤中心的架構下，說個別事業單位必須自求多福也不為過。舉例來說，處於利潤中心的組織結構中，一個業績高成長的事業體，總公司通常會根據其創造利潤的多寡，分配與之相對稱的投資額度。這通常意味著，那些高成長事業體無法獲得所需投資的額度，因為它們必須在市場需求上升之前，便做好投資準備。事業體事先投入資金，即代表費用將跟著提高。費用一提高，獲利率必定跟著下降。反之，在利潤中心架構下，一個業績低成長的事業體，通常能獲得更高現金的挹注，甚至超過該事業體實際所需額度。實務上，不管需不需要，只要有獲利，業績低成長事業體仍將獲得總公司分配的資金，並將之再度用於現有的生產設備。請看韓德森如何繼續描述利潤中心的結構：

「就擬定整體策略而言，除了財務政策外，總公司管理階層實難有什麼作為。因為在擬定整體策略過程中，並無涉及真正的營運判斷課題。此種存在於策略與結構間的衝突因素，或許能解釋，為何像西屋電氣這樣的公司，從汽車發電機到電視機映像管，從矽電晶體到積體電路（integrated circuit，IC），這些產品西屋無一不是開創者，甚至是技術領導者，自己卻未能享受最終成功果實的原因。另一方面，若從策略角度來看，某些產品的發展趨勢足以威脅公司現有核心事業時，西屋卻讓自己變成世界級的領導者，例如交流機（alternating current machinery）及後來的核能發電（atomic power）。（因此，看來這類競爭威脅影響之大，已到了足以左右利潤中心結構對管理階層之影響的地步了。）」[2]

不同於一般公司的觀點，創新競爭者不把利潤中心視為眾多

事業體的組合，而是把它們看做投資組合的成員，而且每一成員均有不同的獲利潛能，也有不同的策略目標。例如，在創新競爭者心目中，某些事業體已發展成熟，處於健全的財務地位，能夠賺到比維持現有地位所需更多的現金。而某些事業體正快速成長，獲利能力有限，但它們需要獲得總公司挹注更多現金，好讓它們強化及保持其好不容易才建立起來的競爭地位。因此，後者，也就是那些需要現金挹注，好強化其策略成長的事業體，可以從其他成長趨緩，但比較會賺錢的事業體得到餵養。換言之，過去被視為個別事業體集合的大企業，增資決策總是根據個別事業體的利潤績效而定，這種做法已被取代了。新做法是，總公司視各個事業體為一個投資組合的集合，該集合可能包含一些營運穩定的事業體、某些高成長／高風險的事業體，以及一些不賺錢，適當時機來臨時應立刻出售的事業體。

　　總公司應依照特定事業體的成長率，核算出相對稱的現金分配給該事業體。特定事業體的現金產生率，實取決於其獲利率。該事業體賺到的利潤，為收入減掉成本之後的剩餘。而利潤本身，乃取決於該事業體的競爭地位。該事業體的競爭地位，不僅需取決於本身的市場占有率，亦取決於競爭者的市場占有率。舉例來說，相較於最大競爭者，若某事業體的市場占有率為二比一，我們幾乎可以合理地預測，雙方都推出同樣附加價值的產品，該事業體的成本應較低。

　　如【圖 1-5】所示，繪製成長／市占率矩陣圖（growth-share matrix；另稱為 BCG 矩陣）這套新工具，有助於管理階層用圖像方式，以旗下所有事業體之集合為對象，在分配現金與各個事業體賺取現金之間，取得均衡點。也就是說，管理階層將根據各種商機，權衡輕重後，再決定現金該如何運用。縱軸代表需求成長

率。橫軸為現金產生的衡量單位,或代表現金產生的衡量單位,例如相對市占率。【圖 1-5】所定義的相對市占率,係指特定事業體市占率除以最大競爭者市占率之數值。【圖 1-5】中的每個小圖,係用一條垂直線與一條平行線交叉,分隔出四個象限。垂直線與平行線的交叉點,代表相對市占率為一。若特定事業體位於垂直線左邊的兩個象限區,表示該事業體擁有相對競爭優勢;反之,若特定事業體位於垂直線右邊的兩個象限區,表示該事業體處於相對競爭劣勢。平行線代表管理階層期望特定事業體達成的成長率。管理階層根據各個事業體的營收成長率及它們的相對市占率,將它們逐一置放於矩陣圖中不同的象限範圍內。接著,管理階層依照各個事業體所處象限的位置,將它們區分為金牛(cash cows)、瘦狗(dogs)、明星(stars)或問號(question marks)共四類,詳如下述:

- **金牛**位於左下角象限:位於此象限的事業體營收成長緩慢,因此無須總公司挹注太多現金來維持成長。但因著它們擁有強大的市場地位,在成本及利潤方面享有優勢,因此能賺取很多現金。
- **瘦狗**位於右下角象限:位於此象限的事業體不僅營收成長緩慢,相對市占率也低。由於這類事業體處於競爭劣勢,已不可能創造利潤,嚴重的話,甚至會虧損累累,變成錢坑,最後成為企業集團的一大負擔。
- **問號**位於右上角象限:這類事業體通常處於成長快速的市場,但它們尚未取得競爭優勢,並未開始賺錢,因此需要總公司提供更多現金挹注,使管理階層能強化它們的競爭優勢,儘量往左移動。若未獲得足夠資金幫助成長,這類

【圖 1-5 】資金分配取決於成長率

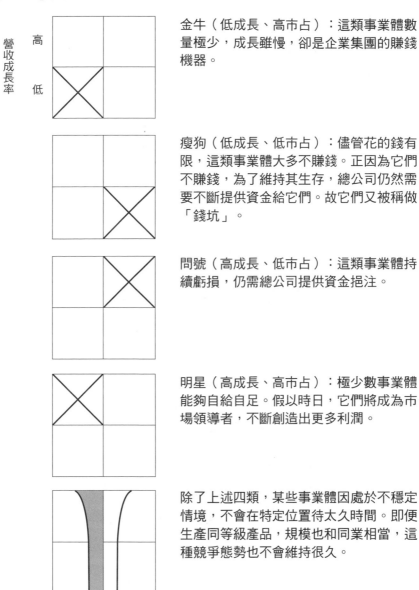

金牛（低成長、高市占）：這類事業體數量極少，成長雖慢，卻是企業集團的賺錢機器。

瘦狗（低成長、低市占）：儘管花的錢有限，這類事業體大多不賺錢。正因為它們不賺錢，為了維持其生存，總公司仍然需要不斷提供資金給它們。故它們又被稱做「錢坑」。

問號（高成長、低市占）：這類事業體持續虧損，仍需總公司提供資金挹注。

明星（高成長、高市占）：極少數事業體能夠自給自足。假以時日，它們將成為市場領導者，不斷創造出更多利潤。

除了上述四類，某些事業體因處於不穩定情境，不會在特定位置待太久時間。即便生產同等級產品，規模也和同業相當，這種競爭態勢也不會維持很久。

資料來源：韓德森，《企業策略的邏輯》（*The Logic of Business Strategy*），版權所有 ©1984，波士頓顧問公司。已獲得哈潑與羅出版（Harper & Row Publishers, Inc.）巴林傑部門（Ballinger Division）的使用許可。

事業體極有可能一蹶不振，最後變成右下角的瘦狗。

- **明星**位於左上角象限：這類事業體營收成長快速，因而需要大量資金挹注。然而，由於這類事業體競爭能力強，通常是市場領導者，因此有可能創造夠多的利潤，甚至足供本身所需。

　　如【圖 1-6】所示，掌握投資組合管理的訣竅在於，企業集團應設法讓旗下投資組合發展出更多的賺錢機器，並培養出更多需要資金挹注的明日之星，同時維持正現金餘額。令人驚訝的是，就長期而言，企業集團多半已顧不得掌握此一投資組合管理訣竅了。換言之，時間久了，迫於利潤與資金不足的壓力，大多數公司多半忙著處分已處於嚴重競爭劣勢的事業體，或將它們結束營業，或賤價出售。其實，真正的挑戰是有目的地管理投資組

【圖 1-6】成功多角化企業的投資組合

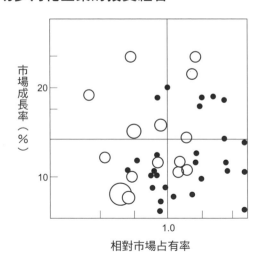

資料來源：韓德森，《企業策略的邏輯》，版權所有 ©1984，波士頓顧問公司。
已獲得哈潑與羅出版公司巴林傑部門的使用許可。

合旗下各個事業體的動態。管理階層必須有效運用公司資源,在成長趨緩前,將問號事業體發展為明星事業體;設法維持明星事業體的競爭優勢,即便成長變慢,也要讓它們變成非常會賺錢的金牛;最後,想辦法把瘦狗事業體排除在投資組合之外。

　　一家公司可針對特定競爭者(通常為一家利潤中心導向,未把事業體集合視為投資組合的競爭者)之競爭策略現況,建立策略優勢。這類競爭者可能會忽略對高成長事業體的投資,同時可能會過度投資低成長事業體,甚或過度投資已處於不利競爭地位的事業體。因此,當一個投資組合導向競爭者旗下,發展出一個高成長問號事業體或明星事業體時,該競爭者對此一事業體的投資,將高於另一個利潤中心導向競爭者的投資。究其原因,並非該競爭者擁有更充裕的資金,而是在培養問號事業體或明星事業體時,管理階層的考量重心放在未來,不會侷限於這類事業體的現時資金需求。

　　1960 年代末期到 1970 年代初期,陶氏化學(Dow Chemical)對抗孟山都(Monsanto)的過程,就是一個典型的投資組合商場戰爭範例。當時,陶氏化學善用投資組合建立競爭優勢,孟山都則無。在進入高成長潛力的領域時,面對陶氏化學的強力挑戰,孟山都並不畏懼。然而如【圖 1-7a】的成長 / 成長矩陣圖所示,孟山都卻展現出一種投資不足(underinvestment)的傾向。孟山都依該矩陣圖的縱軸(市場整體成長率),以及橫軸(事業體的產能擴充成長率),將旗下各個事業體逐一定位於圖中適當位置。孟山都的事業版圖的確擴張了一些,但乍看之下,孟山都的產能擴充投資並無一特定模式。然而,當我們把市場整體成長率低於 15% 的所有事業體排除在外時,一個不同樣貌的圖出現了。孟山都旗下總共有 14 個事業體處於需求成長率大於 15% 的市場,其

中僅三個事業體的產能擴充投資高於 15%。另外 11 個事業體的產能擴充率，均低於市場成長率。這意味著，和競爭對手相比，這些事業體的市場占有率不斷地下降。

　　因此，孟山都旗下處於成長較慢市場，能夠攫取更多市占率的事業體數目，要比失去市占率的事業體數目多兩倍；反觀孟山都旗下處於成長較快市場的事業體，通常未能如預期獲得足夠的資金挹注，以擴充產能，所以跟不上市場快速成長的腳步。那些處於成長較慢市場的事業體，為了讓它們能夠維持市占率並創造利潤，孟山都持續提供超過它們所需的資金。孟山都的營運模

【圖 1-7a 】孟山都的產能成長（1970 年前後）

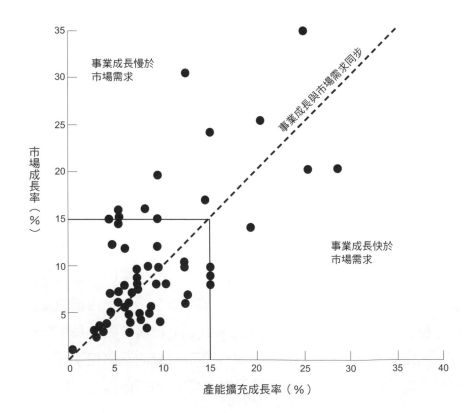

式，常見於採取利潤中心管理模式的企業集團。這類企業的特色就是短期利潤當道，爲了追求眼前利潤，管理階層常據以分配資金給各個利潤中心。採取利潤中心模式的孟山都，和陶氏化學之間的戰爭，可從【圖 1-7b】一窺究竟。一如預期，孟山都旗下事業體組合產生嚴重扭曲：問號事業體與瘦狗事業體均太多。前文已討論過，孟山都旗下處於高成長市場的事業體，多半喪失其市占率，才會出現此一嚴重扭曲的組合。也就是說，孟山都的投資組合並不賺錢。

　　1970 年代初期，在快速成長的市場中，相較於孟山都，陶氏化學表現得更加積極。陶氏化學旗下的事業體組合，詳如【圖

【圖 1-7b 】孟山都的投資組合（1970 年前後）

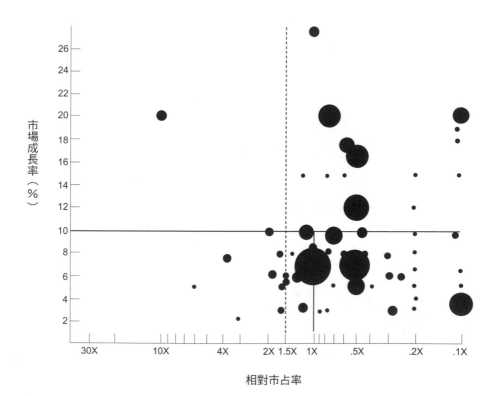

1-7c】的成長／成長矩陣圖。值得注意的是，和【**圖 1-7a】**孟山都的投資組合圖相較，陶氏化學的高成長事業體機會較少。具體言之，孟山都旗下總共有七個市場成長率超過 20% 的事業體，而陶氏只有兩個。但整體而言，陶氏化學的投資組合有不錯的利潤，其中包括不少維持平穩成長率的事業體，甚至包括一些被立刻叫停的事業體。事實上，陶氏化學旗下有八個事業體，儘管市場需求仍有成長，總公司卻已停止對它們的產能擴充投資。然而在 23 個市場需求仍在成長的事業體中，陶氏化學對其中 20 個的產能擴充投資成長率，或與市場成長率相當，或超過市場成長

【圖 1-7c】陶氏化學的產能成長（1970 年前後）

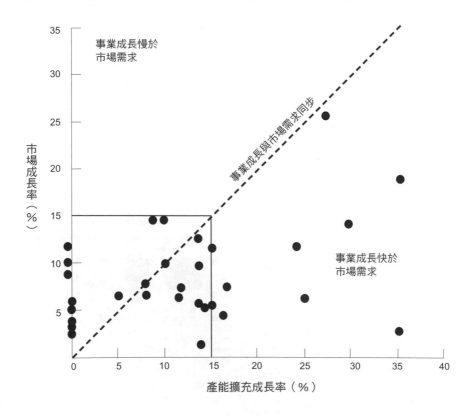

率。這種做法，在以市占率主導營運思惟的企業集團間很常見。這類企業的基本原則爲：做不成市場老大就退出。

　　陶氏化學的投資組合詳如【圖 1-7d】。這張圖清楚顯示陶氏化學投資組合中，位於競爭對等線（competitive parity line）左邊的事業體，占了投資組合中更高的比重，因此遠勝孟山都的投資組合。正因爲有了這樣的投資組合，陶氏化學不僅創造出不錯的獲利率，該圖也能讓人清楚看出，套用積極成長政策確能獲致優異成效。

【圖 1-7d】陶氏化學的投資組合（1970 年前後）

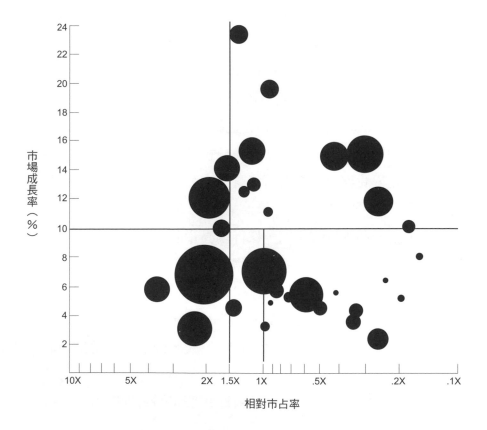

負債融資的策略運用

　　如前所述，在 1960 年代末期和 1970 年代初期，經驗曲線和投資組合陸續成爲，被業界廣泛認識及採用的市場開發策略。其後，某些企業開始策略式運用負債融資（strategic use of debt，或稱爲資本性支出融資）方式，積極擴充產能，從而建立及強化競爭地位。採用此種方式的公司，其規模通常小於產業領導者。其管理階層發現，公司若能善用負債融資，雖然獲利率較低，卻有可能抵消結構性的競爭劣勢，讓公司比產業領導者成長得更快。

　　推出優良產品，訂定有競爭力的價格，從而創造穩定成長的市場需求，這樣的公司當能持續壯大成長。然而要讓公司成長茁壯，資金的挹注是必需的。一家公司獲得能夠讓其成長所需資金的多寡，乃取決於本身所賺的利潤，亦取決於管理階層選擇何種財務政策來運用公司所需的資金。舉凡價格策略、舉債政策及紅利分配政策等，均爲可供管理階層採行的幾個主要財務政策，對公司成長實有很大的影響。採行差異化財務政策（differential financial policies）的業者，往往能強化其競爭策略，讓自己從眾多競爭者中脫穎而出。即便本身處於根本的競爭劣勢，但如果運用得當，差異化財務政策有可能讓一家公司快速成長，超越其他競爭對手。

　　以下用一個實例來說明，採行差異化財務政策如何有助於提升公司的競爭能力。A 公司是市場現有領導者，B 公司是市場跟隨者。現況是，A 公司年營收遠遠大於 B 公司，獲利率也遠高於 B 公司。然而，儘管利潤較低，B 公司卻決定推出價格低於 A 公司的同級產品。結果，該產品在市場上大受歡迎，賣得比市場領導者還要好。

　　B 公司能夠做到這一點，是因爲 B 公司的管理階層，採取了

比 A 公司的管理階層更有競爭力的財務政策。反觀 A 公司的管理階層，在財務策略方面則一向非常保守。具體言之，A 公司管理階層偏好高利潤與良好的債務品質評級（debt quality ratings）。後者來自於高利潤、零負債及每股高分紅（high dividends per share）。而不甘一直淪為市場跟隨者的 B 公司，想要加速成長超越 A 公司，雖然目前生產成本較高，仍然決定運用更有競爭力的財務政策——高債務股本比（debt-to-equity ratio）及零分紅——向銀行借更多的錢，推出更低價格的產品，以致獲得更少的利潤。

　　有趣的是，儘管成本高 25%，B 公司仍然能夠靠推出低於 A 公司 15% 價格的產品，創造出比 A 公司（10）高兩倍多（25）的營收成長率。B 公司所採財務政策的效應，詳如【表 1-2】之說明。

　　A 公司希望每年營收成長 10%。為達成此目標，A 公司必須每年擴大現有總資產金額基底的 10%，亦即，A 公司每年須取得 600 萬美元的再投資額。A 公司管理階層比較保守，希望完全藉由保留盈餘用於再投資。銷貨收入扣掉銷貨成本後，A 公司得到 3600 萬美元營業利益，再扣掉所得稅和股利，剩下的金額為 1000 萬美元，還超過公司預期的 600 萬美元。

　　B 公司卻選擇採用能夠讓該公司每年成長 25% 的財務策略。由於產品價格低，銷貨成本高，導致 B 公司營業利益率僅為 37%，略低於市場領導者 A 公司營業利益率 60% 的三分之二。扣掉所得稅和股利，B 公司僅剩下 125 萬美元之營業利益，可供用於再投資的資金。由於此數目不敷預定成長目標所需金額，於是 B 公司決定不發放股利，同時另外向銀行貸款 250 萬美元。連同之前所賺的營業利益，B 公司已籌得 375 萬美元，可用於擴大 25% 的總資產基底，從而幫助該公司達成年營收成長 25% 的目標。

【表1-2】跟隨者運用負債融資策略打敗領導者

	A公司	B公司
市占率（單位%）	60	10
每年營收成長率（%）	10	25
每單位售價（指數連動）	100	85
每單位製造成本（指數連動）	100	125
資本結構		
負債（百萬美元）	0	10
業主權益（百萬美元）	<u>60</u>	<u>5</u>
總資產（百萬美元）	60	15
負債／權益比率	0:1	2:1
所需再投資（百萬美元）	6.0	3.75
銷貨收入（百萬美元）	60	8.50
銷貨成本*（百萬美元）	<u>24</u>	<u>5.00</u>
營業利益（百萬美元）	36	3.50
營業利益率（%）	60	37
減利息（百萬美元）	<u>0</u>	<u>1.00</u>
	36	2.50
減所得稅（百萬美元）	<u>18</u>	<u>1.25</u>
利潤（百萬美元）	18	1.25
股利（百萬美元）	8	0.00
（股息支付率）	0.44	0.00
保留盈餘（百萬美元）	10	1.25
新增債務（百萬美元）	<u>0</u>	<u>2.50</u>
增長可用資金（百萬美元）	10	3.75

* 銷貨成本：cost of goods sold，COGS。

　　因此，B 公司策略式運用負債融資擴充產能，企圖從 A 公司攫取更多市場占有率。面對 B 公司的快速成長，如果 A 公司既不降價，也不增加顧客價值（等同於實質降價），或不改變財務及投資政策阻止 B 公司成長，極有可能逐漸喪失市占率，甚至從領導者變成跟隨者，有著較高的成本、較低的利潤，以及較差的營運狀況。

　　如【表 1-3】所示，陶氏化學就是用負債融資方式，對孟山都展開強有力的進攻。1970 年代初期，陶氏化學的負債／權益比率（絕對值）為 1.1:1，孟山都為 0.46:1。但從融資融券（on the margin）角度觀之，陶氏化學每賺 1 美元，就融資 2.2 美元。反觀較為保守的孟山都，每賺 1 美元，僅融資 0.3 美元。因此，在市場飛快成長之際，孟山都的管理階層選擇了較為保守的財務政策，試圖減少舉債風險，卻增加了競爭風險，實際上反而限制了公司成長。

【表 1-3】陶氏化學策略式運用負債融資擴充版圖

	絕對值 負債／權益比率	融資融券 負債／權益比率
孟山都	0.46:1	0.30:1
陶氏化學	1.1:1	2.2:1

　　時至今日，資本性支出融資仍然是一項強有力的策略競爭利器。面臨日本、歐洲業者的競爭，許多北美企業因為拒絕拿掉，它們幫一些較弱競爭者撐起的「融資保護傘」（debt umbrella），反而而讓自己陷入競爭劣勢。也就是說，這些北美企業因著不願意隨著歐洲、日本競爭者的腳步，採行更大膽的資本性支出融資

政策，常導致它們在成本、技術及市占率方面的既有競爭優勢被抵消了。關於此點，韓德森提出他的觀察心得：

「我們必須了解，特定競爭優勢可以幫助企業，創造更高的股東權益報酬率（return on equity，ROE），或有助於企業降低在高度競爭環境下的經營風險。一旦有了更高的股東權益報酬率，企業可選擇降低價格，讓產品更具競爭力，或在不改變現有經營風險的條件下，再進一步提高股東權益報酬率。處在價格敏感（其實就是投資敏感）的競爭環境，舉債（資本性支出融資）往往是一個強有力的策略武器。

「想辦法比競爭者舉更多的債來擴大投資，不然就準備收攤吧！採用其他任何策略都有限制，且毫無贏面，不然只好賭競爭者在取代你的地位之前就宣告破產。」[3]

不消說，增加貸款一定伴隨著更高的財務風險。但業者必須權衡輕重，要麼承擔更高的財務風險，要麼放任競爭對手運用舉債方式加速成長，繼而取代自己的領導地位。也就是說，如果管理階層堅持採取保守的財務政策，就有可能冒著喪失市場領導地位的風險。後來，在 1980 年代，商戰歷史經常出現類似的場景：企業掠奪者運用前述舉債策略與投資組合策略，打得一些「打安全牌」的主管丟盔卸甲，拱手讓出市場王座。

成本差異化策略

一直到 1970 年代中期，前述經驗曲線效應、投資組合管理，以及策略式運用資本性支出融資（舉債）等，仍然是被企業界廣泛採用的三種競爭利器。不過，管理階層現已把管理重心轉移到提升成本會計資訊的品質，因為他們逐漸體認到，成本會計資訊的品質好壞，足以影響企業管理策略的能力。具體言之，到了

1970 年代中期，某些管理階層已能更精確地了解，一個組織內部不同層級的複雜度，如何影響相關成本的產生。因著這一層的認識，更創新的企業便據以擬定攻守策略，從而創造新競爭優勢。這些較具企圖心的管理階層認為，組織營運效益的高低，和現行系統複雜度之關連（或敏感度）非常高，而公司的管理資訊系統，尤指會計制度，並不能精確反映此種關連。明白的說，他們了解，目前的資訊系統，實阻礙了公司訂定能正確反映產品價值的價格。他們同時了解，大多數競爭者和他們一樣，也遇到相同的問題：資訊系統能力不足。

大多數成本會計制度的主要缺點為，在計算製造特定產品或提供特定服務的總成本時，會計人員把很大一部分的成本，特別是間接費成本（overhead costs，或譯為管理費用、間接成本、間接費用），算出一個平均值後，再加到特定產品或服務的直接成本上面，所得出的金額，即為該特定產品或服務的總成本。接著，管理階層即以此平均成本為依據，為該特定產品或服務訂定價格。事實上，此種價格無法反映特定產品或服務的實際成本。

當會計人員用間接費成本的平均值分攤給所有產品時，對那些產量大且製程單純的產品，其實並不公平，因為它們不該被分攤那麼高的金額。而對那些產量小且製程較複雜的產品，也不合理，因為它們應該被分攤更高的金額。與後者相較，前者的製造過程不需要公司投入太多的管理關注。事實上，產量小且製程複雜產品的製造作業，往往具有破壞力。組織為產量大且製程單純的產品所建立的製造節奏，常常被這類具破壞式產品的製程所干擾。投入更多的管理關注，即表示投入更多的成本。尤有進者，當間接費成本被平均分攤給所有產品時，相較於產品生產量小的事業體，產量大的事業體似乎不怎麼賺錢。更糟糕的是，那些低

產量且製程複雜的事業體，因為被分攤的間接費成本不符實際，其價格優勢也非事實，導致管理階層常做出錯誤的判斷。

例如，曾經有一家專門製造用於火車之鑄鋼車輪的公司，因為被扭曲的會計資訊誤導，差一點關門大吉。該公司創業初期所生產的兩種最暢銷鑄鋼車輪產品，賣出金額幾乎占了該公司全部的營業額。由於該公司僅生產兩種產品，個別產品的成本很容易確認及分攤。經過八年的成長與產能擴充，該公司發現產能有過剩現象。為善用多餘產能，管理階層決定設計開發一些新產品。起初，從表面看，這些新產品非常具吸引力，因為新產品的毛利率高於舊產品毛利率。實際上，新產品也賣得很好。數年後，該公司產品線比例大幅改變，原先兩個主力產品的營收已低於總營收的五成（【圖 1-8】）。

基本上，火車鑄鋼車輪的製程——從模具成形（molding）、鑄造（casting）、機械加工（machining），再到平衡（balancing）——並不算複雜，但如果在原有製程中加入不同形式的新產品，則會增加製造的複雜度。工廠必須為不同產品安排實際生產排程。而且轉換製造不同產品時，製程也將跟著改變。又，工人亦需接受適當訓練，工廠方能順利進行有特殊規格要求的新產品製造工作。久而久之，該火車鑄鋼車輪製造商的管理人員發覺，時間愈來愈不夠用，做很多事都是在浪費時間。我們可以用一個很明顯的績效衡量指標來說明，因著公司開始生產不同形式的新產品之後，工廠生產產出率（production yield，或稱為實際產出率）反而降低的現象。

該火車鑄鋼車輪製造商的產出率，為實際鑄造出來的良品產量，除以理論鑄造出來的產量而得之百分比。產出率也是衡量製造程序首次產出率（first-time yield，FTY；譯按：用來衡量單個工序

【圖 1-8】一家火車鑄鋼車輪製造商失焦的歷程

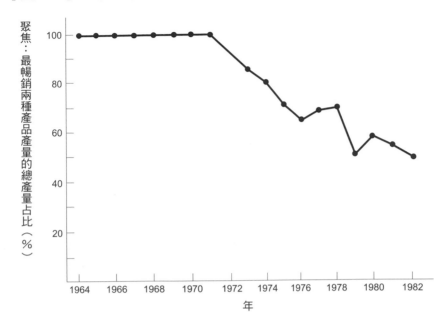

的良品產出率）的績效指標。單就火車鑄鋼車輪的鑄造工序來說，不僅非常耗費工人的精力，也很耗費成本。從鑄造工序出來的良品產出率愈高，整體製造成本就愈低。該製造商的鑄成率（casting yield；實收率）不算非常穩定，但都在91%以上的高檔徘徊。但從 1970 年起，該製造商加入新產品的製造後，鑄成率便降到 83%（【圖 1-9】）。從鑄造工序到機械加工工序，每次轉換不同產品的製造時，就會產生更多的材料損失。這些損失成本全部反映到總成本，卻未正確反映到個別產品，這是因為現行成本會計制度有其盲點，工廠根據現行成本會計制度規定，將材料損失平均分攤給個別產品。儘管整體鑄成率持續下降，勞動生產率（labor productivity；勞動生產力，簡稱生產率或生產力）也受到侵蝕，下降 40%，但該火車鑄鋼車輪製造商的新產品獲利率，表面看起來並不差（【圖 1-10】）。

【圖1-9】鑄成率

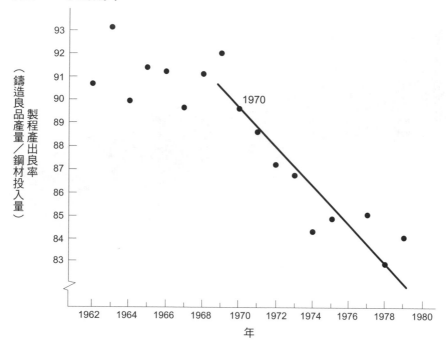

產出率與勞動生產率雙雙下跌的結果是，該火車鑄鋼車輪製造商的會計報表開始出現虧損，管理階層被迫尋求新的對策。經過層層分析，管理階層決定把重點放在成本去平均化（deaveraging），試圖找出各個產品線的眞實成本。算出各個產品線的眞實成本後，管理階層便能正確評估各個產品線的眞實獲利率。結果，該火車鑄鋼車輪製造商發現，僅有20%的產品有獲利，有超過60%的產品完全無利可圖。管理階層進一步分析發現，如果把價格提高10%至35%，另外20%的產品可轉虧爲盈。根據上述分析，管理階層立刻決定大幅度停產不賺錢的產品線，同時調高剩下許多產品線的產品價格。透過這樣的調整，該製造商的生產效率獲得大幅改善。因著工廠專注於製造少數產品線，該製造商的產出率不僅大幅提升，勞動生產率也提高約40%

【圖 1-10】工廠產品線擴增後，勞動生產率下降 40%

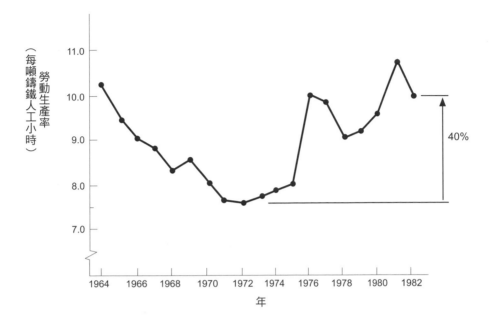

（【圖 1-11】）。

很明顯地，一旦剔除現有會計制度中，可能會誤導主管判讀正確資訊的因素，管理階層便可針對高產量產品訂定具競爭力的價格，另提高低產量產品的價格。不這麼做的話，公司將在高產量產品市場區隔喪失市占率，反而在低產量產品市場區隔取得更高市占率。但整體而言，該公司的市占率與獲利率終將雙雙衰退，而把市場領導地位拱手讓給更有創新力的競爭對手。

茲再舉一個被成本會計制度誤導的實例：北美一家電力斷路器（circuit breaker，無熔絲開關）大型製造商，試圖藉著推出全系列產品線，與同業做出區隔（segmentation）。從 1965 年到 1975 年間，從微型斷路器到大型斷路器，該製造商在市場上不斷推出各種尺寸的新產品。在這十年間，該製造商的產品種類增加 2.5 倍。

【圖 1-11】火車鑄鋼車輪製造商重新聚焦工廠生產線

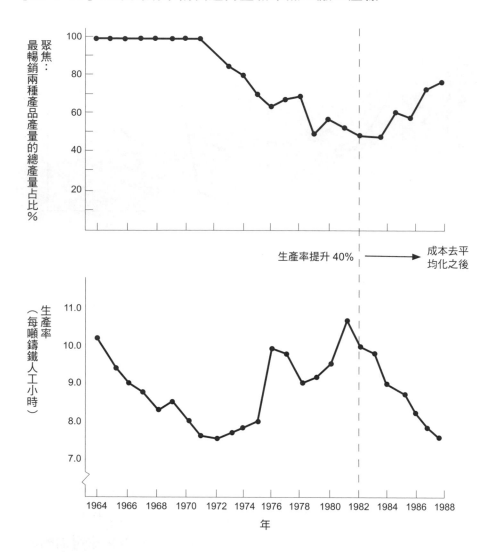

和火車鑄鋼車輪產品一樣,電力斷路器的成本高低,幾乎完全取決於產品設計和製程的複雜度。而對成本最敏感的,非工廠管理費用或間接費成本莫屬。這些因素之間的連動,請參見【圖 1-12】所示,每個黑點代表一座工廠。某些工廠僅生產 4 到 6 種產品,但也有一些工廠生產 30 種到 40 種產品。這些生產 30 種

或 40 種產品的工廠，其間接費成本約為那些專心製造少數產品工廠的 2 到 4 倍，故這類工廠的總製造成本偏高。一般而言，產品種類愈複雜，製造成本就愈高。除非業者能用非常高的價格大量賣出新增加的產品，但事實不然。

　　這家電力斷路器公司有許多競爭同業。它們的規模都比不上該公司。然而在每個電力斷路器的事業區隔，該公司都有一個競爭對手。這些競爭對手的整體銷貨收入或許比不上該公司，但在個別事業區隔裡，這些競爭對手的銷貨收入卻高於該公司。換言之，我們看到的是一家沒有經營重心的公司，在不同事業區隔，和一個個規模雖小，卻專注於生產少數產品的競爭對手相抗衡。這種沒有經營重心的策略，顯然非長久之計。如【圖 1-13】所示，當這家電力斷路器公司開始進行產品增殖化時，產品成本隨之水

【圖 1-12】產品／工廠複雜度提高後，間接費成本負擔跟著提高

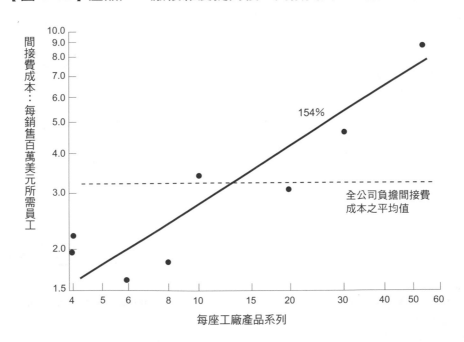

漲船高，即便提高產品價格也無法彌補更高的成本；而它的競爭
對手因為產品種類少得多，成本相對較低，導致該公司在每個事
業區隔均討不到任何好處，整體利潤自然逐年下降。直到該公司
再度聚焦，減少產品種類，重新設計工廠製造流程，以降低產品
複雜度對製造成本帶來的衝擊後，獲利率才獲得改善。

為了追求競爭優勢，進行組織結構重組

到了 1980 年代，組織結構重組演變為企業追求競爭優勢的
新主流思潮。直到此刻，企業管理階層開始尋求建立新的競爭優
勢，試圖對抗傳統競爭者以外的敵人。具體言之，這類常造成
企業面臨短期的，來勢洶洶的新威脅，被稱為善於運用惡意收購

【圖 1-13】製造複雜度與獲利率

產品種類擴充後，個別產品產量下降，成本增加，獲利率下跌，現金
流量（cash flow，或譯為現金流）減少

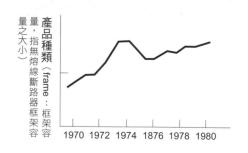

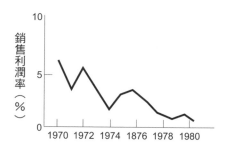

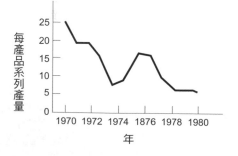

（hostile takeover）手段的公司購併客（corporate raider，或譯為公司襲擊者）。面對一些未認真管理旗下投資組合各個事業體的組織結構，且未能妥善運用合適的財務策略的企業，公司購併客便伺機而動，毫不留情地從這些企業的管理縫隙中尋求賺錢的機會。公司購併客常迫使上述企業進行組織結構重組──例如處分不賺錢的事業體、精簡管理層級（de-layer managements）、提供融資服務幫助企業賺取利潤，或採取其他令人感到不快但必需的措施，包括強迫企業針對旗下投資組合進行「精實」（lean-out，或譯為瘦身）及均衡管理等──從而賺取利潤。

　　再回到孟山都的例子。自 1981 年起，該公司執行長迪克‧馬洪尼（Dick Mahoney）決定開始大力整頓旗下投資組合。馬洪尼和他的管理階層，總共出售了價值 40 億美元的事業，其中大部分事業隸屬孟山都核心事業領域，但它們均欠缺競爭優勢，包括石油化學事業（石化業）、造紙化學品業（paper chemicals）、苯類產品（benzene）、石油天然氣產品、聚苯乙烯（polystyrene）等等。經過這一連串的整頓下來，孟山都重現往年榮景，再創自 1974 年以來最佳的股東權益報酬率：約 16%。其時，孟山都的本益比（price-earning ratio，或譯為市盈率）也優於同業平均值。

　　然而，透過組織結構重組手段為企業帶來的競爭式創新，並非持久之計。畢竟，持久的競爭優勢本身，並非企業追求的目的。建立競爭優勢的最終目的，無非是想要重估被低估的企業（revalue undervalued company），至不濟也要保住現有管理階層的飯碗及職位。無論如何，前文列舉一些與策略創新有關的工具，例如投資組合管理、透過成本差異化幫助企業找到經營重心等等，在在反映了早期主管的策略思惟。這些令人懷舊的思惟，也確實在以前的年代有所發揮。

新興的競爭優勢新來源

　　1980 年代初期，一些包括日本、北美及歐洲等地區的領導企業，向世人展現出一種新力量：一種擁有二個面相的新競爭優勢 —— 低成本多樣化（low-cost variety）與快速反應時間（fast response time）。這些領導企業壓縮了產品的製造時間與配送時間。更重要的是，它們大大縮短了新產品從研發到上市所需的時間。此種新開發出來的能力，不僅讓這些日本及少數西方領導企業降低成本，同時讓它們有能力提供更廣泛的產品系列，覆蓋更多的市場區隔，甚至快速提升其產品技術完善程度（technological sophistication）。這些創新領導企業可稱為時間基礎競爭者（time-based competitor，簡稱時基競爭者）。

　　本書所討論的日本領導企業，它們發展此種新能力的目的，主要是為了應付日本同業的競爭。但在發展此種新能力的過程中，在產品多樣化及技術完善程度方面，一部分日本領導企業的表現已超越西方世界。這些日本領導企業透過加速反應時間，以及增加產品多樣化這兩個手段，不僅能夠快速成長、提升獲利率，甚至一舉改變了市場競爭生態。

　　就反應性這個績效指標而言，日本領導企業和歐美的競爭者拉開的差距之大，令人刮目相看。基本反應時間實為世界級汽車製造商交車系統的根本價值。如【表 1-4】所示，日本汽車製造商平均需要 6 至 8 天，便可將經銷商在現場接到的新車訂單轉到工廠。到了這個時間點，主管能確切掌握新訂單何時可投入生產排程。反觀歐美的領導汽車製造商，平均需要 16 至 26 天，新車訂單才能送到工廠。至於汽車製造流程，歐美的領導汽車製造商平均每一新訂單需費時 14 至 30 天。而最快的日本企業，平均

2 至 4 天即可完成一輛新汽車的製造。還有一個更重要的時間因素，那就是新款汽車的開發及上市時間。動作最快的日本汽車製造商能夠在 2.5 到 3 年，完成一輛新款汽車的開發與上市。西方世界的領導汽車公司，卻需費時 4 到 6 年以上，才能推出一輛改款新汽車，約比最快日本競爭對手的時間長 2 到 3 倍。

【表 1-4】新競爭節奏：世界級汽車製造商

提供的價值	週期時間（cycle time）	
	歐美的汽車公司	日本的汽車公司
銷售、訂單及配送	16 至 26 日	6 至 8 日
車輛製造	14 至 30 日	2 至 4 日
新車設計及上市	4 至 6 年	2.5 至 3 年
產品改款平均年齡	5 年	3 年

比歐美的領導競爭對手快 2 到 3 倍的意義是，日本汽車製造商能夠以更快頻率，推出擁有更高技術完善程度的新款汽車。曾經有一項統計數據指出，1988 年市面上所有日本汽車的設計款式，平均車齡約為 3 年。用該統計數據去推估北美汽車的設計款式，約為 5 年，或約為日本汽車近兩倍的車齡；也就是說，日本製造商持續供應最新款式給汽車買主。

新上市的汽車不僅代表其款式新，更代表其技術完善程度更高。**【表 1-5】**比較了雪佛蘭（Chevrolet）汽車廠製造的貝瑞塔（Beretta），與馬自達（Mazda）汽車製造廠生產的 626，這兩款汽車的主要技術差異。這兩款汽車均為 1987 至 1988 年間上市的新車，基本售價落於 1 萬至 1 萬 1000 美元。然而一輛全配（fully optioned，配備全部選擇配備）的 Mazda 626 汽車，擁有遠勝於同級汽車的先進技術。具體言之，Mazda 626 除了擁有和貝瑞塔

【表 1-5 】技術領導地位的改變：1988 年的兩款汽車

	雪佛蘭貝瑞塔	馬自達 626
引擎	電子控制燃油噴射系統 二個汽門	電子控制燃油噴射系統 三或四個汽門 渦輪增壓或超級增壓
傳動系統	四速自動變速箱	電動調整變速箱 四輪傳動
懸吊系統	麥弗遜支柱式 （MacPherson strut）	麥弗遜支柱式 電動調整懸吊系統
轉向系統	齒條齒輪式方向盤	電子差動輔助轉向系統 動力方向盤 電子控制四輪傳動轉向 系統

相同的選擇配備外，另提供車主更多的先進技術選擇，包括可選擇裝設三或四個汽門（valve，或譯爲噴氣閥門）汽缸的引擎，可選擇裝設渦輪增壓（turbocharging）或超級增壓（supercharging）的引擎，可選擇四輪傳動（four-wheel drive）引擎，可選擇電動調整變速箱之傳動系統（transmission）與電動調整懸吊系統（suspension），以及可選擇電動控制四輪傳動引擎等。某些專家認爲 3 萬美元或以下的市場，擁有這類技術領導地位的日本汽車製造商具有極大的優勢，而上述資料證實這些專家的論點。

　　日本領導企業在壓縮時間方面所做的根本改變，促使它們既能大幅增加所提供產品或服務的多樣化，亦能提升相關技術之完善程度。**時間是做生意的祕密武器**，因爲那些以反應時間建立競爭優勢的企業，無不以反應時間爲基底，做爲打造其他所有競爭利器之堅實後盾，從而建構一套整體競爭優勢。少數西方企業已

深諳此道，更多企業正潛心研究學習中，還有更多懵懂無知的企業，將成爲受害者。

　　許多企業主管深信，以最低成本提供最佳價值給需要的顧客，競爭優勢便能水到渠成，不過這是傳統的企業成功之道。用最少的時間（least amount of time），以最低成本提供最佳價值給需要的顧客，乃爲企業成功之道的新模式。事實上，已有愈來愈多的企業藉由建立更具競爭力的反應優勢，在商場上攻城掠地，無往不利。

　　壓縮時間應用在策略，其影響力極爲深遠。當時間受到壓縮，我們將看到以下的改變：

- 勞動生產率提高
- 產品價格跟著提高
- 經營風險降低
- 市場占有率擴大

　　【圖 1-14】說明了壓縮時間對提高勞動生產率的影響。在大多數製造工廠內，週期時間（cycle time，或譯爲週程時間；譯按：係指一段週而復始循環的時間，例如一份製造工單從發料到生成線，再到成品入庫所需的時間）與在製品庫存週轉率（work-in process inventory turns）成反比（負相關）。週期時間（在製品在工廠內所花的製造時間）愈短，在製品庫存週轉率愈高（公司賣出的貨品愈快）。反之，週期時間（在製品在工廠內所花的製造時間）愈長，在製品庫存週轉率就愈低(公司賣出的貨品愈慢)。另外，如【圖 1-15】所示，勞動生產率乃隨著在製品庫存週轉率上升而增加。一般而

言，當週期時間縮短一半，再加上在製品庫存週轉率增加一倍的話，勞動生產率將提高 20% 到 70% ！

為滿足顧客訂單要求而壓縮了時間，業者可相對提高產品或服務的價格。如【表 1-6】所示，和同業相較，三家公司分別取

【圖 1-14 】壓縮時間、提高勞動生產率

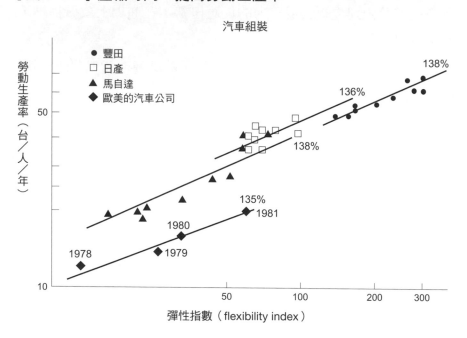

資料來源：喬治史托克與阿貝格倫合著，《會社：日本企業》（紐約：Basic Books，1985 年），114 頁

【表 1-6】壓縮時間、提高價格

	時間優勢	價格溢價（price premium）（％）
電子零組件	2:1	59
書寫用紙	5:1	20
商業用門	9:1	100

【圖 1-15】彈性與勞動生產率

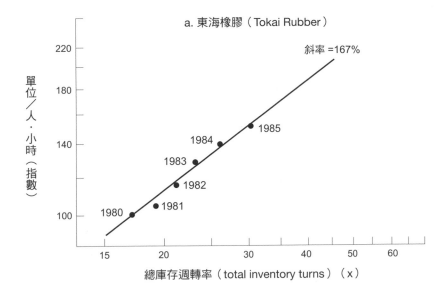

a. 東海橡膠（Tokai Rubber）

（縱軸：單位／人・小時（指數））
（橫軸：總庫存週轉率（total inventory turns）（x））

斜率 =167%

1980　1981　1982　1983　1984　1985

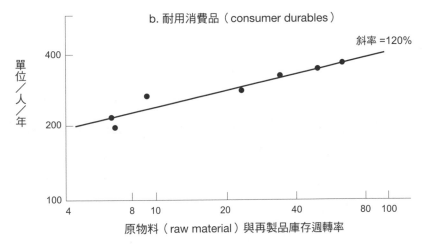

b. 耐用消費品（consumer durables）

（縱軸：單位／人／年）
（橫軸：原物料（raw material）與再製品庫存週轉率）

斜率 =120%

得二比一、五比一到九比一的反應優勢。正因為這三家時間基礎競爭者擁有此一優勢，反而能享受比平均價格加價 20% 到 100%不等的好處。也就是由於主觀想法及經濟上的原因，許多顧客情願多付錢給時間基礎競爭者，好早一點得到產品或服務。

　　時間被壓縮後，經營風險亦可降低。公司成本中有一項隱藏成本，極少人能夠從會計報表中看出端倪，那就是對市場需求預測錯誤（包括低估與高估）的成本。公司經營決策愈依賴組織內部對未來市場需求預測的正確性，那麼時間愈長，預測錯誤造成的成本損失就愈大。時裝業就是一個很好的例子。如【圖 1-16】所示，對女裙與男褲產品的市場需求預測正確度愈低，業者需要安排訂單投入工廠生產的前置時間（lead time，或譯為交付週期）就愈長。例如業者接獲一張來自遠東地區的新款時裝訂單，有時需要安排九個月的前置時間。此時業者必須依據對九個月後的市場需求做出銷售預測，然後據以下訂單採購相關物料投入生產。然而對百貨公司採購人員來說，他們對市場實際銷貨收入的預測，常落於往上算 40% 到往下算 40% 之間。過於樂觀的預測，結果通常是倉庫裡賣不掉的成品堆積如山。為出清存貨，業者必須大幅砍價求售，以求減少損失。換一個角度來看，太過保守的預測所導致的損失──無法及時供應市場熱銷產品所導致的機會成本（opportunity cost）──可能更大。一般來說，離販售服飾產品的地區愈近，業者所做的預測愈準確。正因為服飾產品的需求變化無常，業者可選擇和欲販售目標市場鄰近的供應商合作，可縮短整體前置時間，從之前九個月，減為最短兩週，最長四個月。而女裙的市場需求又遠比男褲需求變化多端，因為女裙產品與流行因素有很大的關連。因此，委託國內製造廠生產時尚（fashion）服飾的決定，從經濟角度來看是很合理的考量，因為如此可降低預測錯誤帶來的損失。反觀與流行因素較無關的服飾產品，例如男裝，業者通常會選擇到低人工成本的海外設廠生產。

　　時間被壓縮後，市場占有率也會隨之擴大。許多公司在既有市場經營多年，也有穩定營收，稱得上是成功企業，卻無法靠傳

統策略，例如降價等手段，進一步擴大市場占有率。舉例來說，某客製化工業產品供應商發現，該公司採用傳統行銷工具，例如透過不同的降價手段，均無法有效增加顧客訂單量。自從改善了反應時間（每一張訂單處理流程時間均加快了 75%，包括半客製化〔semi-custom〕製造）之後，顧客訂單隨即激增（**【表 1-7 】**）。具體言之，當顧客發現，他們可以完全信任該公司，並把該公司當成他們獨一無二的供應商時，他們下的訂單量提高了 30% 至 45%。

【圖 1-16 】壓縮時間、降低經營風險：以服飾業為例

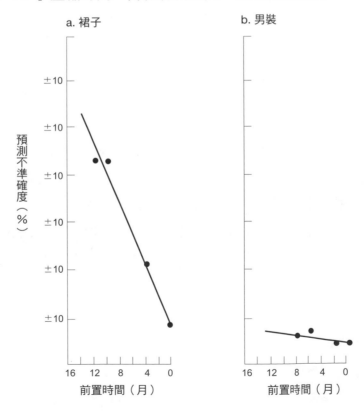

【表 1-7】壓縮時間、擴大市占率：某客製化工業產品供應商

	改善反應時間前	改善反應時間後	預估
運送前置時間（週）	22	8	6
產量增加（％）	–	16	41
國內市占率（％）	32	37	45

　　時基競爭者屬於新一代的企業。新一代企業採用不同的管理與競爭方式。具體言之，新一代企業採用下列方法，促使其組織專注於彈性及反應性，從而獲致令人驚豔的成效：

- **以使用時間長短**（time consumption，或譯為時間消耗、耗時），**做為衡量日常管理與策略實施績效的主要指標：**
  新一代企業的管理階層清楚知道，組織需要使用多少時間，把顧客期望得到的產品或服務送到顧客手中；組織需要使用多少時間，去處理公司其他的重要活動。

- **透過反應性儘量接近顧客，並利用反應性讓顧客更依賴公司：**
  1980 年代初期，「接近顧客」已變成頗受歡迎的商業標語。然而，此一標語蘊含了一個要素卻未被揭露。這個最應被重視的要素，就是時間。亦即，從顧客提出要求，到商家把特定產品、或服務、或特定問題的答覆、或某個問題的「解決方案」等，送至顧客手中，或滿足其需求，這中間需要花多久時間。時基競爭者透過本身建立的彈性價值遞送系統（value delivery system），以滿足顧客需要為目的，擴充產品或服務的多樣化，並持續強化反應。時基競爭者常選擇從兩個層面著手，或擇一為之，設法擴充產品或服務的多樣化。這兩個層面分別為款式（style）或時尚，與增

進技術完善程度。取得任何一個層面的比較優勢，不論反應的表現如何，已足以讓特定競爭者成為所處產業的領導者。如果該競爭者又建立了反應優勢，並設法結合時尚優勢與技術優勢，毫無疑問的，該競爭者等同於建立了一個最有吸引力的價值遞送系統，將被最有利潤貢獻潛力的顧客鎖定住。

- **價值遞送系統應瞄準最有利可圖的顧客，如此將迫使同業服務較無利可圖的顧客：**

  最有利可圖的顧客指的是，那些為了想要獲得所需產品或服務，卻一刻不能多等待的人。最無利可圖的顧客指的是，那些願意等待，只想支付正常價格的人。

  要從這種有耐心的人身上賺到錢，除非產品成本夠低。反觀面對那些沒有耐心等候的顧客，商家可以提高價格，賺到更多利潤。如果產品成本不高，商家利潤將更豐厚。一旦發展為成功的時基競爭者，業者將可專注於滿足無耐心的顧客，而任憑同業去服務有耐心的顧客。

- **在所處的產業設定創新的步伐：**

  一旦站穩領導者的地位，時基競爭者將從組織各層面——從新產品開發，到新產品上市流程——持續強化其反應優勢，通常可維繫技術領先地位，乃至於產品品牌的領導地位，長達 10 年左右。

- **比同業成長更快，獲利更豐：**

  一旦取得顯著的反應優勢，例如反應時間比同業快 3 到 4 倍時，時基競爭者通常能締造快同業 3 倍的營收成長率，同時獲致比同業平均值高兩倍的獲利率。尤有進者，前述數值還只是起跳值，實際成績通常更高（【表 1-1】）。

- **成為同業的競爭障礙：**

  時基競爭者一旦築起競爭高牆，很難被動作緩慢的同業挑戰，遑論超越。這些同業當初就是因為怠於變革而變成落後者。因著時基競爭者改變了競爭生態，同業不得不採取回應措施。由於起步太晚，這些同業往往投入更多的成本，卻未見到實際成效，因此對時基競爭者未造成任何威脅。

想要成為真正的時基競爭者，身為企業主管，必須完成以下三項任務：

1. 建立一套比同業快兩、三倍的價值遞送系統，彈性係數也要高兩、三倍。
2. 設法準確掌握顧客對多樣化及反應性的重視程度，並根據此一了解，設法以目標顧客最重視的反應性為基礎，傾全力滿足其需要，同時收取相對應的價格。
3. 以時間基礎優勢為依據，訂定一套讓競爭者措手不及的策略。

願景（vision）的重要

　　欲掌握以時間為競爭優勢的機會，主管必須確認公司所處產業，是否真的存在著讓業者蛻變為時基競爭者的機會。若有，主管必須決定是否要掌握此先機。領先者看到的機會或許不大，但總比落後者要大得多。再者，當機會不再時，領先者已成為領導者，且早已坐穩最有利可圖的競爭位置，享受最豐碩的利潤。

　　一家公司蛻變為時基競爭者的歷程極其艱辛。此一歷程始於管理階層的一個願景：組織未來的樣貌。此一願景必須夠清晰，具有很大吸引力，足以驅使組織成員願意重新思考，該如何調整整個價值遞送系統的架構及活動，好讓該系統的績效達到最大化。

　　導入並執行一個以提升組織反應為目標的方案，絕非易事。一般來說，一家公司同時執行多個重要方案是常見的事。各個方案的主其事者，一定都很想要讓自己負責的方案得到主管青睞，才有可能獲得成功。更甚者，一旦決定要導入提升組織反應的方案，高階主管便不可能輕易將此重任交給屬下執行。原因是，提升反應性通常意味著組織將面臨重大變革，包括刪減或合併一些職能（function，功能）。而這些變革與高階主管的屬下之利益一定有衝突，未來推動改革方案時，勢必會遭遇他們的抗拒。最後，欲維持推動改革的強度，並確保持續看到改革的成效，管理階層甚至需要改變組織全體成員的基本思惟。也就是說，管理階層必須改變組織全體成員的想法，讓他們相信，新的經營重心已從成本降低轉移到時間壓縮（省時、快速、敏捷）；經營目標已從確保職能最佳化（functional optimization）之控制，移到促使組織各環節提供資源以進一步壓縮時間。做為願景守護者的管理階層必須相信，時間才是組織最大的競爭者。

第二章

時間與企業

　　時間乃為左右企業經營績效的基本變數（variable，或譯為指標）。請聽聽主管論及，是哪些因素有助於他們獲致成功的：反應時間、前置時間、稼動率（up time，或譯為正常運行時間、可用時間、順時），以及準時（on time，或譯為按期）。有時，在衡量企業經營績效時，時間指標的重要程度甚至高於資金指標。事實上，時間亦可被拿來當成一項策略武器，其重要程度並不亞於資金、勞動生產率、品質，甚至創新。然而直到近年來，某些企業管理階層才懂得，他們應明白掌握組織流程各環節的時間消耗。即便如此，他們並未像對待銷貨收入或成本數字那樣，精確地記錄相關環節的時間消耗數值。

　　時至今日，時間已成為最具開創力的競爭優勢。從生產、銷售及配送、新產品開發，一直到新產品上市，領導企業所展現給世人看的各種時間管理方法，在在顯示，時間管理已演變為一種最強有力的競爭優勢來源。今天已有愈來愈多的西方企業投入各項資源，試圖建立時間基礎競爭優勢。就運用時間做為競爭利器這件事來說，不少西方企業已拿出不錯的初期成效，製造實務方面也足資表率。然而追根究柢，日本領導企業才是時基競爭的開創者。這些日本領導企業的實務經驗，可供西方世界借鏡，不是因為它們的實務經驗極為獨特，而是因為它們的實務經驗，可脈

絡分明地解析，西方領導企業是如何一步步演進，最後蛻變爲今日的樣貌：最初靠低工資建立優勢，其次靠規模（scale），再來靠聚焦工廠（focused factory，或譯爲重點工廠）策略，如今靠彈性（flexibility）、多樣化、速度（speed）及創新。

　　緊接著二次大戰後的一段時期，日本公司靠著低成本優勢，逐步打入各式各樣、但清一色全部都是依賴低勞動成本（labor cost，或譯爲勞工成本）的產業。其後，工資率（wage rates）逐年上漲，單靠低成本已無法與同業抗衡。部分日本領導企業便開始精研製程技術水準的提升，因爲研發出更先進的製程技術，有助於大幅降低生產成本。於是日本領導企業開始把競手優勢來源移往規模基礎策略（scale-based strategy），再移到聚焦工廠策略，才能擴大產能，應付激增的出口市場需求。後來，因著及時生產制度（just-in-time production，JIT，或譯爲準時生產或實時生產）的發展成功，日本領導企業便順勢建立了許多彈性工廠（flexible factories）。彈性工廠既能壓低生產成本，又能提供種類更豐富的多樣化產品，以滿足顧客需求。直到今天，那些走在最前端的日本領導企業，早就在善用時間因素，做爲它們最主要的競爭優勢來源。一如大多數公司嚴格管理各項成本、品質和存貨一樣，這些走在最前端的日本領導企業，用最嚴謹的態度，去管理各環節的時間使用效率。透過對時間的嚴格管理，這些日本時基競爭者不僅降低成本，加寬產品線種類，擴大市場寬度（market breadth），甚至提高產品的技術完善程度。[1]

從低工資到聚焦工廠

　　爲求取新的競爭優勢，從 1945 年迄今，日本競爭者至少進

行了四次經營重心的轉移。從規模基礎策略，調整（adaptation，或譯爲調適）爲聚焦工廠策略，這是日本競爭者最早期的策略調整，乃爲顯而易見，且可爲旁人理解的做法。然而對其他競爭者來說，日本領導企業決定轉向時基競爭優勢的策略調整，卻不易察覺。儘管如此，從歷史發展軌跡來看，此種調整其實算是非常合理的演進。

　　二次大戰結束後，日本經濟蕭條、百廢待舉。日本公司專心一志的追求低成本策略，試圖打造一種適合該國企業發展的競爭優勢，實爲合乎現實的做法。其時，日本工人仍然很有生產力，且日圓對美元貶值 98.8%，因此相較於西方已開發國家，日本公司相對極低的勞動成本，讓日本製產品在市場上極具競爭力。

　　戰後日本政府渴求外匯，因此鼓勵國內企業儘量利用本身低勞動成本的優勢，進軍高勞力密集（high labor content）產業，包括紡織、造船、煉鋼廠等，大量賺取外匯。以西方世界標準來看，在這些產業競爭的日本工廠，勞動生產率不如西方製造廠，但因爲日本勞工工資相對甚低，抵銷生產率之不足後，仍然有優勢。因此，一家家的日本公司不斷地從西方競爭者手中攫取市場占有率。

　　然而此種競爭優勢來源並非長久之計。逐年上升的工資率，再加上當時日本政府採行的固定匯率制（fixed exchange rates），雙雙侵蝕了日本企業的工資基礎優勢（wage-based advantage）。許多日本製造商無不努力想要提升勞動生產率，但其上升幅度還不夠抵銷上升速度更快的工資成本。以 1960 年代初期爲例，當時爲日本產業最大宗的紡織業，便是最大受害者。受上述勞動成本飛漲的影響，日本紡織業喪失了主要競爭優勢來源，從世界市

場節節敗退。日本紡織業先是市場占有率受到侵蝕，再來是銷售數量衰退，獲利能力大減，市場排名下滑，最後連品牌名聲也失去了。面對節節上升的工資率，日本紡織業固然首當其衝，但日本其他行業的處境也很類似。

調適是唯一的因應之道。1960 年代初期，日本企業改弦更張，嘗試藉助資本投資（capital investment，簡稱投資）促進勞動力生產率（work-force productivity），進而建立新的競爭優勢，規模基礎策略的時代誕生。實際上，日本企業打造了全世界規模最大，資本最密集的製造廠。從技術面看，此種製造廠的確可以同時達成高勞動生產率與低成本兩個目標。舉例來說，為了要大幅提勞動生產率，日本造船業挖空心思，開發創新的方法，徹底改變了全世界造船業的面貌。具體言之，日本人將適應型製造技術（adapting fabrication technique），融入大量生產程序（mass production process），同時運用自動化生產設備與半自動化生產設備，研究出如何用最有效率的方式，先造出一個個模組（module），再將這些模組組裝成整艘船隻。這種造船技術的效率，遠勝於當時任何同業。用這種方法造船，讓日本造船廠擁有兩大競爭優勢：在自我要求下，日本造船廠持續不斷地提高生產效率；另一方面，日本造船廠樹立起一堵高資本投資競爭障礙的高牆，讓其他競爭者難以跨越。

在追求提高生產效率，同時又要壓低成本的競賽過程中，日本人並未因為建立了規模基礎優勢而停下腳步。到了 1960 年代中期，少數頂尖日本企業又開發出另一個全新的競爭優勢來源——聚焦工廠。做為一個聚焦競爭者（focused competitors），這些頂尖日本企業的製造廠只做兩件事：挑選全世界沒有任何地方做得出來的產品，專心造出全球獨一無二的產品；或大量製造那些需

求最大、但數量極少的產品區隔——這些產品區隔通常是西方企業的核心生產線。因著聚焦極少數產品的生產，使得這些頂尖日本製造廠得以大幅提高勞動生產率，且能不斷地降低成本。和那些較無製造重心的西方競爭者相比，這些日本企業享有極大的策略優勢。

多樣化的成本

不論是一間製造工廠或一家提供服務的企業，一個組織的營運成本，與該組織在從事製造或提供服務時，對多樣化或複雜度（complexity）數量之多寡，有非常敏感的關連。以製造廠為例，其製造成本便與產品種類（產品的多樣化）的多寡有直接的關連。我們試著用一個最簡單的例子，來說明一個組織的營運成本。某組織僅產出單一產品，供應單一顧客。如果該組織為一間工廠，其管理任務便出奇的單純。每天早上一開工，大家都在做同一件事。在該工廠，生產過程中既無須進行生產線轉換（changeover，或譯為換線）作業，就沒有所謂的設置（setup）時間損失這回事。由於該工廠僅生產單一產品，生產過程中的每個工序均可配合產能需求，以齊一節奏進行。又，因為生產流程維持不變，管理人員與工人對所負責工作項目早已駕輕就熟，不容易出現良窳不齊的品質，品質成本相對甚低。另外，由於該工廠定期下單補貨，倉庫內無須存放太多存貨，也無須堆積過多在製品。而製成品（finished goods）完成製造後，通常立刻裝箱運送給顧客。由於一切狀況均在工廠主管掌握內，管理成本也會相對甚低。

此一完美情境，將因為工廠接到一張新訂單而大大改變。該工廠無法再像以前那樣，按部就班地生產單一產品，因為它必須安排生產線處理另一種產品的生產，對象為另一名顧客。從此之

後，該工廠必須同時考慮兩名顧客的需求，與兩種產品的特質，處理生產排程及相關管理人員的配置。轉換生產線將導致設置時間損失。因著生產線常常轉換，製造品質將被打折扣，品質成本隨之提高。為了讓每一次生產線轉換後維持一定的生產品質，工廠必須花費更多成本。且由於不同產品有其獨特的製程及相關需求，該工廠勢須安排新的工序。新製程的工序將無法像以前那樣完全配合產能，因此無法再以齊一節奏進行。

存貨也變得難以管理。倉儲人員必須處理種類較多的採購作業。為配合生產排程需求，倉儲人員的採購作業也會從定期改為不定期。可預期的是，在製品存貨將增加不少，因為工廠主管希望倉庫能充足供應各種在製品零配件，以維持製程順利運作。由於多了生產線轉換這件事，製造廠便會出現生產程序中某些工序上機運轉，其他某些工序卻必須停工（down）的浪費現象。製成品存貨水準也將上升，因為當工廠正在生產第一種產品時，倉庫裡存放第二種產品的數量必須達到一定水準，以滿足第二種產品顧客的需求。工廠主管必須在維持工廠製造程序的流暢度，和兩名顧客所下訂單的優先順序之間，權衡輕重後，才能做出最妥適的生產排程。然而，事實上主管規畫的生產排程很難兼顧這兩個因素。簡單的說，在這間工廠，主管無法正確預測任何事。該工廠的管控成本，已大大超過以往僅生產單一產品、供應單一顧客時的管控成本。

不論是生產產品，還是提供服務，任何一個組織的價值遞送系統，一旦其複雜度增加，對該系統的管控作為，乃至於管控成本，勢必相對增加。反推亦然。當一個組織的價值遞送系統，一旦其複雜度被簡單化（simplified，或譯為簡化），對該系統的管控作為，乃至於管控成本，勢必相對減少。尤有進者，系統愈簡

化，生產率愈高。

　　我們拿間斷式製造程序（discrete manufacturing process，或譯為離散式製程），亦即將不同元部件及子系統裝配成較大型成品（例如汽車、電腦、手機等），但各個元部件及子系統均為獨立作業，且不同工序之間會產生閒置時間（idle time）的製造程序為例，如【表2-1】所示，當工廠降低生產線50%（從100減為50）的多樣化程度後，勞動生產率便增加了31%，單位成本下降了17%，且大幅壓低了損益平衡（break-even，或譯為損益平衡點）。當工廠再進一步降低生產線50%（從50減為25）的多樣化程度，勞動生產率遽增了72%，單位成本大幅下降了31%，而損益平衡點則下降到整體產能（overall capacity，或譯為總產能）50%以下。

【表2-1】多樣化障礙：以間斷式製造程序為例──穩定產量（constant production volume，或譯為恆定生產量）

多樣化指數[1]	勞動生產率[2]	單位成本[2]	產能損益平衡點[2]
100	100	100	80
50	131	83	61
25	172	69	46

[1] 多樣化指數是產品系列（product family）及產品垂直整合（vertical integration）程度之函數（function）。系列愈多且垂直整合程度愈低時，多樣化指數將愈高，反之亦然。

[2] 成本結構：變動勞動成本（variable labor cost）及物料成本（material cost，或譯為直接材料成本）合計占60%，間接費成本占40%。

日本的競爭優勢

1960 年代末期的耐磨軸承（anti-friction bearing，或譯為抗摩擦軸承、減摩軸承）產品的市場，競爭者相互廝殺異常慘烈。其時，日本製造商上市的產品多樣化程度（產品線種類），約為西方國家競爭者的一半到四分之一。日本業者瞄準了對耐磨軸承產品需求最殷切的市場區隔，例如汽車產品相關零件應用（automobile application）市場，靠著以高生產率、低成本闖出名號的聚焦工廠，製造出價格遠比西方競爭者低的優質產品，也因此攫取了可觀的市場占有率。

瑞典的軸承製造廠斯凱孚（Svenska KullagerFabricken，SKF）差一點成為這波攻擊下的犧牲品。其時，斯凱孚在歐洲許多國家設廠生產軸承產品，每一座工廠均生產多種尺寸與形式的軸承，以應付當地市場的需求，自然成為日本聚焦工廠的最佳攻擊目標。斯凱孚的初期回應策略是，新增一些日本業者無法提供的特殊規格（specialized）產品，想辦法避開和日本競爭者做正面衝突。這類特殊規格的軸承產品市場報價高，利潤不錯，很合斯凱孚管理高層的口味，因此比和日本直接競爭的產品更具吸引力。但在此同時，斯凱孚並未同時放棄低邊際利潤（margin，或譯為營業利益率）的產品，導致工廠的生產作業變得更複雜，勞動生產率下降，總成本隨之提高。事實上，斯凱孚愈想要避開日本業者的正面攻擊，而增加更多可賺取更高邊際利潤的特殊規格產品時，等於愈幫助日本競爭者撐起傘面更大的成本保護傘，讓日本人擴充供應品（product offering，或譯為產品供應品項）寬度，打入種類更多的各式汽車零件相關產品應用。只要日本競爭者一日待在此類保護傘下，持續推出比斯凱孚更窄的產品線，就能隨心所欲地搶走斯凱孚的生意，讓斯凱孚的利潤不斷縮水。

這種為避開價格競爭（price competition，或譯為價格戰），而改推出更高邊際利潤（higher-margin）的產品或服務的做法，被稱為利潤撤退（margin retreat）——常為企業想要拉高競爭層次的自然反應。但此舉反而讓企業自尋死路。一旦決定走利潤撤退之路，企業雖可開始販售價格更高的新產品，但其他產品的成本也將跟著上升，等同於補貼野心勃勃的競爭者，幫助它們打入被該企業騰出空間的新區隔。走利潤撤退路線的企業將發現，它的營收不再成長，並開始縮水，甚至一路縮水到無法支應其固定成本的地步。撤退讓企業無可避免地走向裁員（retrenchment，或譯為撙節開支）、組織結構重組、進一步縮編（shrinking），最後關門大吉的這條不歸路。

斯凱孚所幸未步入這條不歸路。斯凱孚決定採取日本競爭者的策略。經過審視旗下所有工廠現狀，管理階層決定讓每一座工廠發揮所長，去做能讓它們的效率發揮到極致的事。如果廠方發現，某產品並不適合在該工廠生產，斯凱孚將研究是否讓該產品移往另一間更適合它的工廠。若無，斯凱孚便徹底放棄該產品。此一策略不僅讓斯凱孚不再撤退，甚至對日本競爭者展開有效的反擊。

聚焦經濟學

聚焦策略的經濟學（economics）不只適用於製造業，它的影響力隨處可見。不論是製造導向或服務導向，當一個組織試圖擴充產品或服務的多樣化程度時，這些種類更多的產品或服務所涉及的管理任務，將呈幾何級數成長。此時，相關成本將隨著管理任務日趨複雜而大幅上升。為抑制繼續上升的成本，管理階層通常會選擇犧牲時間，藉以換取能夠繼續提供既有服務水準。複雜

度增加對非製造業成本的影響（【圖2-1】、【圖2-2】、【圖2-3】）。
例如一家跨國建築公司設立在各國的營運部門數目增加之後，
銷管費用（selling and general and administrative expenses，簡稱
SGA 損失，或譯為銷售、管理及行政費用，或企業管理費、營業
費用）占銷貨收入的百分比將隨之增加。事實上，營運部門數目
每增加一倍，銷管費用占銷售收入的占比將以139%的速度增加；
如【圖2-3】中斜率所示，間接費成本的增加率可稱為複雜度斜
率（complexity slope）。我們可以在更多領域發現類似的複雜度
現象：乳品加工業者的間接費成本，是運送路線數目的函數；工
程公司的設計間接費成本，是公司承接工程專案規模的函數；醫
療中心的間接費成本，是醫療中心提供住院醫師實習方案種類多
寡的函數。各行各業複雜度斜率之高低，可從【表2-2】一窺究竟。

【圖 2-1】複雜度與一家跨國建築公司之關連

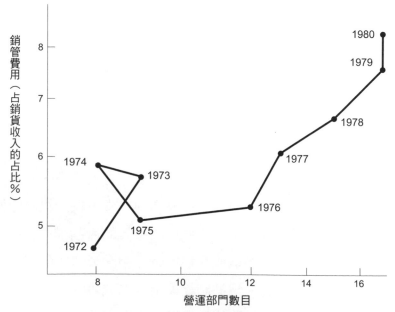

資料來源：該公司年報，1972 至 1980 年

【圖 2-2】複雜度與七家乳品加工業者之關連

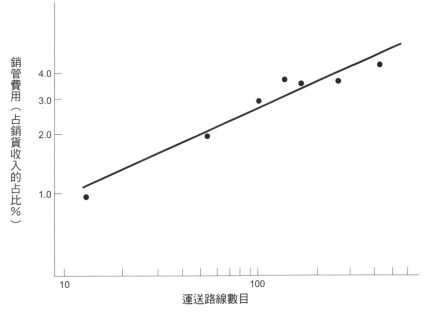

資料來源：加州食品及農業部

【圖 2-3】複雜度與細部工程設計之關連：典型的間接費成本走向

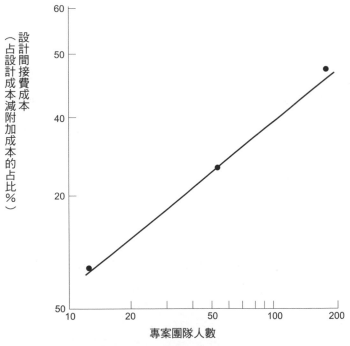

資料來源：HPI 雜誌 Boxscore（資料庫）

【表 2-2】不同產業的複雜度斜率

複雜度每增加一倍，每單位 間接費成本上升之百分比	複雜度斜率（％）
專業電動工具製造業	154
跨國建築公司	139
乳製品運送路線網	137
升降運送車製造廠	133
化學品加工業	133
煉油廠	128
升降運送車製造：時間序列	128
細部工程設計	121
醫療中心	117
複雜度每增加至原來的兩倍， **每單位總成本上升之百分比**	**複雜度斜率（％）**
電腦程式設計	141
廣告代理商	117
客製化軟體程式設計業者	108

如果僅選擇去降低產品多樣化的程度，企業主管可能只處理了複雜度成本的表徵，而非其根本原因。降低複雜度而讓成本下降，不是因為複雜度成本的驅動因子（drivers）被剔除了。這些驅動因子不易被確認，因為它們並非作業成本（activity costs），而是管理成本。而管理成本原本就不明顯。管理成本包括，與處理現行任務有關之不同決策制定程序所產生的成本，以及重新制定先前決策所產生的成本。想要成為支持多樣化及市場反應性的時基競爭者，管理階層必須確認這類管理成本，同時應設法降低造成管理成本增加的流程複雜度。

彈性工廠

　　1970 年代到 1980 年代期間，當許多西方企業努力不懈地打造聚焦工廠，試圖降低成本時，一些日本領導企業已開始尋求另一個新競爭優勢來源：先是彈性工廠（flexible factory），緊接著是彈性作業（flexible operations）。驅使日本企業朝此方向努力的，乃為以下兩大發展。首先，當日本企業擴展及滲透到一些新市場後，一開始大有斬獲，但因為產品線較窄，遂感到縛手縛腳，成長能力也受到限制。其次，因為成長受限，對它們來說，之前所採行的聚焦策略已變得不具經濟效益。看來，日本人似乎面臨兩害相權取其輕之抉擇：進一步降低多樣化，或接受擴大產品線寬度帶來高成本的結果。

　　製造業的營運成本（operating costs，或譯為營業成本、運轉成本、運營成本）一般可粗分為兩大類：隨著產量增加而減少的成本，稱為規模驅動成本（scale-driven costs）；以及隨著生產線多樣化程度增加而增加的成本，稱為多樣化驅動成本（variety-driven costs）。如【圖 2-4】所示，產品產量每增加一倍，每單位規模驅動成本便下降 15% 至 25%。反觀多樣化驅動成本，所反映的是與製造複雜度有關的成本，包括機器與作業設置（machine and activity setup，或譯為機器整備、機台設定）成本、物料處理成本、存貨管理成本，以及在一間工廠內部所產生大部分的間接費成本。在一間傳統製造廠，每當多樣化程度翻一倍後，每單位成本即上升 20% 至 35%。

【圖 2-4】突破多樣化障礙：傳統方法

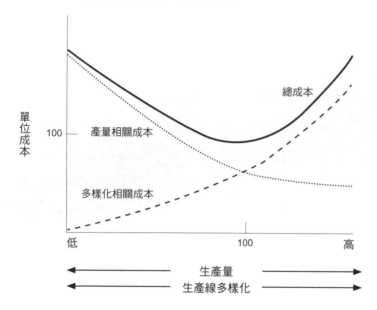

規模驅動成本與多樣化驅動成本之加總，即爲工廠營運總成本。當然，主管可精算出產量（規模）與多樣化之間的最適組合（optimum mix），從而把工廠營運成本壓至最低。然而當市場需求殷切時，主管常傾向於選擇增加多樣化，以追求產量極大化，甚至導致成本上升亦在所不惜。反之，遇到市場不景氣時，主管很自然地會縮減產品線，也就是減少多樣化，以求撙節成本。

一般而言，彈性製造商（flexible manufacturer）採行不同於傳統製造商的的政策與實務。這可從三個層面剖析（【表 2-3】）：

1. 典型生產運作周期（production run，或譯爲生產運轉時間、生產運行時間）的長度
2. 製程元件（process components，或譯爲程序組件）的組織
3. 排程步驟（scheduling procedures）的複雜度

【表 2-3】比一比！傳統 vs. 彈性：製造業管理

	傳統	彈性
批量	大批量	小批量
流動型態	技術	產品
排程	集中調度	各自安排
前置時間	100	100
勞動生產率	100	150-300

　　傳統製造商傾向於儘量拉長生產運作時間，生產出最大數量的品項，才能攤平（amortized，或譯為平攤、攤餘）既耗時又花錢的機器設置成本。反之，彈性製造商卻儘可能地縮短生產運作時間。為防止出現因為生產運作時間縮短而成本上揚的失控現象，管理階層的管理重心乃放在降低複雜度上面，如此做可相對降低機器設置與生產線轉換等作業之成本。道理其實很簡單：縮短生產運作時間，意味著工廠可頻繁地生產全套的（各式各樣的）產品組合，且能更快回應顧客需求。此一邏輯也正是商場競爭的根本致勝之道。

　　優良的流程布置（layout，或譯為工廠配置）有助於降低生產複雜度，進而減少時間消耗。傳統工廠以製程技術中心為根據，安排生產流程。例如金屬製品製造商通常將工廠劃分為剪切（shearing）、衝床（punching，或譯為衝孔）及壓彎成型（braking）等部門；電子產品組裝廠則擁有填充（stuffing）、波焊接（wave-soldering）、線組加工（wire harness）、組裝、測試，以及包裝等部門。零件的流動過程，乃是從一個製程技術中心移往下一個製程技術中心。每個步驟均消耗掉不少寶貴時間：零件停置、等候運

送、然後再移動，然後再等候，好被用於下一個工序。令人吃驚的是，傳統製造系統中的產品，通常在整個製程中，只有 0.05% 到 5% 的時間，在某個工序附加了價值，其餘時間都是在等待送到下一個工序附加價值。

為增加附加價值時間，彈性製造商已研發出以產品為中心的流程布置方法。具體做法為，主管把和特定元件製程或特定產品製程相關的作業，儘可能地安排在一起，如此一來，零件處理量及零件移動次數將減至最低。零件從某個作業點移動至下一個作業點，被延遲的時間很短，甚至零延遲。既然零件的移動沒有延遲，各作業點便無須堆放（pile）或重新堆放（re-pile）待處理的零件。也就是說，零件迅速流暢地在彈性製造廠內流動。

在傳統工廠內，排程是造成時間延遲與浪費的另一個主要原因。大多數傳統工廠均採用集中式調度方法（central scheduling）。此法有賴非常縝密的材料資源規畫（materials resource planning），以及工廠現場控制制度（shop floor control system）。表面上看，這類排程非常精密緊湊，但實務上並不精確，因此常造成時間浪費：工作訂單（work order，工單，或譯為製令）每週送達工廠，或每月才送達；在排程中，主管一方面要求工人加班生產製程中的某些零件，另外某些零件卻被閒置；可能因為有人催的緣故，工廠因而多生產了一些暫時不需要的新零件。多數時候，零件都是在閒置中，未進行附加價值作業。

彈性工廠則將一些生產運作時間較短且布置較簡易的製程，結合為一個生產單元，讓生產排程及管理操作更為順暢。由於製程布置以產品為導向，因此指揮權交由現場主管負責。近端排程（local scheduling）的好處是，工廠現場人員可以即時做更多生產控制決策，而無須事事回報總公司請示，平白浪費許多寶貴

時間。更甚者，一旦特定零件投入生產線，它在製造過程中所有工序中的移動，純粹是自動化作業，無須交換排程（intermediate scheduling，或譯爲中級排程）介入。

　　我們用一個很簡單的例子，來說明一座傳統工廠的製程設計，可能會發生哪些潛在的荒謬現象。假設你在自家工作室製造櫥櫃及其他木製家具。假設你是按批量進行工作，所有圓形木料都要經過車床加工，接著需要立刻把它們鋸斷，再鑽孔做成成品等等。想像一下，你的所有工具散布在住宅各個角落：鋸子在地下室、夾鉗在飯廳、工業用膠在起居室、砂紙在臥室等等。此時，你必須用推車把櫥櫃及其他木製家具，從一個房間運往另一個房間，好進行加工作業。你根據一張製程表（process sheet）進行任務。當你抵達打磨室（sanding room）時，必須等待現正打磨的零件完成，然後必須等待其他相關零件也送達，否則工作無法進行。或者，你只好去加緊趕工去做某些尚未完工的零件。用這種方法做事情，一定非常浪費時間，每個步驟都無多大經濟價值。試問，有什麼人會用這種方式在自家工作室工作呢？

　　彈性工廠不同於傳統工廠的地方，造就出彈性工廠的競爭優勢，這類優勢的關鍵既在於勞動生產率的提高，也在於大量減少時間的浪費。具體言之，彈性工廠的勞動生產率高於傳統工廠 50% 到 100%。彈性工廠的勞動生產率之所以會高出 50% 到 100%，跟其製程的複雜度有關。製程愈複雜，彈性工廠在勞動生產率方面的優勢愈顯著。以拉線機（wire drawing，或譯爲伸線機）的製程爲例，由於拉線機的製程只有幾個工序，因此彈性工廠的勞動生產率僅高於傳統工廠約 50%。相較之下，汽車製造與裝配的製程複雜度遠大於拉線機製程，因此一座彈性汽車製造廠的勞動生產率優勢，比大多數傳統汽車製造廠高一倍不止。彈性汽車

製造廠對市場訂單需求的回應速度，比傳統業者快 8 到 10 倍。彈性製造（flexible manufacturing）意味著，業者同時大幅提升了勞動生產率與資產生產率（assets productivity）。而這兩種生產率的提高，可進一步促成需複雜製程的產品總成本下降 20% 至 30%，甚至允許業者用較小金額之增資，也能創造營收成長。

如【圖 2-5】所示，彈性工廠剛開始運作時，多樣化驅動成本隨之降低，隨著多樣化程度的放大，多樣化驅動成本將加快下降腳步。但原則上，規模驅動成本仍維持不變，不會因為改成彈性工廠而大幅變動。由此得知，從產量及多樣化程度來說，一座彈性工廠的最適營運成本點（optimum operating cost point），比傳統工廠的最適營運成本點高很多。自彈性工廠問市後，彈性工廠和傳統工廠間便出現了策略差異，也就是所謂的成本／多樣化差異。成本／多樣化差異是競爭優勢新來源的精髓，是一些日本領導企業與部分西方頂尖企業享有的新優勢。簡單的說，相較於

【圖 2-5】比一比！傳統 vs. 彈性：突破多樣化障礙

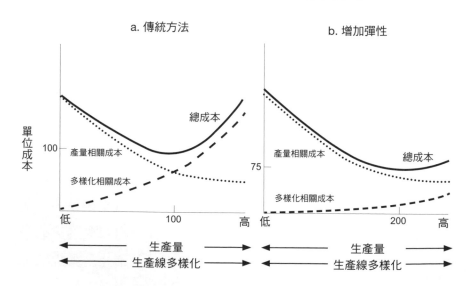

傳統製造廠，彈性製造廠擅長以更低的成本，適應更高程度的多樣化製造訂單。而前者通常在更早的時間點，就需在多樣化與規模之間做一取捨。一座彈性製造工廠和另一座多樣化程度僅及前者一半的傳統製造工廠相比，彈性製造工廠的勞動生產率通常高50%到150%、成本通常低20%到30%。

透過彈性策略追求成長

　　日本野馬公司（Yanmar Diesel，又稱洋馬）是運用彈性策略讓營收成長的成功範例；1973年適逢日本面臨經濟衰退，野馬財報開始出現赤字。更糟的是，該公司無法確定，一旦外部經濟情況好轉，現有成長策略能否幫助公司力爭上游，取得較穩妥之市場地位。

　　做為豐田汽車公司的供應商，野馬對汽車製造商的彈性作業系統頗為熟悉。而且，豐田汽車能夠安然度過經濟衰退的考驗，財報並未出現虧損，讓野馬管理高層留下深刻印象。於是乎，野馬決定將豐田汽車的彈性製程導入自家工廠。不到五年時間，野馬不僅完全蛻變為彈性製造工廠，且拿出傲人成績：總製造勞動生產率提升一倍以上；視產品而定，製造成本降低40%到60%；工廠損益平衡點從80%降至50%。

　　野馬在勞動生產率與成本效率方面取得令人印象深刻的成績，固然值得讚揚，但野馬新開發的，讓工廠生產可大幅擴充多樣化的新能力，才是真正的策略武器，足以讓該公司開啟競爭新頁。在組織結構重組期間，野馬將生產線寬度擴增了超過3倍。如果野馬當初決定維持原有的聚焦工廠，必須降低75%的供應品項寬度，才有可能讓勞動生產率在5年內倍增。然而野馬導入的豐田式製造系統，不僅更有彈性，成本更低，且能處理更多樣化

的產品。

用豐田式製造系統的發明者大野耐一（Taiichi Ohno，1912-1990）的話來說，豐田式製造系統：「實為應需要而生之產物。它的誕生，是要用相同的製程，以較小批量生產更多種類的汽車。」藉由強調及時生產制度、更緊密的供應商關係、全面品質管理（total quality control）、簡化的生產流程（production flow），以及一套允許員工在現場做決策的排程機制，豐田式製造系統確實達到了原始設定的目標。1970 年代中期，許多日本製造商紛紛仿效豐田，陸續導入類似的彈性製造系統，因而取得顯著的競爭優勢，在市場表現方面勝過那些仍然固守傳統製造模式的廠商。

在【表 2-4】中，我們用一家美國汽車用懸吊系統特殊元件製造商，和另一家日本同業做比較，來說明彈性製造系統優勢的特質及程度。美國業者採行競爭策略的基礎，為規模經濟（economies of scale）和聚焦工廠，每年生產 1000 萬個單位的汽車用懸吊系統元件，讓該公司躋身為全世界最大的供應商。美國業者同時也是，該類汽車用懸吊系統特殊元件中最聚焦的製造商，僅供應 11 種不同型號產品。反觀日本競爭者，則以儘量發揮彈性為其基本策略。和美國同業相比，日本競爭者不僅規模較小，其工廠也未如美國業者聚焦：該製造商每年生產 350 萬個單位，製成品型號卻多達 38 種。

以三分之一的規模及超過三倍的產品多樣化，和美國同業競爭，日本業者的勞動生產率（每員工產量）幾乎為美國同業的一‧五倍。更甚者，日本製造廠的單位成本不到美國同業的一半。但有趣的是，日本廠的直接人工生產率尚不如美國廠。主要原因為，美國廠的訂單規模遠大於日本廠。日本業者的勞動生產率優勢完全來自於間接人工因素。日本業者以三分之一的規模及超過

【表 2-4】突破多樣化（種類）限制：汽車用懸吊系統元件

	美國競爭者	日本競爭者
年產量（件）	10M *	3.5M *
製成品零件數量	11	38
每員工產量（單位）	43,100	61,400
員工		
直接人工	107	50
間接人工	135	7
合計	242	57
和同級產品比較之單位成本	＄100	＄49

＊ M ＝百萬；匯率：180 日圓＝ 1 美元

三倍的產品多樣化從事生產作業，僅雇用了美國同業十八分之一的間接人工。

三種間接費成本行為型態

　　上述例子並非獨立個案。經由我們的調查統計發現，商場中常出現類似的競爭態勢：某業者的勞動生產率若遠高於另一個競爭者時，關鍵往往出在間接費成本。製造業為最明顯的例子。如【圖 2-6】所示，我們蒐集了超過 75 家工業用元件製造商（美國、德國、日本）的統計資料，將它們的間接費成本資訊，繪製成間接費成本比較圖。圖中，縱軸為每百萬美元營收工廠雇用之間接員工數，橫軸用個別產品系列（家族）之營收，來表示所屬生產工廠的營收。當我們用產品家族來表示工廠營收時，不同程度的產品線複雜度對間接費成本的影響力，就會被稀釋掉了。然而，這 75 家公司間接費成本之散布情形，可歸納出三種截然不同的型態。這三種間接費成本行為型態，反映出三種組織運作原

型（operations archetype），各自有獨特的間接費成本特色。第一種是大型的、複雜的官僚式運作原型（bureaucratic operations），間接費成本特別高；第二種是小型的、聚焦的創業型運作原型（entrepreneurial operations），僅需要中等程度的間接費成本；第三種是彈性的、均衡的時間壓縮式運作原型（time-compressed operations）。最後一種運作原型剔除掉前兩種原型所需大部分的間接費成本。這 75 家公司各自使用不同方法，互相競爭，努力推銷產品給相同的客源。

　　官僚式運作原型的代表，是那些設廠已久且為規模取向的大廠。面對今日高多樣化及短前置時間的商業環境，這類大廠已無法進行自我調適。它們通常透過大金額的資本投資，試圖降低直接人工成本，根據專業領域（specialists）安排製造流程，並專注

【圖 2-6】時間基礎管理能降低成本
**　　　　　範例：工業用元件供應商**

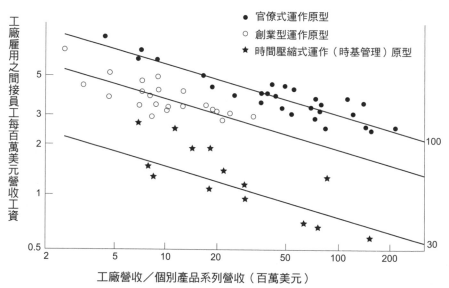

注：「間接員工」包括所有工廠雇用所有時薪支援人力

於開發更先進的產品製造技術，而較少關注於提升製程能力或加強團隊技能（teamwork skills）。在 1950 及 1960 年代，當時無論是在製造、工程設計、採購或配銷等領域，均盛行大規模統一調度運作模式。當時大多數管理階層均傾向於興建大廠，經常合併數個工廠的財報，藉以「分攤間接費成本」。管理階層的經營重心為成本地位（cost position）：誰的成本最低，誰就是市場領導者。官僚式運作原型組織的特色包括規模大、設廠年代久遠、管理層級多，以及擁有一群已加入工會（union）的勞動人口。公司乃根據勞動合約管理這些勞動人口。

　　長久以來，面對市場環境的改變，這類官僚式組織採取的因應措施，大多與增加組織複雜度有關，間接費成本自然也就跟著上升。而當市場基本需求減緩時，為了刺激需求，官僚式組織又選擇增加產品多樣化，增加新的產品線。但大多數時候，新增產品供應品的製程設計，並非以提升製程能力及產品製程的共用性（commonalities，或譯為共通性）為主要考量。因此，每次公司導入新產品的生產時，工廠生產流（plant flow）就會被干擾。推出更多新產品上市，頂多讓市場需求少量增加，公司卻必須雇用更多工程師及採購人員，反而對工廠現場作業造成更多不必要的干預。此外，資方必須針對一些工作實務的規定，乃至於新增的工作者專業背景類別，和勞方工會組織進行協商等等，在在反映了管理階層的堅定信仰，以及管理階層認同專業化的價值；也就是公司應持續不斷地壓低直接人工成本。因著科技變得愈來愈深奧，財務控制不斷地加強，使得管理幕僚功能專業化（functional specialization）程度也隨之增加。這會讓工作流程（work flow）碎片化（fragment），反而拉長了績效資訊的回饋速度。管理階層通常會安排重要營運單位負責人進行職位輪調，俾「拓展」他們

的視野，但此舉反而讓他們難以深入了解所負責的單位。上述一切作爲的背後，是企業高層人員的策略信念。無論是進行事業規畫，或是做財務資金調度，他們深信，間接費成本增加，乃爲提高產品複雜度及引進新技術的必要代價。

　　創業型運作原型則與官僚式運作原型成鮮明對比。創業型運作原型的代表企業，多半爲一些規模較小，管理團隊非常專業及投入特定製程與顧客的組織。近年來，在創造就業機會，乃至於促進大型企業的復甦方面，創業精神（entrepreneurship，或譯爲企業家精神）均扮演重要角色，從而得到產官學界相當的關注。相當多的統計數據顯示，較小規模的創業型公司通常比大型官僚式同業成長更快。部分原因爲，和大型官僚式同業相比，小規模創業型組織的業務運作更符合成本效益（cost efficient），能夠更靈活地回應顧客需求，且能更快速地引進新技術。從【圖 2-6】的資料即可清楚看出，至少在成本面，小規模創業型組織的表現的確優於大企業。和大型同業相比，小規模創業型組織的營運成本中，每單位間接費成本約低 30%。而當特定產品種類之產量倍增時，該類產品之單位間接費成本可下降 15% 到 20%。就此點來說，這兩種組織的表現並無二致。

　　創業型組織常見於年輕企業。這類組織的特色爲廠房較小、產品線較少、管理層級數較少，且通常未成立工會組織。就事業營運及公司治理而言，這類組織的運作的確比大型官僚式組織更有效（effective）。大型官僚式組織通常很難忍受，那些對多樣化與速度需求殷切的市場。反觀創業型組織，在需要時可將業務運作流程流線化（streamline），有助於快速導入新技術與技能，且能因應市場變動做調適。

　　儘管也有能力和大型同業一樣推出許多種類的產品，但基本

上，創業型組織多半致力於簡化組織結構，並專注於供應少數產品線。創業型組織對聚焦少數產品及團隊合作的重視，凌駕於規模和技術之上。資深管理階層通常熟稔業務運作實務，甚至身兼特定業務部門主管職位。主管不會進行職位輪調。工程師通常被公司安排到工廠現場駐點（collocate），俾就近服務產品線生產事宜。白領工作者（white-collar work force）的功能專業化區分不明顯，這顯示組織內部之功能層級（functional hierarchy）數並不多。另外，創業型組織鮮少成立工會組織。創業型組織傾向於用團隊合作模式推行業務，溝通及回饋也很流暢。

　　凡此種種，均有助於創業型組織以相對低的間接費成本運作業務。和官僚式組織相比，創業型組織的產品複雜度低，業務流程被拆分的情形很少見。在這類組織工作的人，較不拘形式，也不喜繁文褥節。創業型主管能夠「親眼目睹」自己掌管業務之運作過程，並發揮個人影響力。反觀在官僚式組織內，主管受限於總公司高層之政策指令（policy directives），做起事來常感束手縛腳。儘管與大型官僚式組織相比，創業型組織的財力較弱，但因為後者組織結構更精實（leaner），業務運作起來更符合成本效益，故營收成長較快。

　　第三種間接費成本行為原型，其實是一種大公司／創業型組織之混合體（hybrid），可稱為時間壓縮式運作原型。時間壓縮式組織通常為規模非常大的企業，已建立很成功的扁平化管理層級（flattened hierarchies），也能靈活調適製程管理，更快速地滿足千變萬化的市場需要。這類組織已創建時間壓縮式營運流程，足以讓公司用更短的前置時間，生產更多樣化的產品，且能幫助公司快速創新，俾持續達成顧客期望水準。這類公司的組織週期時間（organizational cycle time）雖已被大力壓縮，卻不會因為產品

多樣化程度增加，營運步調加快，而被打亂既有節奏，或感受到太大壓力。時間壓縮式組織主管運用閉環單元模式（closed-loop cells），建構生產、工程設計，以及其他管理任務之組織結構，讓間接費成本降至最低。透過這類閉環單元建構的營運流程，運作時間節省甚多，且富於彈性，可因應外部需要立刻進行調整。更進一步分析，這類閉環單元是一種獨立自主的、跨功能的、可自行安排排程，且獲得賦權（empowered）去執行重要作業，以滿足外部需求的亞組織（sub-organization，或譯為子組織）。閉環單元的典型例子包括：及時生產制度製造單元（JIT manufacturing cell）；專注於特定產品家族而成立的產品開發小組或團隊；以及零售店內特定部門，其員工負擔全部盈虧責任，包括進哪些貨、達成交易、管理存貨，以及何時需降價促銷等。組織將達成績效目標之所有必要功能，賦權給任務單純的閉環單元，可以縮短營運系統內相關人員彼此溝通的時間，也能縮短回饋環（feedback loop，或回饋循環）運作時間，讓閉環單元有效回應外部變動。因著剔除不少管理層級，這類閉環單元的成員，無須像以前那樣，一有事便向高高在上、或距離遙遠的層峰請示。

時間壓縮式組織也常見於規模非常大的企業。當遇到需要增加產量，或產品多樣化出現變動（例如產品改款）等情況，而這些情況可能開始威脅現有單元之功能，並損及其流暢運作時，這類大型企業常快速導入新單元。因此，雖然閉環單元身處官僚式組織，卻能避免出現與規模大、功能專業化，及中央集權有關的老問題。更重要的是，閉環單元有辦法增加產量，進而享受規模經濟的利益，而這是創業型組織辦不到的。

在試圖透過讓組織結構更緊密（compactness）與產品更聚焦，進而降低間接費成本時，創業型組織也付出了代價：犧牲了部分

多樣化，且損及了組織新增創新的意圖。組織如有新增創新的意圖，即表示該組織企圖擴大產品多樣化。反觀一個時間壓縮式組織內的閉環單元，卻有辦法不靠專業化達成產品聚焦的目的。因此，時間壓縮系統能夠進一步壓低間接費成本，甚至壓到比創業型組織還低（【圖 2-6】）。

　　想要讓組織達到真正的彈性，閉環單元必須儘量縮短營運週期（operating cycle）時間與變更週期（change cycle）時間。這兩種週期指的是：完成有附加價值之活動週期；從設計概念到新產品上市的週期；從接到訂單到完成生產之週期；從找到問題癥結到成功解決問題的週期。在壓縮式營運系統中，生產時間較短，主管在做物流管理時，可大幅減少時間浪費。主管可較早發現品質瑕疵，且能迅速處理。較短週期也意味著，員工可用更少時間累積更多寶貴經驗。事實上，在壓縮式組織服務的員工，他們的工作動力（momentum）高於官僚化組織或聚焦型組織的員工。

　　上述三種組織運作原型之分類，足以闡明近年來許多歐美製造部門所面臨的重大挑戰。具體言之，此種分類足以說明，第一，為何在日圓大幅升值的環境下，許多日本企業仍能持續維持競爭力。如【圖 2-6】所示，大多數壓縮式組織均屬日本企業；而間接費成本最低的，也全部都是日本企業。平均而言，日本企業的間接費成本約為歐美企業的三分之一。即便因為最近日圓匯率高漲，使得日本工資率已達西方國家工資率水準，日本企業的成本優勢仍在。某些特定產品的間接費成本，通常占成本結構中舉足輕重的成分——特別是那些屬於高多樣化、高容許偏差（tolerance），或需高度投入工程設計／製程管理之作業模式（operations，或譯為營運作業）——日本企業卻靠著壓縮式系統，在此類產品領域創造出極為可觀的成本優勢。

　　想要讓官僚式組織轉型為壓縮式組織，需透過兩個步驟為之。第一個步驟是縮減規模（downsizing，或譯為裁員），其目的是要讓組織達到創業型組織的績效水準。管理階層透過縮減規模，排除掉一些會讓組織增加複雜度及成本的產品線、製程及作業模式等，期望藉此讓組織聚焦。縮減規模確能降低間接費成本，但不表示企業能有彈性，或加快組織的反應。美國有許多大企業，例如奇異、全錄（Xerox）、克萊斯勒汽車（Chrysler）、福特汽車（Ford）等，都經歷過縮減規模的淬煉。第二個步驟是時間壓縮。此一步驟比較困難，也比較費時。時間壓縮意味著，管理階層必須以組織內部，關鍵製程（critical processes）中的基本工作結構為改革對象，將其中非生產的耗時活動予以剔除或降至最低。可惜只有少數美國大企業，例如福特汽車、惠普、全錄，以及奇異國際旗下部分組織等，既通過縮減規模的考驗，也進入時間壓縮之歷程。時間壓縮促使組織從各個層面提升成效，包括成本、多樣化、速度，以及創新。

日本的多樣化戰爭

　　1970 年代末期，日本業者將彈性製造的優點發揮得淋漓盡致，便順勢玩出一波新競爭遊戲，稱之為多樣化戰爭（the variety war）。最經典的多樣化戰爭例子，非摩托車產業中，本田（Honda）與山葉（Yamaha）的雙雄爭霸戰莫屬，史稱 HY 戰爭。1981 年，山葉舉辦新蓋廠房啟用儀式，並宣稱，新廠生產設備滿載能力，可讓該公司成為全世界最大的摩托車製造商，因而點燃了 HY 戰爭之導火線。在這之前，從未有人敢挑戰本田享有多年的市場龍頭地位。

　　當時，已有好幾年，本田眼睜睜地看著山葉逐步搶走原本屬

於自己的市場占有率。本田並未理會山葉的作為，因為該公司已決定集中企業資源，開創汽車製造事業新版圖，暫時無餘力拓展摩托車生意。然而面對山葉帶有宣戰意味的公開挑戰，本田決定反擊。

本田喊出「打垮山葉！」（山葉を潰す！）之宣戰口號。打垮的日文原意為輾壓、搗碎、碾碎、壓碎，其實是不怎麼禮貌的用語。在這場沒有任何約束的戰役中，本田採取殺價、不斷地推出新款摩托車，以及大增廣告預算等做法。

對消費者而言，最重要的，也是最顯而易見的是，本田大幅增加了新產品上市的頻率。具體而言，本田不斷擴增產品種類，用新產品車海戰術硬生生地擊潰了山葉。戰爭伊始，雙方陣營各自擁有約 60 款摩托車。其後一年半內，本田總共推出 113 種新款或改款車型，有效地讓旗下整個產品線週轉了兩次。反觀其對手，在同一期間，山葉僅推出 37 種新款或改款車型。

本田的車海戰術讓山葉飽受摧殘。首先，在設計新款車型時，本田成功地融入流行元素。畢竟，大多數車主都很重視車款的新鮮度。其次，本田提升了產品的技術完善程度，包括引進四汽缸引擎（稍後本田即以此種引擎為基礎開發汽車引擎）、複合材料（composites）、直驅馬達（direct drive），以及其他眾多產品特色與新科技。擺在本田產品旁邊的山葉機車，則顯得款式老派、不時髦，不具吸引力。市場對山葉牌摩托車的需求持續下滑。已瀕臨絕望的經銷商只好使出殺手鐧，不惜血本削價求售。即便山葉的車價已低於成本，顧客仍然不買單。在 HY 戰爭廝殺最慘烈的時刻，山葉經銷網的倉庫已堆積了超過一整年的存量。最後，山葉終於豎起了白旗。在一份公開聲明稿中，山葉總裁江口秀人（Hideo Eguchi，1927-2012）親口宣布：「敝公司希望結束這場

HY 戰爭。本人承認錯在我方。無論在銷售力或產品力方面，敝公司均非本田的對手。當然，未來雙方仍會在市場上競爭，但將在雙方秉持著相互賞識及相互尊重的前提下進行。」[2]

本田也非毫髮未傷。該公司銷售網與服務網的正常運作步調，被激烈的戰爭整個被打亂掉。本田必須再投入資金，幫助它們恢復正常營運。然而，獲得紮實勝利成果的本田，確實爭取到足夠的休養生息時間。本田毅然決然地守住市場霸主地位，並且正面警告其他同業如鈴木（Suzuki）、川崎重工（Kawasaki），切勿覬覦本田身為全世界最大摩托車製造商的領導地位。多樣化贏得了戰爭。

時間基礎競爭優勢

快速擴充多樣化的力量，並將之變成競爭新利器，這讓人們不禁要問一個問題：日本公司如何適應如此快速的變動頻率，如何與之共存呢？深入剖析本田案例，或許可以得出以下三種可能推論：

1. 在敵人展開攻擊前的 10 到 15 年之前，便開始研發出 100 種以上的新款產品
2. 以破釜沉舟的決心，備妥大筆資金，供組織應付突發的研發與製造需求
3. 大幅重整組織結構，用截然不同的模式進行研發、製造及上市新產品

事實上，包括本田在內的多家多樣化驅動企業，在它們的營

運模式中，徹底改變結構，才能大幅縮短製程執行時間。時間基礎競爭由此誕生，時間已成為這類組織的競爭優勢新來源。

今日新一代的競爭者，已為企業成功下了一個擴充版的定義。企業成功的傳統版定義是，用最少成本，提供最大價值。擴充版定義則為，在使用最小量的時間內，用最少成本，提供最大價值。新一代競爭者設立彈性工廠，並設計出彈性營運模式，藉著擴大多樣化程度及加速創新率，讓組織快速地回應顧客需要，從而建構一個週而復始的週期（cycle）。新一代競爭者基於此一週期所發展的策略，其威力遠勝於傳統組織採行的傳統策略。這類傳統策略的基礎為低工資、發展規模經濟，或建立聚焦工廠等。這種以成本為基礎的老一代策略，無時無刻不在要求主管壓低成本：改到低工資國家設廠生產，或乾脆請低工資國家代工生產；設立新廠，或合併數家老廠，藉以取得規模經濟；或者，讓營運模式聚焦於最能創造經濟利益的作業區塊。這些策略或許能一再地降低成本，卻也削弱了回應顧客需要的能力——這是非常危險的代價。

相反地，以彈性製造週期（快速回應、擴充多樣化，以及加快創新速度）為基礎所設計的策略則是奠基於時間。工廠儘量設在靠近組織服務的顧客所在地。組織結構的設計與管理，以加快反應能力為目的，而非以降低成本或加強控制為目的。時基競爭者專注於努力減少並剔除時間延誤情事，並著重於運用其反應優勢，針對最有利可圖的顧客做訴求。

今日許多（但肯定不是全部）時基競爭者均為日本公司，包括索尼（Sony）、松下電器（Matsushita，現已改名為Panasonic）、夏普（Sharp）、豐田、日立（Hitachi）、日本電氣（NEC）、東芝（Toshiba）、佳能（Canon）、本田，以及日野汽

車（Hino）等。但也有不少西方企業已晉身為時基競爭者，例
如班尼頓（Benetton）、The Limited 服裝、聯邦快遞（Federal
Express）、達美樂（Domino's Pizza）、拉夫・威爾森塑膠廠、
跳耀傑克鞋（Jumping-Jacks Shoes）、艾佛瑞克斯系統（Everex
Systems），以及昇陽電腦（Sun Microsystems）等。對這些領導企
業來說，時間已成為衡量經營績效的首要指標。在致力於減少企
業經營各個層面的時間消耗的同時，這些領導企業也同時降低成
本、提升品質，並且持續接近顧客。然而在減少時間消耗之前，
上述每家公司都花了很長時間，重新檢視既有價值遞送系統。

價值遞送系統競爭

每家公司的營運模式背後，必定有一個系統為其支撐。此種
系統之運作，類似脊椎或大腦皮質在人體內部之運作。以一家家
用電器製造商為例，從接到訂單、處理訂單、安排工廠生產訂單
內容、把商品運送到經銷商或顧客處，到收到貨款為止，該家電
製造商到底需要執行哪些任務？一家銀行如何處理金融交易、協
調分行業務，與制定及時、正確無誤的貸款政策呢？這中間到底
有哪些步驟？再來，一家汽車製造商從設計新車車型，到組裝一
輛輛由成千上萬個零組件，必須正確無誤地組成的汽車，還有供
應商與組裝工廠每日的訂單，以及進出貨的流量管理等，都包含
了哪些步驟？儘管每個事業運作模式都不同，但所有運作模式都
有一個強有力的共同特質：所有的系統都是要提供價值給顧客。
這就是價值遞送系統的真諦。

一套價值遞送系統不僅安排人員該如何工作，也提供他們行
動指南；而時間因素，則把價值遞送系統的各個環節連結起來。
從開發新產品，到運送製成品，到制定各項決策等，這些環節均

受同一套價值遞送系統的指揮而運作。在一個零售組織裡，因著
價值遞送系統的運作，訂單得以處理、商品得以製造與運送，還
有分店得以進貨並存放商品。不管一套價值遞送系統包含多少電
腦處理的位元數量、辦公桌上堆積了多少紙張、工廠處理了多少
數量的零件，該系統所下的指令非常明確：價值遞送系統的結構
設計與管理方式，直接決定了組織最終績效。那些營運效率佳及
反應靈敏的公司，其價值遞送系統的設計與管理方式，必然勝過
價值遞送系統設計與管理較差的同業。因此，一家公司價值遞送
系統的品質，對於該公司能否繼續保持競爭優勢，重要程度不亞
於技術、產品或服務。

　　我們用一個基本測試，可得知管理階層是否了解所屬事業的
系統本質，那就是事業到底有沒有陷入「規畫循環」（planning
loop）的陷阱。所有組織都必須針對未來做某種程度的規畫，以
確保市場有需求時，組織能夠應付。製造商面臨的挑戰，包括何
時該進多少數量的原物料，生產排程該如何安排，以及是否需要
增加人手等等。傳統製造商需要較長的前置時間，以解決不同任
務或作業搶用相同資源的衝突。而較長的前置時間，則意味著公
司必須做銷售預測，再由銷售預測指導接下來的資源規畫。但銷
售預測絕不可能正確。任何預測，不論事前掌握了多少資訊，充
其量只是一種猜測。因此，當前置時間拉長時，銷售預測將變得
更不準。預測愈離譜，工廠各種零組件的安全存量將相對提高，
此時多餘產能也跟著出現，製成品勢將堆積如山。更甚者，非預
期的任務將不斷地產生，因而打亂了工廠既定排程節奏。此時，
工廠需要更長的前置時間，亦即規畫循環需要進一步拉長。凡此
種種，均導致成本大增、時間延誤增多，一再削弱價值遞送系統
的效率。

　　大多數已陷入規畫週期陷阱的主管，多半會要求屬下提升規畫品質，同時延長前置時間，以為因應。然而這是治標不治本的做法。避免掉入規畫週期陷阱的唯一途徑，就是設法減少價值遞送系統各環節所消耗的時間，從根本面減少對前置時間的需要。畢竟，如果一家公司真能將前置時間縮短為零，那麼該公司只要預測明天的銷售量即可。真正頂尖的競爭者早已理解這個觀念，因此致力於打破讓人們──不論是大部分傳統製造業或許多非製造業──感到精疲力盡的週期。當然，前置時間不可能縮短為零，但包括日本領導企業及少數西方菁英組織在內的時基競爭者，它們至少已做到不讓前置時間增加，或做到了縮短前置時間，從而消弭了規畫週期對組織的破壞效應。

　　1958 年，麻省理工學院（Massachusetts Institute of Technology，MIT）的傑・福瑞斯特（Jay W. Forrester，1918-2016），在《哈佛商業評論》發表了一篇創新的文章。[3] 文中試著建立一種模型，說明時間如何影響組織的績效。福瑞斯特借用工業動力學（Industrial dynamics）──最初被人們開發用於指揮艦載火炮系統（shipboard fire-control systems）的一種技術──來追蹤時間延遲以及決策政策，對一個很單純、但具代表的營業系統（business system）之影響。文中將營業系統視為供應鏈：包含一間工廠、該工廠的倉庫、一個經銷商，以及一個零售商。【圖 2-7】中的數字，代表資訊與產品從該營業系統某個環節，流動到另一個環節所延遲的時間，以週表示。在此例中，訂單在零售商處即用掉 3 週時間；寄送信件花了 0.5 週時間；在配銷商處又延遲了 2 週時間；配銷商寄送信件給工廠倉庫再花了 0.5 週時間；工廠與倉庫總共用了 8 週時間，完成生產及倉儲。最後，製成品被運送到零售商。這整個週期總共費時 19 週。

　　顧客所看到的週期，和 19 週是有出入的。那是因為不同環節均有存貨，可讓顧客誤以為該系統的反應不錯，比 19 週少很多。但事實上，該營業系統的基本週期就是 19 週，所有的營業規畫，均須以此為前提。

　　如果只要零售需求沒有任何波動，或者只要主管能夠準確預測未來 19 週的銷售量的話，那麼，本例中的營業系統可以持續維持運作很長一段時間。然而，一旦出現變動，該營業系統便須因應。【圖 2-8】即說明，當零售需求僅增加 10%，該營業系統是如何因應的。工廠主管做了新的銷售預測，並為了縮短商品運送過程中的延遲，而決定提高 40% 的產量以為因應。可是主管稍後卻察覺到，這是一個高估零售需求的錯誤決定（但為時已晚），

【圖 2-7】時間延遲影響營業系統示意圖

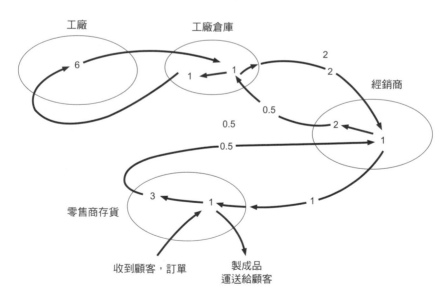

資料來源：傑・福瑞斯特（Jay W. Forrester），〈工業動力學：決策者之重大突破〉（Industrial Dynamics: A Major Breakthrough for Decision Makers），《哈佛商業評論》，7-8 月號，1958 年，43 頁

於是立刻調降 30% 產量。這次又為時已晚。主管發現，這次矯枉過正了。於是乎，此種調上調下的波浪趨勢，一直維持了一年，最後系統才適應新的顧客需求水準，而逐漸平穩下來。

　　嚴重打亂該營運系統正常步調的罪魁禍首，非時間莫屬──從發生那個造成需求變動的事件，到工廠最後回應此一資訊為止，這中間漫長的延誤。該營運系統出現【圖 2-7】的振盪式波動（oscillation），原因就在於，廠方係根據過時的資訊做決策。零售商獲取市場資訊，經過層層環節遞送至工廠。此時，廠方獲得的實為延遲很久、早已不符現實的資訊。資訊被耽擱得愈久，失真（distortion）的程度就愈大，離市場變動的現實就愈遠。此種資訊失真，將對整個營運系統的運作造成廣泛的影響，並干擾製程、產生浪費及無效率等現象。

　　另一個比較貼近現實世界的情境為，工廠的年度需求較穩

【圖 2-8】生產配銷系統對銷售突增的回應

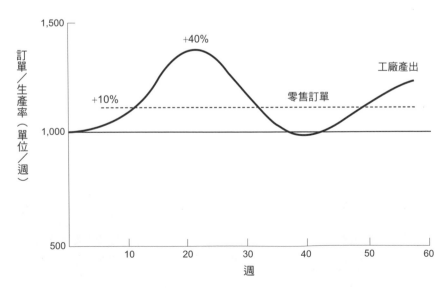

定，但一年當中某幾個星期需求高，某幾個星期需求低。面臨這種不規則的、鋸齒型的需求現象，我們模擬出一間工廠在四年期間的因應對策，如【圖 2-9】所示。鋸齒狀線條表示不規則的需求，較平滑的線條為工廠的回應作為。經過長時間摸索，工廠終於適應，並採用一個為期 56 週，或一年的週期式回應策略。根據市場對工廠產品的需求波動情況，工廠主管可能相信，該工廠經營的事業為季節型事業。然而，如果主管想要讓需求變得更平滑，而採取淡季多打廣告積極促銷，旺季抬高價格的做法，結果反而適得其反。市場需求上下振盪幅度可能更大。

　　許多企業從事的生意都有季節特色，因此都需要面臨季節振盪的需求與生產。但有時，季節型事業發生淡旺季波動情形，其中有很大一部分原因是事業主自己造成的。換言之，許多公司所採取的促銷手段，無可避免地加劇了振盪幅度，更成了營運系統時間延遲的關鍵原因。例如行李箱、照相機、汽車等事業，都有類似的季節特色：在短短數個月的市場旺季，公司能做到占全年很大一部分的生意。然而，這類「季節型」需求偏差現象，常是公司自己導致的。例如一家國際級的行李箱大廠，先是選在不恰當的期間大做季節促銷活動，同時又加快價值遞送系統效率，一方面刺激市場買氣，另一方面使得產量大增。這些措施當然會讓生產振盪更加劇烈。

【圖 2-9】隨機偏差對零售銷售量及工廠生產量的影響：原始情境

零售量／工廠產量率（單位／週）

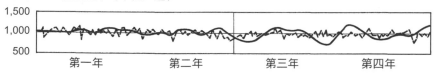

　　因著「季節型」變動，一家公司的營運模式常受到很大的衝擊。例如，當產量忽高忽低，而變得難以預測時，相關環節必須配合產量波動做必要的調整（accommodation），間接費成本勢必跟著增加。與這些調整有關的間接費成本增加了，即意味著營運成本上升。主管可以估算出新增的調整成本，將落在工廠振盪產出曲線（oscillating output curve），與中性軸（neutral axis）之間的三次方函數範圍內。

　　實際需求與認知需求（perceived demand）兩者間的失真（差異），讓今日大多數企業飽受折磨。欲脫離這種折磨，企業有兩種選擇。第一，企業可選擇存貨式生產模式（produce to forecast），依據銷售預測生產，保持一定水準之成品存量，待客戶下單後直接由成品庫存出貨。然後設法不去理會使它們不這麼做的巨大影響。其次，企業也可以設法減少資訊流與產品，在營運系統各環節間移動時所產生的時間延遲。存貨式生產模式為傳統企業的解決方案。許多管理階層都清楚了解，市場最終需求比工廠生產經驗更易於預測，因此他們決定「拉平」（level）產量，並儘可能忽視來自配銷系統傳來增產或減產的訊息。通常傳統解決方案的最好結果，頂多就是在服從振盪指揮決定產量，與維持水平生產間做一妥協。

　　新的解決方案則是，減少整個營運系統在各環節耗用的時間。如果福瑞斯特模型中的那間工廠，其營運系統各個環節的時間延遲均能砍掉一半，受不規則需求影響而造成的最大存貨振盪水準，將比以前降低 20%（【圖 2-10】）。工廠營運成本也將跟著降低，因為工廠產出曲線與中性軸之間的寬度，比之前減少二十分之一。

　　彈性生產制度可減少非常可觀的時間消耗。和傳統工廠相

比，彈性工廠的週期時間極短。事實上，從傳統工廠蛻變為彈性
工廠，它們在生產反應時間方面的改進幅度，比它們在勞動生產
率及資產收益率方面的改進幅度，還要讓人印象深刻。

　　豐田汽車就是一個絕佳範例。該公司讓世人看到，一個時基
競爭者能夠在上述各方面，締造出何等可觀的進步成果。以豐田
某個供應商為例，過去，從原料進貨到完成製成品交運，總共需
要花 15 天時間。面對變動劇烈的市場需要，豐田高層非常不滿
意，於是苦思對策。藉著減少訂購數量，豐田成功地把供應商反
應時間縮短為六天。稍後，豐田再設法精簡流程布置，將它們設
計為流線型，讓存貨持有點（holding point）減少，結果供應商
的反應時間再度縮短為三天。最後，豐田成功地剔除所有在製品
存貨需求，讓供應商存貨持有點維持在「在製品零庫存」之水
準。於是，供應商於接單的一天後，便能完成製成品交運。這家
豐田供應商在製造反應時間方面的改進幅度，為數量級（order of
magnitude，或譯為數量序）的增幅，亦即 10 倍以上的增幅。

【圖 2-10】隨機偏差對零售銷售量及工廠生產量的影響：前後比較

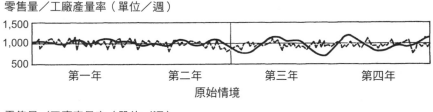

原始情境

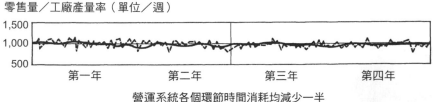

營運系統各個環節時間消耗均減少一半

許多企業也跟著走同樣的路，將工廠流程布置設計爲流線型，因而大幅縮短反應時間，並蛻變爲彈性工廠。【表 2-5】列出多個反應獲得改善的企業實例。松下電器把製造洗衣機的週期時間，從 360 個小時縮短爲只要 2 小時。摩托車公司哈雷（Harley-Davidson）將價值遞送系統週期時間，降低了超過 90%。【表 2-5】列出的其他例子，均爲北美地區的企業。每個例子均成功地把製造反應時間，縮短了 90% 左右。

時間基礎運作模型

任何想要蛻變爲時基競爭者的組織，白領工作者面臨的挑戰實不亞於工廠工作者，因爲價值遞送系統中的所有環節，都有可能發生時間延遲情事。事實上，一般而言，工廠以外的環節，往往消耗了大部分的時間，例如決策制定者拖延時間，或是資訊處理人員耽擱了時間等。前述福瑞斯特所舉的例子中，時間延遲在工廠環節，用了 19 週之中的 6 週。剩下 13 週的時間延遲，都耗在配銷系統。大多數公司的實務經驗指出，顧客因爲公司所提種

【表 2-5】生產流程時間改善案例

	改善前	改善後	降低 %
日本洗衣機（松下）	360 小時	2 小時	99%
美國摩托車（哈雷）	360 天	＜ 3 天	99%
電機控制器	56 天	7 天	88%
電子元件	24 天	1 天	96%
雷達偵測器	22 天	3 天	86%

種原因而被迫等候的時間當中，工廠僅「貢獻」了不到40%。

更多案例顯示，工廠實際耗用的時間，比福瑞斯特模型還少，約為價值遞送系統週期時間的 10% 以下，這是一個重要的觀察結果。它讓我們得知，時基競爭在服務部門也有很大發展空間。最終，不論是製造部門或服務部門，「整條」價值遞送系統都必須具備高度彈性，才能以最少時間遞送價值。真正的反應型價值遞送系統，必須包含彈性的銷售、訂單登錄、採購、配銷管道，以及彈性工廠。1970 年代末期之前，許多日本領導企業均已有此體認。它們發現旗下彈性製造工廠的彈性生產威力，往往受制於自己公司的銷售及配銷系統。儘管彈性工廠節省了很多寶貴時間，卻被系統其他環節拖累，導致顧客並未得到好處。

以豐田為例，該公司將製造任務交由豐田汽車製造公司（Toyota Motor Manufacturing Company）負責，將銷售及配送任務交由豐田汽車販賣公司（Toyota Motor Sales Company）執行。豐田汽車製造公司的彈性工廠太有效率，不到兩天就能造出一輛汽車。但豐田汽車販賣公司卻需要 15 到 26 天，才能完成整個銷售配送流程，包括協助顧客簽妥訂單、送交工廠生產，最後把新車交付顧客為止。

1970 年代末，豐田汽車製造公司的工程人員非常沮喪，因為他們覺得自己在工廠部門辛苦省下的時間，被銷售及配送部門平白糟蹋了。銷售及配送部門的成本，占一輛汽車總成本的 20% 到 30%，比製造成本還要高；而且，顧客從下訂單到新車到手，這中間的等候時間，90% 以上都耗在銷售及配送部門。如果全世界有任何一家公司厭惡漫長的等待，且願意付出代價讓產品快速地移動，那就非豐田莫屬。

1981 年，挫折感已達到高峰的豐田，決心合併豐田汽車製造

公司和豐田販賣公司。經過一年半的整併，販賣公司的所有主管都退休了。而他們的職位不是被裁撤，就是被製造部門的人取代。

　　合併後的豐田公司開始發展及導入一個計畫，以減少銷售及配送系統的時間延遲，並以降低相關成本為目標。主管發現，既有配銷系統係按順序，一層層地傳送大批量資訊。亦即，在銷售及配送流程中，特定步驟的工作者習於先累積一定數量的資訊後，再傳送到下一個層級。資訊累積即意味著消耗時間、產生成本，同時拉長工廠與顧客需要之間的距離。

　　為加快資訊流動速度，新上任的銷售主管訂下工作目標，要求全員儘量不要累積大批量訂單資訊。該部門開發了一套電腦網路系統，讓銷售人員可跳過數個銷售及配銷系統層級，直接與工廠排程功能連線。新開發的電腦系統允許工作者快速傳遞非常小的資訊批量。

　　一如預期，新設計的資訊處理方法，將銷售與配銷系統在日本境內的週期時間，從過去的四到六週降低為二到三週。豐田的最終目標，是要把東京都與大阪市（二處人口合計占日本總入口三分之二）的銷售與配銷週期時間，縮短為二天。到了 1987 年春，豐田的銷售與配銷週期時間，已進步到有史以來最佳的六天，縮短了一半以上的銷售與配銷時間，超越公司最初設定的目標。

　　豐田的銷售與配銷業務，涉及投入大量人力，乃至於成本。但在合併銷售與製造之初，豐田高層信誓旦旦地宣布，該公司決定讓銷售與製造這兩個功能，重返 1950 年代時期合而為一的營運模式。

　　到了 1988 年，新網路已能順暢地讓工廠，和全國 317 家批發商與 4200 家依附型經銷商連線運作。豐田率先改革週期時間，此時已看到明顯超越同業的成效。因此，豐田高層更公開闡明公

司的新策略。新系統被描述爲改變銷售策略的工具，從「把我們有的車款賣給顧客」，改爲「賣給顧客心目中的車款」。過去，「銷售人員必須事先預測銷售與訂單之組合——根據自己未來可能賣出多少輛汽車，而決定該如何下訂單。爲將風險降至最低，銷售業務人員傾向於訂購最受市場歡迎的暢銷車款。但暢銷車款的獲利率，尚不如銷售客製化（custom-ordered）車款的獲利率。自從豐田導入新網路系統後，經銷商即可開始訂購獲利率更高、風險更低的客製化車款。新銷售模式不僅提高顧客滿意度，也爲豐田帶來更高利潤。」[4] 全面導入新系統一年後，豐田汽車銷貨收入增加了 5%，經銷商利潤也上升 13% 以上。

　　我們可以從豐田的成就，找到它們與福瑞斯特案例的關連。在福瑞斯特的案例中，透過時間壓縮，工廠、銷售與配銷的整體週期時間，可從 19 週縮短爲 6 週，時間延遲縮短了超過 50%。而豐田也因爲採取相同策略，而達成類似的成就。由於福瑞斯特的案例中，工廠受市場需求變動，以致產生較大幅度的振盪；減少時間延遲，當然能改善生產振盪情形。

　　再來看豐田的例子，較短的整體週期時間降低了市場需求變動造成的影響。由於新系統的導入，經銷商能夠在更短時間內，做出更正確的銷售量預測值，因此成本降低，顧客滿意度提高。相較於西方企業，高層主管掌理的營運系統通常無處不延誤，而且常面臨突增的市場需求，當他們看到豐田以如此流暢的方式營運時，難道不會覺得訝異嗎？

　　幾年前，北美一家專門生產電話中央交換局開關設備的製造商（這是一個虛擬案例，惟製造商主角是一家在另一個產業競爭的公司，該產業與電話中央交換局開關設備產業有很多類似特色），面臨了一個類似豐田遇到的問題。

該製造商投入很多努力，試圖讓組裝及測試開關設備的工廠製造能力變得更有彈性，同時提高其反應。但儘管工廠週期時間已從數個月降爲數日，該製造商的顧客仍有 10 到 12 週的前置時間需要他們久候。

該製造商的營運系統模式，也就是滿足其顧客需要的流程，是直線式概念圖（【圖 2-11】）。這個直線式流程總共包含八個步驟。銷售人員接單，工作人員把訂單資料輸入公司生產排程系統，工程師進行必要的客製化設計調整，再把調整結果編譯及輸入公司排程系統，安排實際組裝開關設備之排程，實際進行開關設備之組裝，最後將製成品運送給顧客。工廠組裝開關設備所花的時間，還不到整個週期中被占用時間（elapsed time，或譯爲實際時間）的 10%。

在這個直線式的概念圖中，那些未實際參與工廠組裝作業的人，比在工廠裡工作的人多得多；顯然現實世界的情況遠比這個直線式概念圖複雜得多。

【圖 2-12】所展示的是同一案例，但用更詳細的工序來說明，一個電話中央交換局開關設備從顧客下單到組裝工廠之流程。顧客訂單需經過四個階段，才能進入生產排程步驟，分別爲：達成交易、原始訂單編碼、客製化工程編碼，最後爲工廠排程。這四

【圖 2-11】壓縮價值遞送系統的過程耗時

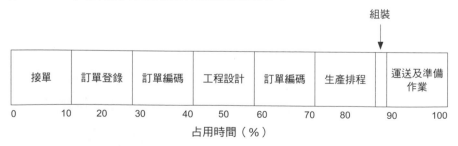

個階段還可進一步拆解為 28 個步驟，由不同人員執行不同任務。從顧客下訂單給銷售人員，銷售工程（客製化工程編碼），回傳給銷售人員，上報給銷售主管，再回傳給銷售部門進行客製化工程編碼等。圖中的圓圈代表過程中發生錯誤，或有需要做進一步釐清的問題點。圓圈中的數字代表流程中訂單可能必須返回的點。由於有可能發生需要回送（loopback）的情況，所以一張正常的訂單流程絕不只 28 個步驟，有可能將近有一百個處理步驟。某些訂單的處理步驟可能更多。試想，如果此一資訊處理網路在一間工廠內運作，這間工廠就絕不是一間單純的工廠，而是一間非常複雜的工廠。

　　一張訂單每一步驟的正常處理時間（【圖 2-13】），某些步驟可能在一天內，或更短時間內，即可完成。其他步驟可能需要 1 至 3 天，或 3 至 10 天、10 至 15 天不等。如果出現回送情況，處理時間可能更長，需要 15 天以上。由於每一步驟的載量（capacities）及運行速率（operating rates）皆不同，導致整個處理流程之運作不平衡。訂單處理速度非常不穩定，運作程序中常出現一些瓶頸，因而一再造成時間延誤。

【圖 2-12】訂單流：定序
從顧客下單到安排生產共需 28 個步驟

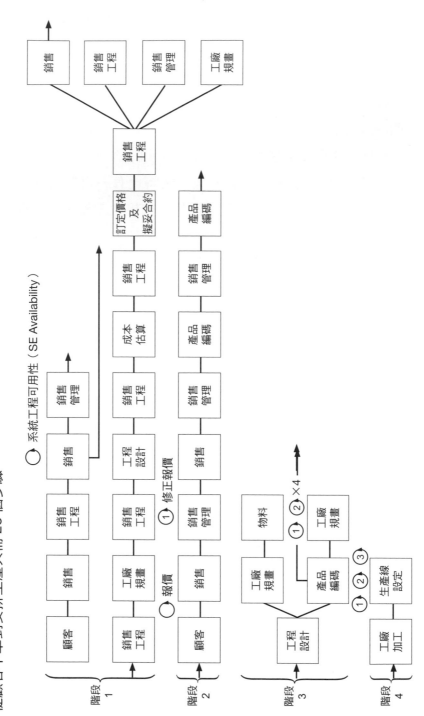

【圖 2-13】訂單流：流程時間

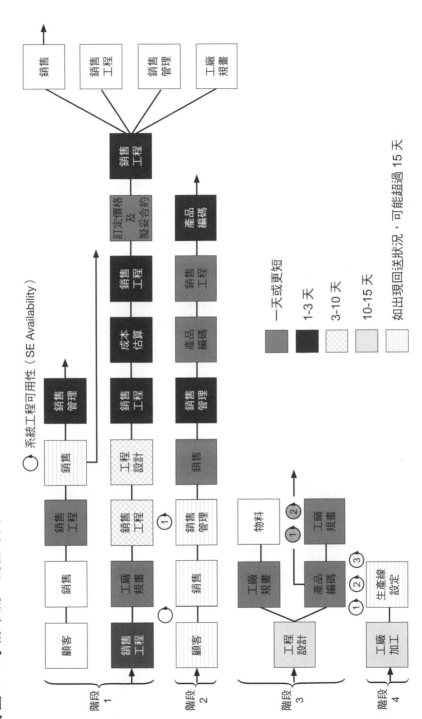

如【圖 2-14】所示，如果涉及地理因素，流程處理過程將更加複雜。以最極端情境爲例，此一資訊處理網路將遍及五個地理位置。事實上，此情境尚未計入各式各樣的辦公大樓、大樓樓層、辦公室配置，以及辦公桌擺放位置等各種變數。這些變數與每一步驟處理時間的長短可能都有關連。一般而言，一張訂單將被傳送至 22 個不同的地理位置——這還不包括出現回送狀況。由於該處理流程涉及多個位於世界各地的據點，許多步驟的處理尚需考慮這些據點所在地的時區。換句話說，流程步驟之處理，常常需要計入位於不同時區據點的上下班時間、休息時間、午膳時間等因素。於是，資訊網路端對端（end-to-end）的運作，一天還不到 4 個小時。至於其他時間，資訊網路幾乎等於是在閒置中。此種資訊處理網路不僅複雜、失衡，而且無遠弗屆。

【圖 2-15】用重點標示，強調各個部門副總裁職務的角色。一張訂單通常會在三到六個不同的場合，通過包括產品編碼、銷售管理、銷售工程、工廠規畫、工程設計，以及銷售等步驟。難怪工廠外部步驟消耗的時間，比工廠內部使用時間多了九倍。

這家公司的管理階層已對董事會許下承諾，要重新打造一個流線型的處理流程。後來該公司確實辦到了，也獲致豐碩成果。之前，顧客必須被迫等候的時間被砍了一半，預計可爲該公司節省超過 5,000 萬美元的營運成本。該公司市場占有率也跟著擴大。

資訊處理流程之流線型工程，和工廠作業的流線型工程沒有什麼不同。如果一間工廠的處理流程太過複雜、失衡、散布各處，且報告系統重複，管理階層一定要想辦法讓它變成一個更簡化、能夠維持均衡、允許併列（collocated），以及井然有序的流程。如此一來，管理階層得以一目了然地檢視並控制自己所負責的流程。當然，要做到這個地步絕非易事。本書將在後續章節專

【圖 2-14】訂單流：各部門地理位置（一張訂單傳送至 22 個不同位置）

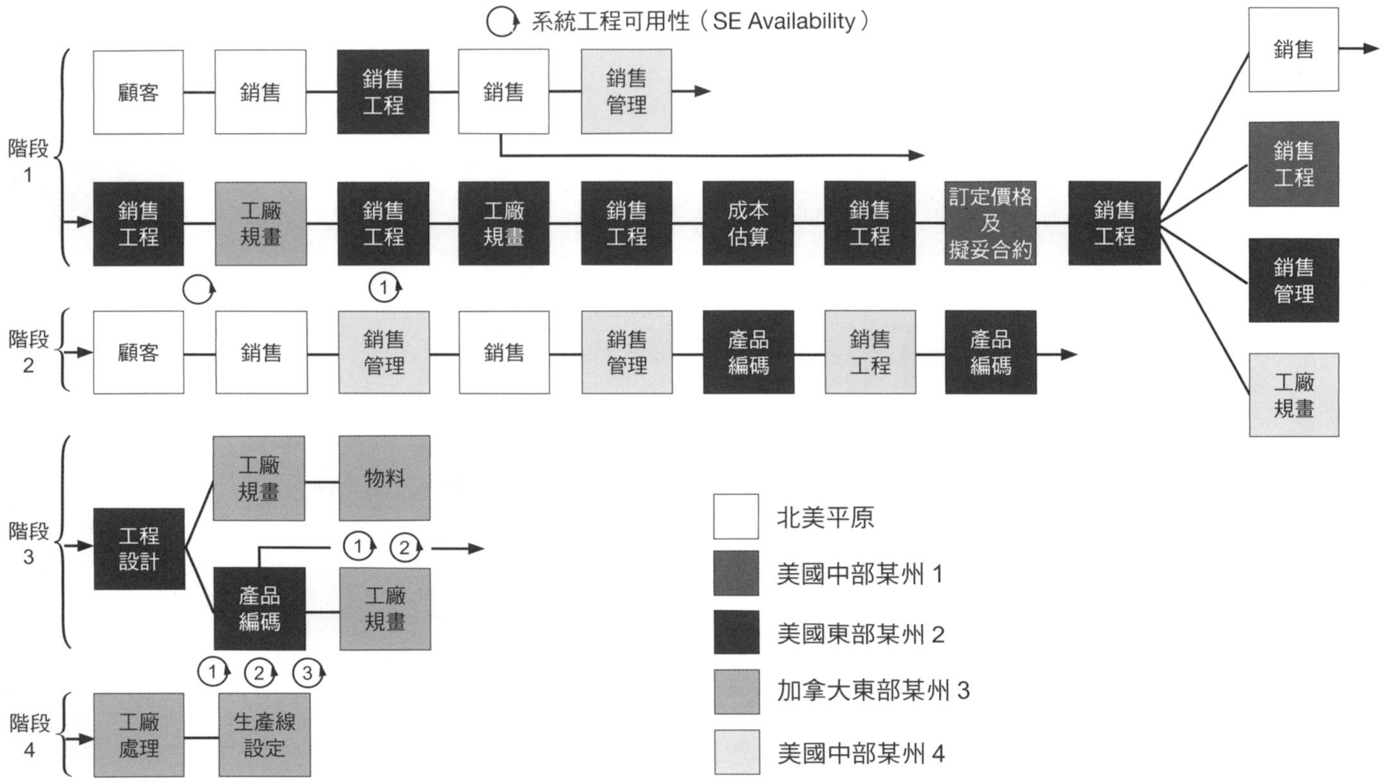

[圖 2-15] 訂單流：部門
一張訂單會在三到六個不同時間進入產品編碼、銷售管理及銷售工程等步驟

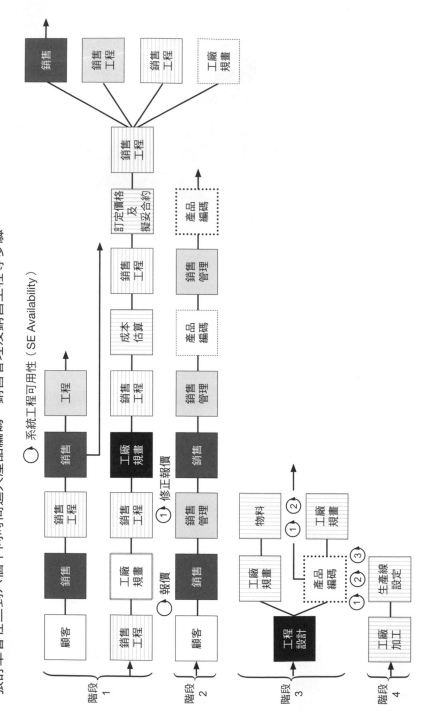

門詳細探討此一課題。眼下讀者只需了解，組織必須完成簡化流程的任務。完成簡化之後的流程，不僅可降低風險，仍可進行提供顧客所需的價值。截至目前為止，仍然有一些待解答的問題：哪些步驟各需要多少載量？哪些步驟需要併列進行？組織結構該設計為何種模樣？組織績效該如何考核及獎勵？誰該向誰報告？

當人們提出這些必須被解答的問題後，真正的任務於為展開。此一任務要把組織從它原本所處的舒適區，移到它應該去的地方。不論是否為時間基礎，組織欲達成此一任務，肯定須克服重重難關。此一任務涉及了成百上千個用不同方法做事的工作者，管理階層必須要很有耐心，並提供足夠教育訓練，幫助眾多員工找到正確的做事方法。

時基競爭所衍生的策略意涵

當創新領先者將改革重點從降低成本，轉移到減少時間消耗後，蛻變為時基競爭者的它們，可說是遙遙領先動作緩慢的同業。時基競爭者正用比平庸的競爭對手更低的成本和更短的時間，提供更多樣化的產品給顧客。

當愈來愈多的企業蛻變為時基競爭者後，不少實證研究已歸納出下列法則，稱之為反應法則（Rules of Response）[5]：

- 0.05 到 5 法則
- 3/3 法則
- 1/4-2-20 法則
- 3×2 法則

0.05 到 5 法則

無論各行各業，無論是接單生產的製造商，或是提供服務的服務業者，這些業者生產產品或提供服務所消耗的時間，通常遠低於產品或服務在價值遞送系統各個環節實際消耗時間的總和。以重型車輛製造商為例，在正式開始裝配車輛之前，製造商通常需要讓特定訂單走完 45 天流程，才能安排上架生產。而在工廠實際裝配一輛重型車輛，僅需要 16 個小時。從另一個角度來看，在整個流程中，一輛重型車輛只有在不到 1% 的時間，亦即工廠裝配車輛的時間內，為產品附加了價值。

0.05 到 5 法則突顯了大多數組織偏低的「時間生產力」（time productivity），因為大多數產品與許多服務，僅在所屬組織價值遞送系統中 0.05% 至 5% 的時間內，實際附加了價值。

3/3 法則

大多數產品或服務，在所屬組織價值遞送系統中 95% 至 99.95% 未附加價值的時間內，都在等待中度過。

等待時間包含三個成分，各自代表了產品或服務在何處流逝了多少時間：

- 等待某個批量（特定產品或服務為該批量的一部分）處理完成，以及等待某個批量在另一個批量（特定產品或服務為該批量的一部分）之前處理完成；
- 等待包括用體力及用腦力的重做（rework，或譯為重工、修改）處理完成；以及
- 等待管理階層四處走動，做出及執行決策，將特定批量送至價值遞送系統的次一個步驟。

　　一般來說，價值遞送系統中未創造附加價值的 95% 至 99.95% 的時間，上述三種成分幾乎各占了三分之一。

　　更努力地工作，並不能有效改善時間的浪費。但更聰明地工作，卻有可能讓現況完全改觀。凡減少每次批量 —— 有形產品或資訊封包（packets of information）—— 的處理數量，並重新設計流線型工作流程的公司，通常可大幅減少在價值遞送系統中浪費的時間。以一家醫療設備製造商爲例，該製造商將標準生產批量減爲一半後，醫療設備的製造時間降低了 65%。接下來，該製造商重新設計了一套流線型生產流程，不僅降低物料處理時間，也減少交換排程次數，使得製造時間又降低了 65%。這兩次降低製造流程的時間，合計讓該製造商的價值遞送系統週期時間節省了 58%。

　　上述改善確實產生成效，幫助該製造商勉強脫離了 0.05 到 5 法則。該製造商的時間生產力從 3% 上升到 7%，總共增加了超過 200%。

1/4-2-20 法則

　　那些很努力地剔除組織內部，價值遞送系統時間浪費情事的企業，幾乎都經歷了可觀的改善成效。具體言之，這些企業每節省四分之一提供產品或服務的時距（time interval），勞動生產率及營運資金生產率（productivity of working capital）通常可加倍。而勞動生產率與營運資金生產率的增長，最高可幫助公司降低 20% 的成本。

　　北美一家消費性耐久財製造商，成功地將時距從五週縮短爲略高於一週後，其勞動生產率及資產報酬率（asset productivity，或譯爲資產生產率）雙雙提升了兩倍多，利潤更有顯著地增長。

3×2 法則

那些致力於剔除價值遞送系統中的時間延遲因素的企業，等於是在打造一個有利於自己的競爭優勢根基。這些企業發現，營收成長率是同業平均值的三倍，邊際利潤是同業平均值的兩倍，為既令人興奮，也是可以達成的兩個營業目標。

一家預鑄建材製造商已成功地縮短週期時間，可以在 10 天內供應任何及所有顧客所需的建材。大多數顧客下單後，該製造商可在 1 至 3 天內到顧客工地現場交貨。反觀該製造商的同業，顧客下單後，通常需要 30 到 45 天才能交貨。

過去 10 年，此一時基競爭者的營收每年均以 10% 的幅度增長，已成為市場領導者。同一期間，預鑄建材產業的年平均成長率低於 3%。這個時基競爭者的稅前淨資產報酬率（pretax return on net assets）為 80%，高出同業平均值的兩倍多。

不少西方企業也開始專注於改善組織反應，並有令人滿意的成效。【表 2-6】四家公司的經營績效，均落在 3×2 法則的範圍。每家公司均透過反應優勢，締造了營收成長率超過同業平均值的三倍，獲利率比同業平均值的兩倍還要高的傲人成績。

以表現極為出色的美國公司亞斯滑升門為例，年營收以 15% 的幅度成長，而產業平均值僅為 5%。近年來，亞斯的稅後收益超過銷售額的 10%，約為業界平均值的 5 倍。亞斯的負債為零。在短短 10 年內，亞斯便竄升為業界領導者。

亞斯公司生產工業用滑升門產品。這類產品涉及程度極高的產品多樣化因素，包括各式各樣長、寬、材質的組合。此種多樣化特色限制了業者的反應能力。也就是說，業者無法用既有庫存產品快速供貨。大多數時候，都是業者拿到定製化的訂單，交由工廠生產，完工後才能交貨給顧客。

【表 2-6】時基競爭者超越同業的經營績效

公司	產業	反應差異	利潤優勢	獲利率
沃爾瑪	平價零售商場	80%	36% vs. 12%	19% vs. 9% ROCE *
亞斯滑升門	工業用滑升門	66%	15% vs. 5%	10% vs. 2% ROS *
拉夫威爾森塑膠廠	裝飾用美耐板	75%	9% vs. 3%	40% vs. 10% RONA *
湯瑪維	家具	70%	12% vs. 3%	21% vs. 11% ROA *

* ROCE ＝已動用資本回報率；ROS ＝銷售利潤率；RONA ＝淨資產報酬率；ROA ＝資產報酬率。

　　自有滑升門這種產業以來，一張定製化訂單產生之後，或顧客所訂之現成品庫存缺貨，業者通常需要耗時 12 到 15 週時間，才能完成整個流程。而時間就是亞斯的策略優勢。亞斯保證讓顧客在 3 到 4 週內得到所需產品，因為在該公司設計的組織結構下，從訂單輸入、工廠工程設計，到物流處理，資訊與產品均能快速且正確無誤地運作。

　　具體言之，首先，亞斯建造一間及時生產制的工廠。及時生產制的觀念很單純：經過完善設計的事前工具準備作業（tooling），以及備妥所需機械設備（machinery），可大量減少生產線轉換次數；而且，該公司的製造流程完全以產品為中心設計及安排排程，因此特定產品所需的所有零件，幾乎可以同時開始製造，同時完成。儘管工廠績效的好壞，足以影響公司整體反應性之快慢，但亞斯的工廠處理流程時間，僅占了全部週期時間的 2.5 週。

　　其次，亞斯在價值遞送系統的最前端，也就是業務人員在經銷處接到顧客下單，並將資訊輸入系統時，就開始壓縮時間了。過去同業的做法是，當顧客、配銷商或銷售人員，向滑升門業者

詢價或詢問交貨日期，通常需等候一週或更久時間，才能得到答覆。如果庫存恰好缺貨，或既定排程未安排生產訂單產品，或訂單產品尚未完成工程設計，於是該筆訂單就會像皮球一樣，在業者組織內部被各單位踢來踢去，直到有單位終於有解答爲止。亞斯改革了整個流程，從訂單登錄、工程設計、訂定價格，到排程流程安排，全部改爲自動化操作。如今，80% 的訂單，可在接到顧客來電詢價時，銷售人員在電話中即可完成報價，並告知到貨日程。特殊訂單也能快速處理，因爲亞斯已儲存了大量先前特殊訂單的設計與生產資料，隨時可派上用場。

第三，亞斯嚴格執行精密的物流控制，確保製成品準時送至施工現場。一張客戶訂單涵蓋許多元件。欲確保所有元件被安置於工廠進行生產作業，並確保每一訂單均能及時取得正確的元件，是一件非常費時的工作。如果某些元件未趕上某次送貨時程，整個生產作業勢將被嚴重耽誤。爲避免發生類似情事，亞斯開發了一套系統，可追蹤生產過程中的零件與每一訂單需要外購的零件，以確保所有零件及時送至出貨碼頭（shipping dock）與顧客施工現場。

亞斯創業初期，銷售人員在開發新的配銷商時，常被這些配銷商當面吃閉門羹。當時，許多頗有規模，已和比亞斯更大的競爭同業合作多年的配銷商，獲利情況穩定，因此他們都認爲，沒有理由爲了價格讓步而更換供應商。而身爲一家新創公司，亞斯的規模太小，絕無法單靠價格取勝。相反地，亞斯將自己定位爲滑升門顧客的最後憑藉（last resort）。亦即，當顧客發現，當所有滑升門供應商都無法造出他們要求的產品，或無法及時交貨時，可求助於亞斯。

當然，在滑升門產業前置時間長達 12 到 14 週的大環境

下，亞斯多少都會接到幾通詢問電話吧。當亞斯眞的接到顧客來電時，自然能用更短的交貨時間，做爲提高訂單報價之條件。結果眞實情況變成，亞斯既能享受更高的價格實現（price realization），也能享受更低成本（因爲流線型生產作業及更有效率的流程處理）帶來的好處。這造就了一個左右逢源的亞斯公司。在短短十年內，亞斯成功地更換了全美80%配銷商代理權，讓他們甘願跳槽到亞斯陣營。如今，若再有人想要讓亞斯做他們的供應商，亞斯已有權篩選出更有銷售能力的候選者。

　　亞斯的競爭者並未做出有效的回應。某大型競爭者仍用傳統眼光看待亞斯的崛起，認爲亞斯充其量只是一家「剛起步的小店家」，無法一直持續成長下去。換言之，傳統競爭者的想法是，當亞斯成長到一定規模時，它的績效水準便會被拉低到跟同業平均值一樣。這些競爭者的回應（實際上是無回應），反映它們對於時間成爲企業競爭優勢新來源這件事，實缺乏基本的認識。大多數競爭者來不及反應，往往爲時基競爭者創造機會，讓後者打造一堵難以跨越的高牆，或至少付出極大代價，才能拉近和領先者之間的差距。

　　本章探討時間與企業之間的關連，大部分與製造業有關。和服務業比起來，製造公司似乎需要使用更長的時間供貨。但時間長短這個議題，實際上是相對的，是要和競爭者做比較的。下一章便以實際案例來說明，同樣是抵押貸款產品，A業者總共需45天才能完成申貸審核，花旗僅需15天或更短時間便能完成，那麼，A業者顯然暴露在危險中。

　　每當顧客必須等待，才能取得他們決定想要的價值，時間就很適合成爲競爭優勢的來源。這使我們對經營企業有了新的思考方式。亦即，企業是提供價值給顧客的一組系統，企業的人力物

力應安排來支持增加產品或服務價值的流程。

時基競爭者的面貌，通常與傳統公司的面貌迥然不同。後者多為傳統職能取向、控制取向的大型傳統組織。例如一家國防承包商，其組織並無傳統各項職能，如合約、系統工程、營運、採購及專案管理等部門，而只是一間單純的企畫書工廠（proposal factory）。傳統國防承包商組織結構下的各個部門，均各自訂定不同的，常與其他部門互斥的工作目標、績效指標及獎勵機制。更糟糕的是，他們所服務的客戶經常需要一再地向承包商詢問，他們的案子能否完成、何時可以完成，以及該編列多少經費預算，而有很深的挫折感。反觀時基承包商的企畫書工廠，訂有整合的工作目標、績效指標及獎勵機制，且明確定義企畫案之待完成量（backlog，或譯為積壓待配訂貨）、完成時間、勝率（win/loss rates，或譯為輸／贏率）、成本估算精度（cost-estimating accuracy），以及顧客滿意度等。傳統承包商在意的是成本與標案規模，新競爭者卻利用壓縮時間創造優勢，持續保持領先，遙遙領先同業。

另外，本書所挑選的西方企業案例，多半為規模較小的組織。這類組織非常重視所服務的顧客，因此經營重心擺在反應層面（時間與多樣化）幾乎成了這類組織的天性。許多小型組織幾乎沒有其他策略選項。正因為組織規模不如大型競爭者，因此小型組織無法與後者在成本方面競爭。儘管大型組織享有成本優勢，小型組織依舊有其生存之道。原因無他，這類小型組織能夠另闢蹊徑，重新定義足以吸引市場一部分客源的企業經營之道。這一部分客源可能人數不夠多，大型企業認為不值得多花工夫在他們身上。為挖掘出此類顧客之需求，小型企業必須讓自己做到完全以顧客為取向。小型企業不遺餘力地為顧客創造價值，全公

司上下無不致力於讓產品或服務更能滿足顧客所需。小型企業訂定的公司政策、工作步驟、實務流程，連同負責將產品與服務送出門的所有工作人員，不僅容易看見、找得到，且便於連絡。這一切的一切，都是為了讓公司能夠快速回應顧客需要。從技術面來看，小型企業的系統或許未臻成熟，但這類系統卻與顧客需要，乃至於外部環境的變動，有非常敏感的關連。

　　然而，當組織規模日益增長時，組織核心的系統化天性，將很自然地逐漸受到侵蝕。當不同部門開始更重視所屬部門的利益，公司總部的干預增多，公司聘用更多的專家，書面報告逐漸取代面對面溝通，距離（實體和時間）便逐漸擴大了。很快地，組織成員變得不易看清，哪些環節能夠對顧客花錢購買的東西直接產生附加價值，哪些環節負責規畫，哪些環節傳遞訊息，哪些環節負責中繼作業、綜理業務，或提出問題等等。到了這個地步，組織各個環節之間的連繫發生困難，且無法發揮既定功能。當然，資深管理階層總認為，增加這類支援作業有助於潤滑企業日常運作。實際上，增加更多的支援作業，等於增加了層層的溝通濾紙，反而讓組織運作得更慢。其直接後果就是，讓顧客更受挫折。忿忿不平的顧客抱怨道：「我不管『你』是做什麼的？『我』只管你們何時能交貨？」

　　然而，時間基礎績效水準之所以如此引人關注，是因為沃爾瑪、美利肯（Milliken）及惠普等大型企業，也能夠像小型企業一樣辦得到。時基競爭者已能恢復，曾經讓大型組織稱霸市場多年的規模經濟優勢——過去 20 年來，許多大公司受制於高成本、過於複雜的營運系統及管理結構，已將規模經濟優勢消磨殆盡。我們認為，那些有影響力的大型企業，應該比那些資源較少的小公司，更能讓顧客滿意。事實證明，大型企業真的又做到了。

第三章

時間與顧客

　　有的時候，顧客還真會給商家添麻煩。首先，不管是產品或服務，顧客就是希望得到他們想要的東西。其次，顧客希望在特定時間內得到它們。最後，顧客期待自己購買的產品或服務，品質是完美無瑕的。看來，商家似乎永遠也無法讓顧客感到滿意。

　　挑剔的顧客常會干擾企業正常的運作節奏。例如，當顧客要求業者提供標準化以外的產品或服務時，營運成本一定會上升。此時，商家將被迫加快原有工作時序（work schedule，或譯為工作進度表）的腳步，好應付挑剔顧客的需求。但在此同時，其他顧客的需求可能暫時被擱置。更糟糕的是，這些顧客可能因此被惹惱，而起了換商家的念頭，甚至真的轉頭就走。於是，商家只好再度調整工作時序，企圖挽回顧客，結果形成惡性循環。

　　遇到挑剔的顧客時，管理階層有以下三種選擇：

　　1. 強迫顧客接受標準化績效、產品或服務，以取得主導權：

　　例如大多數汽車經銷商明白告知顧客，他們僅在平常上班日上午七點半到下午四點之間，提供相關服務，而且不接受預約服務。如此一來，顧客勢配合規定，在上述時間內造訪經銷商。

　　2. 事先準備夠多存貨，或讓顧客自己動手做，而讓顧客和組織間形成一道絕緣體：

　　最讓前述汽車經銷商感到高興的，莫過於「顧客前一天晚上

就把車開來，停在經銷商服務車道入口處，填妥相關表格，然後不吭氣地離開，直到維修人員打電話告知其報價」這件事了。有的顧客會主動打電話來詢問，送修汽車是否已處理完畢，然後自己來經銷商附設的保養廠取車。

3. 擁抱顧客，並確保他們得到前所未有的，遠超過他們想像的滿意服務：

那些沒有耐心的顧客，如今可以到許多專業汽車保養廠，享受 10 分鐘完成機油更換、20 分鐘完成排氣管更換、59 分鐘完成汽車調整校正（tune-up），以及一小時完成煞車檢修等特定項目的服務，而且價格比一般保養廠還低廉。漸漸地，一般汽車經銷商只剩下新車保固期間內的定期保養服務生意，還輪得到它們來賺。定期保養服務生意的利潤不差，但數量有限。

最有利可圖的顧客，通常是最難討好的顧客。這類顧客非常挑剔。他們要求的東西，商家必須分毫不差地提供給他們。如果商家能讓這類顧客滿意，他們極有可能一輩子都不會琵琶別抱。他們會變得非常依賴特定業者。而這種依賴，即成了業者的利潤來源。

注重對顧客需要，做出適當反應的業者，可從以下四個層面獲得回報：

1. 對於那些以一貫態度反應顧客需要的供應商，顧客通常以更加忠誠做為回報。

2. 對於高反應的供應商，顧客通常願意多支付一部分正常價格以外的溢價。

3. 顧客常會從高反應的供應商那裡多買一些產品或服務。

4. 一旦挑剔顧客成為穩定客源時，供應商即享有策略優勢。

顧客忠誠度

我們可從日常生活中找到許多證據，證明顧客對於那些以一貫態度反應其需要的供應商更加的忠誠。做爲消費者，我們應該避免光顧某些經常缺貨的商家，而常去一些比較勤快補貨的店家。另外，我們偶爾也會去便利商店或速食店消費，因爲去超市選購商品還挺花時間的。常搭飛機的我們，多半會儘量避免搭乘經常誤點的航空公司班機，或選擇抵達路程順暢的機場。一旦找到中意的航班及路線的組合，我們就不會輕易改變，除非服務品質嚴重下滑。屆時，眞正到了必須改變的時候，我們也只好另覓替代方案。

根據一些仔細調查研究得出的結論，提升反應對商家的事業經營的確有實質助益。例如一份由食品行銷機構（Food Marketing Institute）所作的《1988 年消費者態度及超市問卷調查》（*1988 Survey of Consumer Attitudes and the Supermarkets*）調查報告發現：

「五分之二的購物者相信，過去一、兩年內，超市服務水準確實有改善；一半的受訪者認爲，服務水準和過去一樣。購物者對超市提供服務的滿意度，才是他們對超市整體滿意度的最佳指標。」[1]

既然有這種實證研究爲佐證，主管大可放心大膽的投入資源，用來改善商家對顧客需要的反應。然而在實務上，許多商家仍然忽略了此點。根據同一份問卷調查結果，消費者對超市眾多服務項目（商品品質優良、貨色齊全、地點方便等）都期待獲得好的服務；但其中快速結帳櫃台，是購物者非常在意的一項服務，卻也是最爲人詬病的一項。在該份問卷調查中，88% 的受訪

者都認為，快速結帳櫃台非常重要或還算重要；但只有 70% 的受訪者，給超市快速結帳櫃台的評分為很好或好，期望與實際約有 26%（18 除以 70）的落差。這次問卷調查總共訪問了 16 個服務項目，期望與實際的平均落差為 6%。很明顯地，如果超市肯針對反應性好好改進，定能提升公司獲利率。

業者努力爭取來的顧客滿意度，其實是一把雙刃劍。高忠誠顧客當然能讓業者賺進鈔票。但當顧客發現，現有供應商反應不及而無法滿足他們，就會發生「顧客用腳投票」（跑掉）的現象；這種行為就是顧客忠誠度的陰暗面。少數用腳投票的顧客，可能在他們臨走前留下片語隻字，告知商家他們為何不滿意，因而改投效敵營。這些商家算是幸運的。然而商家多半是從次要證據發現，顧客已對服務不滿意了。

在一份由銀行管理機構（Bank Administration Institute），針對躉售銀行業務的趨勢暨議題所做的問卷調查中，研究人員發現，81% 的受訪者（銀行財務長）指稱，關於挑選合作對象，以因應未來銀行業務需要這個議題，他們「打算多花一點時間貨比三家，再從中挑選一個最合適的進行洽談。」另一個議題是，有接近一半的受訪者說，他們將中止和現有最大往來銀行的合作關係，另外再找一家主要往來銀行。「針對這些受訪銀行財務長的訪談內容做進一步的分析後，我們發現，受訪者尋求和其他銀行建立新的往來關係，主因就是原有往來銀行的服務品質，已不符他們的要求。而且不論受訪銀行規模大小，都表示對服務品質十分重視。」在打算和現有往來銀行中止合作關係的受訪者當中，58% 的財務長都把服務品質不佳，列為開除理由的第一名或第二名。在這些受訪者心目中，服務品質的重要性，遠超過貸款利息，或其他金融類產品的重要性，比例約為三比一。[2] 銀行高層

若能根據此一問卷調查結論，採取相對應的行動，定能從其他比較無感的銀行那裡爭取到更多的生意。這些較無感的銀行高層，非常有可能把生意流失怪罪到同行頭上，認定同行在進行削價競爭，而非提升服務品質。

顧客不滿意，但選擇不出聲，將對商家產生立即的傷害。舉例來說，一家預鑄套件式組合房屋製造商的管理階層發現，儘管倉庫裡的待完成量有增加，公司利潤卻持續縮水。原因無他，該公司最大客戶的需求未被充分重視。

從簽定合約開始，到完成交貨，最後由顧客點收為止，該組合房屋製造商的交貨時間（delivery time）平均約為 150 天。其實該製造商的製造工期並不長。交貨時間中被耽擱最久的，是製造前的準備時間──尤指長達 45 到 60 天的貸款審核程序。

該製造商提供過橋貸款（bridge financing，或譯為過渡融資），在預鑄套件式組合房屋全部完工，屋主從傳統房屋貸款業者取得永久性貸款之前，可供屋主用於短期融資。管理階層相信，貸款審核是必要的程序，可降低財務風險。然而在此一漫長的過渡期間，不耐久候而決定取消訂單的案例層出不窮。更糟糕的是，許多信用良好的顧客，往往比信用較差的顧客更早提前解約。因為那些信用較差的顧客沒有什麼其他選項，只能忍受漫長等待的煎熬。

後來，該製造商決定縮短貸款審核程序，甚至也因此讓一些顧客回心轉意。但後果更慘。此刻，該製造商的處境，比之前顧客提前解約對公司造成的利潤損失更糟糕。信用良好的顧客跑了不少。這表示，該製造商客源中有利可圖的顧客比例相對降低。為了開發新客源，該製造商必須增加銷售及行銷費用；為了審核新顧客的信用，該製造商又得增加徵信作業的開銷；由於新客

源信用較差，徵信作業又被迫拉長。該製造商提供給信用較差顧客的過橋貸款案件愈來愈多，導致最後形成呆賬的件數也相對增加。

回想過去，從來沒有人明確指示要縮短貸款審核程序。這個程序，就在不知不覺中被拉長了。面對經營困境，管理階層終於開始重新思考既有貸款審核程序，從而發現，程序中的一些時間消耗，其實大有改進空間。過去，不論申請人信用背景為何，所有貸款申請書都需要通過同一個審核程序。現在，該製造商發展出一套簡單的演算法（algorithm），用來評估申請人的信用程度。具體言之，以該算式套用四個項目——簡單的徵信調查、絕對家庭收入、淨值（net worth），及現職工作年資——即可對貸款申請人的信用做出相當正確的評等。經過這套算式的初步篩選，該製造商可以很明確地把貸款申請人依照信用風險高低，區分為優良、中等及不良三種評等。被評為優良及中等的申請人，該製造商將以最快速度審核通過貸款，不良評等案件則無條件退件。如今，該製造商的貸款審核程序已縮短為還不到一週，銷管費用下降，貸款組合（loan portfolio）品質也獲得改善。

業者應投入努力，把挑剔但忠誠度高的顧客找出來。理由有二。第一，業者若能持續一貫地、不打折扣地滿足顧客，不僅會讓他們變成回頭客，而且他們還會加購其他商品或服務。統計數據顯示，業者為爭取一名新顧客所投入的成本，約等於說服一名老客戶達成一筆交易所投入的成本的 10 倍。每一位滿意的現有顧客，都可以變成特定產品或服務的重要推薦人（referral）。在他們的轉介下，等於幫助商家爭取更多新顧客上門消費，而且成本甚低。曾被《金氏世界紀錄》（*Guinness Book of Records*）列為世界最偉大汽車銷售員的喬・吉拉德（Joe Girard），提出他的觀

察心得：

「讓我說明『吉拉德二五〇法則』（Girard's Law of 250）的引申。一名基督新教（Protestant，或譯爲新教）葬儀社老闆跟我買了一輛汽車。交車後，我詢問他，一般而言，一場喪葬儀式，到場瞻仰遺容、參加安息禮拜的平均人數爲多少。他答稱：『約兩百五十人。』然後某一天，內人和我去一個宴會廳參加了一場婚禮，恰好碰到宴會廳老闆兼喜筵酒席承辦人。我詢問他，來參加一場婚禮的平均賓客人數大概有多少人。他答道：『女方約兩百五十人，男方約兩百五十人。』

「我猜你們已經弄明白，『吉拉德二五〇法則』是怎麼一回事了。但我還是要告訴你們：每個人都會把和自己關係夠親近的兩百五十人，邀請來參加一生當中的重要場合，像是婚禮或葬禮。」[3]

第二個理由是，當業者專注於去滿足對反應性較敏感的顧客時，反而可藉此淘汰邊際顧客（marginal customer）而獲利。某些顧客對於產品或服務的各種選項，是可以妥協的。他們甚至有十足耐心，一直等到出現他們心目中的理想價格，才肯出手購買。業者很難從邊際顧客身上賺到錢，而且他們也沒有什麼忠誠度。何謂「邊際顧客」，就是當較有利可圖的人都已成爲公司顧客時，剩下的人就是一些無利可圖的邊際顧客了；既然是邊際顧客，最好就留給競爭者享用吧。

顧客對反應性有不同的敏感度。因此，業者應該將這一層重要的體認反映到服務顧客的方法上。但在實務上，許多公司都用一視同仁的態度對待顧客，就好像所有顧客對反應性的敏感度是一模一樣的。例如在前述預鑄套件式組合房屋製造商的案例中，所有顧客都需通過相同的信用審核程序，而不論他們的信用程度

爲何。不同人的信用程度差異，實不可以道里計。如果管理階層
了解，公司應該爭取及留住那些對反應性有高敏感度的顧客，就
應該挖空心思把這種人找出來，用不同方式對待他們。

時間基礎競爭策略

當時基競爭者針對提高反應性投入各種努力，所改善的成本
效率（cost efficiencies），已能從三個層面——顧客對業者所提
供更好服務的體認、顧客對更多選項的欲望，以及顧客對於花更
多錢獲得前兩者的意願——看到與之相匹配的成果時，該時基競
爭者將擁有眞正的獲利潛能。舉例來說，商務旅客最在意的是班
機時刻與航空公司選擇，而非機票價格。反觀度假旅行者，他們
最關心票價是否夠低，也能接受班機時刻臨時更動的狀況。這兩
種旅客的每英哩機位成本可能完全相同，因爲到最終，兩人可能
會被劃在同一排座位緊挨著坐！然而，與度假旅行者相較，由於
商務旅客支付更高的票價，因此對業者的利潤貢獻度更高。而商
務旅客也是最受業者歡迎的顧客。某些航空公司，例如美國航空
（American Airlines），其行銷重心完全擺在成功吸引商務旅客身
上。其他如大陸航空（Continental），則以度假旅行者爲主要訴求
對象。因此，業者可以用顧客對時間與對選擇的敏感度，將他們
區隔爲不同客層。

價格溢價

一家公司對於滿足顧客需要所做反應性的品質好壞，將直接
影響該公司提供產品或服務之價格，乃至於直接影響公司獲利
率。一家公司能一貫、快速、更好地回應顧客需要，將能享受優

於同業的營收成長、產品價格及獲利率。反之亦然。當一家公司決定，或不自覺地走低反應性的路子時，可預期的是，該公司的營收成長、產品價格及獲利率都將萎縮。

我們可以用價格時間彈性（time elasticity of price），來衡量顧客為取得快速反應而支付更高價格的樂意程度。若能了解時間彈性對自身經營企業的影響力，當有助於業者從策略角度去看待顧客的需要。從同樣角度，亦能得知競爭者的弱點，有助於業者找出可一舉超越競爭者的商機。

我們試著用圖解方式，來說明價格時間彈性的本質（【圖3-1】）。在最接近做購買決策的時間點，許多顧客都願意支付最高價格，以取得所需之產品或服務。如果供應商能快速供應，通常能獲得很不錯的利潤。為了獲得所需產品或服務，顧客必須等候的時間愈長，或顧客寧願選擇等候的話，那麼顧客就愈有可能另尋其他能提供更好價格的業者，原來業者的潛在利潤就會相對降低。

【圖 3-1】獲利率的時間彈性

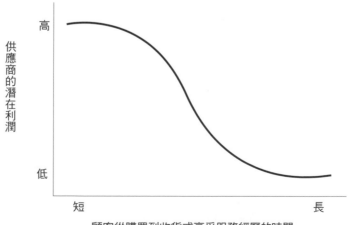

顧客從購買到收貨或享受服務經歷的時間

再回頭來看一個最明顯不過的價格時間彈性例子，亦即，在旅遊業，利潤對顧客樂於等候程度的敏感度到底爲何。某個家庭計畫暑假出遊。負責規畫行程的成員，勢須很努力的四處搜尋各種來源，以取得機票、旅館及租車的最佳價格組合。該成員和航空公司、旅館業者及租車公司協商時，一定會儘量要求對方壓低價格。也就是說，三個業者若以完全成本基礎（full-cost basis），或以變動成本基礎（variable cost basis）之邊際貢獻（marginal contribution，或譯爲邊際收益）報價，這三個業者都有可能虧損。然而，如果該家庭發生緊急事件，必須立即趕往另一個城市，此時，可獲得性（availability，或譯爲可用性）的重要性立刻超過價格的重要性。該家庭已無任何協商空間，因此航空公司、旅館業者及租車公司的利潤自然提高，足以涵蓋提供該家庭所需服務的完全成本還有剩餘。由於航空公司的顧客種類眾多，價格敏感度自然互有差異，故航空公司票價，因著購買規定與條款的不同，而有很大之差異，請參閱【表 3-1】之說明。

【表 3-1】 DCA-LAX * 經濟艙來回機票價格
（1988 年 12 月：指數）

全票	100	無使用限制
提前 7 日開票	72	開票後退票加收 25%
折扣票	52	候位

* DCA ＝華盛頓國家機場；LAX ＝洛杉磯國際機場

如前所述，一般航空公司多半提供各種價位的機票，以滿足不同顧客需要；有的行業卻選擇以注重速度甚於價格的顧客爲訴求對象。聯邦快遞（Federal Express）即藉由開發價格時間彈性中的一個龐大利潤空間，憑空創造了一個新產業。起初，聯邦

快遞提供顧客當天寄送包裹或信件，隔天中午前可送達之服務承諾；稍後，送達時間又提前為上午十點半。在聯邦快遞之前，一般消費者至少需要等兩天或更長時間，對方才能取得交遞物件。時至今日，在傳輸資訊時，消費者已有更多選擇；而且，消費者有時願意支付高價使用快遞服務。

【圖 3-2】列出，從芝加哥交遞一份 10 頁文件及一份 100 頁文件，到洛杉磯的快遞價格。不趕時間，願意等候數天的消費者，可以選擇郵費最低的美國郵政服務（U.S. Postal Service）交運。但也有非常趕時間，希望當天即可送達目的地的消費者。此時，位於芝加哥的國家快遞系統（National Courier System），即為這類消費者的選項之一。消費者支付 100 美元運費，可交運重 10 磅的包裹，或一份 2 頁文件，或一份 100 頁文件。就一份 2 頁文件的運費來說，此一服務的價格是美國郵政服務價格的 400 倍。也就是說，此一文件快遞服務的價格時間彈性約為 150——處在資訊傳遞行業，業者每縮短顧客必須等候時間的一半，顧客即願意多支付 50% 或更高的價格，以取得是項服務。

儘管消費者使用資訊快遞服務，必須支付非常高的價格溢價，但快遞業務成長速度極快，遠超過普通遞送業務的成長速度。今天，成長速度最快的資訊傳輸模式已變成傳真機，縮寫為「fax」。傳真機是一種可讓使用者透過電話線路，傳送單頁文件至另一台傳真機的器具。另一台傳真機接收原始數位化資料後，可以把接近原稿品質的資訊印在紙張上，或傳送至電腦螢幕。如果顧客急於收到原稿複製資料而非原稿，傳真機可以幫助他們在幾分鐘內完成任務。

現今，傳真機在美國以每年接近 100% 的比率成長，是有很好的理由。就傳送一份 10 頁文件或 100 頁文件的資訊傳輸服務

【圖 3-2】遞送方法反映時間價值：芝加哥到洛杉磯

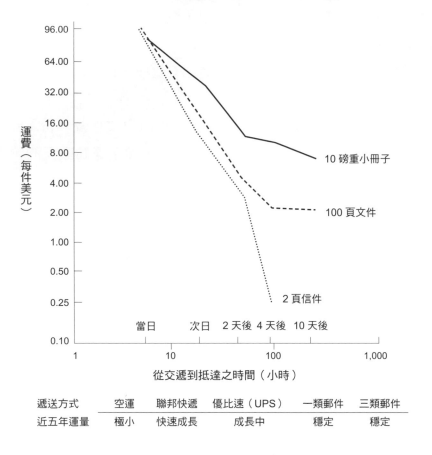

遞送方式	空運	聯邦快遞	優比速（UPS）	一類郵件	三類郵件
近五年運量	極小	快速成長	成長中	穩定	穩定

來說，使用傳眞機的費用，遠低於使用次快的傳輸方式（空運）費用。而使用傳眞機的費用，和使用速度最慢的美國郵政服務費用，幾乎同樣的便宜（【圖 3-3】）。

　　未來傳眞機可能比影印機還要普及。目前日本已裝設超過340 萬台傳眞機，美國有 180 萬台，歐洲 150 萬台。加州洛克（Rock）廣播電台已開始接受「傳眞」點播歌曲，就像是紐約市熟食店（delis）販賣現做三明治一樣的快速方便。在日本，擁有一輛裝有汽車電話機的賓士汽車並不希奇，除非該部電話機具備

【圖 3-3】時間緊迫時使用傳真機的理由很容易理解

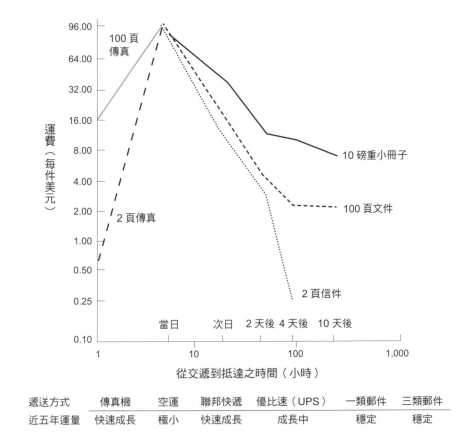

遞送方式	傳真機	空運	聯邦快遞	優比速（UPS）	一類郵件	三類郵件
近五年運量	快速成長	極小	快速成長	成長中	穩定	穩定

傳眞功能。

　　凡提供價值不易儲存或會腐壞的產品或服務的業者，例如航空公司的機位、旅館客房，及生鮮食品等，通常都會充份利用價格時間彈性之特質，訂定行銷與銷售策略。現今一些大型航空公司，常在廣告中公布該公司在航班準時出發排行榜中的排名（如果排名在前）既可留住現有顧客，又可試圖拉走一些競爭對手的客源。達美樂披薩向顧客保證，如果外送員未能在 30 分鐘內將產品送達，該公司將提供顧客 3 美元現金退費。四季酒店（Four

Seasons Hotels）是一家非常成功的高檔旅館連鎖集團。在貴賓級房客未抵達之前，該酒店便已幫他們辦妥入住登記手續。當貴賓正式抵達時，僅需向櫃台人員領取客房鑰匙而已。貴賓開門進入房間，將看到裡面早已擺妥他們最愛用的備品，包括一件繡有貴賓英文姓名縮寫字樣的浴袍。

但也有許多公司迄今未嘗試在制定策略時，充分利用價格時間彈性。理由至少有兩個：第一，管理階層並未察覺到顧客對時間及選項的敏感度。其次，顧客原本「想要」等候一段時間，以獲得特定購買選擇（purchase of choice），這段時間突然縮短了（顧客不想再多等下去），從而造成公司供貨能力「衰退」（即便公司有能力供貨，顧客卻決定放棄購買了）。尤有進者，如果業者真的投入努力，設法加快反應性，將來仍然有可能會為了留住顧客而降低價格。如此一來，公司成本仍然會墊高，利潤縮水情形可能繼續惡化。

對於應該用何種反應時間來提供顧客尋求的價值，任何一家公司均無單一解決方案。某些顧客的需求乃是，希望業者立即處理及完成他們要求獲得的產品或服務。這類產品或服務通常是現成的，或非常標準化的，因此業者僅需多花一些精力，即可在現有系統中加快遞送產品或服務的速度。但也有一些顧客需求涉及一定程度的客製化工程，自然需要沒完沒了的處理時間。當產品或服務被迫進入組織系統後，客製化工程所需的時間將隨之增加，犯錯機會也會增加，緊接著自然是相對應的修改工程，與被迫更改的顧客等候時間。例如一個貨車製造商接獲一筆製造標準貨車的訂單，從處理訂單、安排製造該筆訂單的排程、開始裝配作業，一直到最後的交車步驟，大約需要 45 天時間。但若碰到中等程度的客製化貨車訂單時，交車時間將拖長為 90 天或更長。

如【圖 3-4】所示，一家公司對其顧客所需求之服務或產品的反應性，恰恰反映了該公司反應時間的分布形狀，而且不同的分布形狀，均有其自己的頻率響應（probability of occurrence，指用測量儀器向電子儀器輸入一個振幅不變，頻率有變化的信號時，測量儀器輸出端的響應）。【圖 3-4】顯示，價格時間彈性與大多數公司反應能力之間的比較。

如果一家公司決定調整價值遞送系統，以充分利用價格時間彈性，該公司的利潤就有可能隨之提高。用【圖 3-4】的術語來說，該公司的策略目標，應為想辦法把反應時間的分布儘量往左邊移動，讓反應時間的分布形狀，更加接近獲利率曲線的時間彈性分布形狀。

決定顧客的價格敏感度

顧客對時間如此敏感，以及他們多麼樂意支付高價來獎勵業

【圖 3-4】時間彈性與供應商的反應

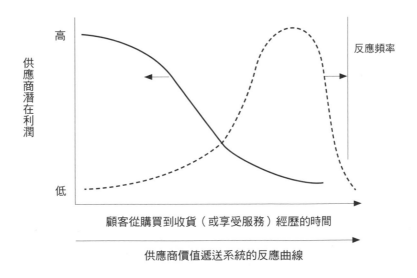

者提高反應性，常到了讓人吃驚的地步。以電信業者的小型企業客戶爲例，這些客戶對電信業者的系統停工（停話）就非常敏感。事實上，以商用電腦系統爲事業基礎的小型企業客戶爲例（這是一個虛擬案例，主角是一家在另一個產業的公司。該產業與小型商用電腦基礎系統產業有很多類似特色），他們對電信業者服務反應性的重視程度，甚至超過對電信系統的可擴充性（expendability）、電信費率、電信業者品牌，與技術特點──例如電信系統能否傳送傳眞郵件或是否具備資料傳輸能力──等因素的重視程度。一份採用聯合分析（conjoint investigation；一種統計方法，用來評估顧客對自己所期待的、具備多重選項特色的產品或服務之相對反應，另稱爲聯合分析或交互分析〔trade-off analysis〕）模式之問卷調查研究結果，詳如下述：

・爲獲得當日服務（same-day service）之待遇，85% 的受訪用戶願意多付 10% 的價格溢價；60% 的受訪用戶願意多付 20% 的價格溢價；40% 的受訪用戶願意多付 30% 的價格溢價。

・受訪用戶對電信業者品牌及電信業務服務商信譽的重視程度，僅及他們對當日服務重視程度的一半。

・受訪用戶對技術特點的重視程度，僅僅是他們對當日服務重視程度的四分之一。

上述研究結果對小型商用電腦系統製造商而言至爲重要。過去多年來，管理階層無不以增加投資求取提升技術，同時設法降價求取增加客戶人數，爲兩大經營重心，而甚少花心思去強化現場服務之反應性。然而顧客更重視服務，甚於對技術與低費率的重視！後文將闡明，業者對現場服務反應所投入的努力，其投資回收常遠高於對技術特點的投資回收，也高於對降低費率的投資回收。

時基競爭者的最佳顧客，可以從業者提供更多選項或更快服

務獲得特殊價值。這種特殊價值可能是經濟性的，或主觀性的。業者應先想辦法把特殊價值找出來，然後再以它們為槓桿，牢牢掌握住敏感顧客的需求。業者很難以主觀價值為訂價基礎。公司區隔出一群永遠不需要排隊等候的顧客，他們所享有的特殊待遇到底為多少價值？和搭乘次音速噴射客機橫渡大西洋相比，搭乘協和號客機（Concorde）橫渡大西洋的經濟價值為何？把協和號的票價訂為次音速噴射客機頭等艙票價的兩倍，可以嗎？為主觀價值訂價的可行方法，不外乎：

- 先估計提供快速反應或更多選擇（特殊價值）的成本
- 外加期望的利潤邊際為訂價
- 如果增加特殊價值後的產品或服務出現超賣（oversold）現象，就提高價格；若出現拋售（undersold）現象，則降價

　　如果可以用經濟性指標衡量對顧客增加之價值，業者便能用比較合理的方法訂定價格。最明顯的經濟價值包括：

- 顧客對降低存貨水準的需要
- 讓顧客的購買決策更接近他們獲得所需產品或服務的時間點，從而讓他們降低不確定性（uncertainty）及預測風險之機會
- 減少等候顧客的「顧客」取消訂單或更改訂單的數量
- 增加特殊服務或客製化產品，更能滿足顧客有效提升專一性（specificity）的競爭需要（更多吸睛的產品或服務簡介〔more observable per lead-in〕）
- 協助加快顧客企業的現金流週期速度（velocity）

　　上述時基競爭者為顧客創造的各種利益，對顧客的獲利能力

有正面影響。此類影響即表示為顧客創造了價值。透過適當策略之運用，時基競爭者幫助顧客增加了價值。因著提高價格與擴大市占率，時基競爭者也等於留下了一部分的價值。

為顧客創造經濟價值

業者加速供應所生產的硬體產品，就是「根據該公司反應性能夠為顧客提高多少經濟價值，而訂定相對應價格」之最佳範例。某硬體製造商針對特定顧客（對保全需求極高的門窗產品客戶）供應種類極少的高品質門窗產品，產品訂價超過同業賣的普通品質產品。在美國，該製造商大約四分之三的產品需求，來自機關行號買主。這類買主對保全的敏感度，已高到讓它們願意支付更高的價格溢價。其餘需求則來自波士頓、紐約等高犯罪率城市的個別客戶。

該製造商在加拿大有一個分支機構，過去一直是一家獨立經銷商。當該經銷商還是獨立經營的公司時，管理階層乃遂行一項既定政策：只要倉庫有存貨，一定責成服務人員提供顧客期望的當日服務。如果訂單金額超過 200 加幣，該公司將負擔美國郵政服務的郵遞費用。後來，該公司經營權更換，由那家製造商接手後，仍然繼續執行是項既定政策。

新管理階層上任後，約有 80% 的訂單，該公司仍然採用相同模式，提供顧客快速的服務。新管理階層進一步改進訂單登錄系統與出貨系統，設計出更流線化的運作模式，同時投入大量資金改善倉儲作業。這家加拿大分公司的存貨水準，約為該製造商位於美國分公司存貨水準的四倍。加拿大分公司確實需要較大數量的存貨，因為該分公司需要從美國總公司訂貨，因此需要較長的

交貨前置時間，而且交貨時間較難預測。

　　讓人頗感驚訝的是，個別消費者對該分公司高檔門窗產品的需求量，幾乎占了該分公司賣至加拿大境內所有銷售額的一半。用銷售百分比（percent-of-sales）來比較，加拿大分公司個別消費者區隔的滲透率（penetration），是美國的兩倍。用銷售金額（dollar-of-sales）來比較，加拿大分公司個別消費者區隔的滲透率，竟然比美國相同區隔高了四倍。而這是在一個以低犯罪率著稱的國家做到的生意，更讓人覺得訝異。

存貨週轉率優勢

　　這家加拿大分公司的優異財報表現，顯然受該公司遂行及時反應政策的深遠影響。販賣此類產品的零售經銷商，通常都是靠很少的財力做生意的。對他們來說，接受個別消費者下訂其所需的門窗產品，轉向總公司請求出貨，產品到貨後至消費者處安裝完成，收到貨款，一個月後再匯款給供貨商，可能是最佳的經營模式了。從事這樣的交易，投資報酬率非常大。但這中間橫梗了一個問題：消費者可能不願意枯等六到八週才收到所需門窗產品。於是乎，經銷商及供應商就必須維持大量存貨。對製成品存貨的投資，零售商與供應商投入的金額約略相同，乃是這類產業的經營型態。由於存貨維持相對高水準，零售商通常能快速滿足顧客所需，爾後按月向供應商補貨即可。

　　該零售商的經濟模式，可從【表 3-2】一窺究竟。零售商以75 加幣的價格，向供應商進了一件常用硬體商品，再以 150 加幣轉賣出去。此一過程等於讓經銷商賺到 75 加幣的毛利率，或賺到賣價 50% 的利潤。經銷商賺取的毛利率，將用於支付包括倉儲成本在內的營運成本。零售商的存貨平均一年週轉 3 次，零售商

存貨投資的毛利率報酬率便爲 300%。

【表 3-2】零售商的經濟模式：按月補貨

零售商進貨價格（加幣）	75
消費者支付價格（加幣）	150
毛利（加幣）	75
存貨週轉率	3×
毛利率投資報酬率（％）	300%

　　然而，如果零售商向供應商下訂，一天左右就能收到訂單商品，零售商的經濟模式將展現截然不同的面貌。如【表 3-3】所示，如果供應商交貨速度夠快，零售商的存貨投資報酬率將四倍於過去水準。不僅如此，由於補貨迅速，零售商實無須維持很高的存貨水準，倉儲費用因而下降。正因爲存貨週轉率大幅提高，加拿大分公司願意支付更高價格，向快速反應的供應商進貨。

【表 3-3】零售商的經濟模式：快速補貨

補貨	按月	快速
零售商進貨價格（加幣）	75	75
消費者支付價格（加幣）	150	150
毛利（加幣）	75	75
存貨週轉率	3×	12×
毛利率投資報酬率（％）	300%	1200%

　　儘管有很大的獲利潛力，實務上，極少零售商能夠用快速補貨方式，賺到【表 3-3】的高利潤。原因之一是，供應商一定會提高供貨價格——快速交貨與提供高於競爭者的產品品質。第二

個原因是，零售商也會調整價格，以吸引更多人向零售商購買品質更佳的產品。【**表 3-4**】說明與競爭產品線比較下的零售商經濟模式。如表中所示，供應商以提供快速交貨為由，向零售商收取13% 的價格溢價。為向消費者推銷可快速到貨的高檔產品，零售商願意給予 7% 的折扣。儘管有兩次價格折讓，零售商的毛利率投資報酬率仍然是競爭者的兩倍。事實上，因為存貨週轉率高的緣故，零售商甚至可以把價格降到低於競爭產品之水準，仍然可以賺取優於競爭者的投資報酬率。

【表 3-4】比一比！零售商 vs. 競爭者：經濟模式

產品供應商	競爭者	高品質
補貨頻率	按月	快速
零售商進貨價格（加幣）	65	85
消費者支付價格（加幣）	130	140
毛利（加幣）	65	55
存貨週轉率	3×	12×
毛利率投資報酬率（％）	300%	776%

辨識顧客需要

　　當供應商提高反應能力，顧客因而變得更加忠誠，也願意支付更高價格，這是顯而易見的道理。不僅如此，面對反應迅速的供應商，顧客常因此購買更多的產品與服務，甚至樂意支付更高的價格。

　　前述那家以使用小型商用電腦系統業者為客戶的電信公司發現，當該公司努力讓服務反應性追上同業水準後，該公司在某個

城市的市場占有率居然倍增。稍後，該公司又推出了一個擁有最新技術特色的新產品，「連同」不輸於同業的服務反應性，該公司的市場占有率再增加了 50%。該公司已深刻了解，爲確保提供具競爭性的服務反應性所做的投資，至少和對提升技術水準的投資同等重要。

一般而言，如果一個時基競爭者，能夠建立一套比競爭對手快三到四倍的服務反應系統，營收成長率將比同業平均值至少快三倍，邊際利潤至少比同業平均值高兩倍。實務上，許多時基競爭者的經營績效比上述「起跳值」還要好很多。

花旗集團就是一個很好的例子。花旗藉著善用抵押型貸款申請人對反應性的敏感度，並很有技巧地爲貸款服務訂價，以吸引更多人加入推銷陣容，因而成功地打入美國抵押型貸款市場，並一舉成爲市場領導者。

花旗 1983 年的抵押型貸款業務之貸放金額，爲 7 億 5,600 百萬美元。到了 1986 年，貸放金額已增爲 55 億美元。1987 年，花旗的抵押型貸款的貸放金額又激增爲 148 億美元 —— 等於每年以 100% 的年均複合成長率（compounded annual growth rate，CAGR）在成長！ 1987 年底，儘管花旗的貸放金額僅占全美國總貸放金額的 3.3%，花旗卻宣稱其貸放金額比業界最大競爭者 —— 阿曼森公司（H. M. Ahmanson） —— 還要高 37%。七年前，花旗還排不進抵押型貸款業的前一百名。[4] 被問到何者爲花旗抵押型貸款貸放業務的策略核心時，花旗抵押（Citicorp Mortgage, Inc.）董事長羅伯特・霍恩（Robert D. Horne）解釋道：「我們公司的策略核心其實很普通，就是國內市場。我們認爲，只要端出最棒的價值遞送服務荣餚 —— 高稱職能力與及時性（timeliness） —— 我們一定能脫穎而出。我們把房屋仲介視爲顧

客，就如同我們視借款人為顧客一樣。」[5]

　　一份以借款人（borrower）為對象的問卷調查結果指出，並無明顯跡象顯示，花旗在抵押型貸款領域有發展成功的潛力。如【表 3-5】所示，在某次蓋洛普民意調查（Gallup Poll）中，相較於服務，受訪的借款人似乎更重視，放款人（lender）開出的貸放條件及放款人的信譽。具體言之，在該次問卷調查中，受訪借款人在選擇貸款對象時，貸放條件及放款人信譽在他們心目中的重要性，比服務項目高 50%。

　　但一如霍恩董事長所強調的，借款人只是放款業者所服務顧客的一部分。房屋仲介同樣是放款業者的顧客。而且，一般借款人經常會向房屋仲介詢問，附近有哪一家放款機構開出的貸放條件最好。大型房屋仲介為客戶定期（每週）蒐集放款機構的資料，並印製各家放款機構的相關條件比較表。因此，放款業者應重新思考，除了放款機構的服務櫃台以外，房屋仲介的服務櫃台，也

【表 3-5】受訪消費者認為挑選抵押貸款「非常重要」的條件

最佳貸放條件	100 [*]
放款業者信譽	91
員工對業務嫻熟度	87
核貸迅速	81
放款機構種類	65
單一來源服務	56
服務據點	40

資料來源：羅伯特・古安瑟（Robert Guenther），〈花旗撼動抵押型貸款市場〉（Citicorp Shakes Up the Mortgage Market），《華爾街日報》（*Wall Street Journal*），11 月 13 日，1988 年，B1
* 100 代表最重要

是放款業者銷售點（point of sales，或譯爲銷售時點）的延伸。

那麼，房屋仲介最推薦哪一家貸款機構呢？在一份由抵押貸款銀行協會（Mortgage Banking Association）所做，以房屋仲介眞正希望貸款機構提供何種服務，爲研究目的問卷調查中，我們看到了不一樣的結果。受訪者最重視的項目，反而變成核貸速度、貸款專員的反應性，以及放款業者信譽。全國房屋仲介協會（National Association Realtor）財務部副總裁瑪莉・弗賽婁（Mary Fruscello）說：「房地產經紀人（不動產經紀人）已變成一股推力了，因爲他們想要成交。」房屋仲介正在尋求他們心目中的理想放款機構，那就是，和他們有相同的急迫感（sense of urgency），都希望早一點成交的放款機構。[6] 俄亥俄州哥倫布市的眞尋抵押（RealFind Mortgage Company），副總裁查理・史密斯（Charles C. Smith）提出他的觀察所得，不動產經紀人：「偏愛阻力最少的貸款管道。由於清楚記得上次讓他們感到滿意的申貸經驗，因此他們將一再回頭去找同一貸款機構。然而，一旦對某個貸款機構提供的服務有了不好的經驗，他們將不大容易忘卻。」[7]

在處理貸款事務時，一般購屋者絕不會比不動產經紀人更懂得，該如何與貸款機構打交道。購屋是大多數消費者一生中所做金額最大的單筆購買交易。此一交易始於買賣雙方簽訂房屋購買及銷售合約。房屋買賣合約規定 60 日內必須簽妥。有趣的事來了，因爲在這 60 日內，買主貿然涉入了一個非常陌生的過程——申請抵押貸款換取入住房屋的權利。從申請抵押貸款到借款機構核貸成功，整個過程極爲冗長，而且更糟糕的是，從核貸結果到核准日期，這些都是不可預測的因素。申貸處理流程通常需費時45 天，有時會提前兩週，或拖延兩週。一切都是未知數。許多消費者花費九牛二虎之力，好不容易備妥所有所需文件，到了抵

押貸款機構，最後一分鐘才被告知，還有一些手續未完成。正如某房屋仲介所說的：「房屋買主所擁有的一切，都被置於一段長達四十五天的不確定風險期間。正當買賣合約規定的成交期限愈來愈接近時，抵押貸款公司的某個傢伙又打來一通電話，要和買主討論還要補送哪些文件，或需要釐清文件中的特定內容等。於是，所有相關人等又必須採取緊急補救行動。這真是一個讓人精疲力盡的歷程。」[8]

自花旗於 1986 年，推出 MortgagePower 這個抵押型貸款新產品以來，眼看時機成熟，房屋仲介業者立即順勢提供房屋買主另一個房屋貸款選項，而成功地打入抵押型房貸市場。雙方的遊戲規則如下：房屋仲介業者支付 2500 美元，年費加入 MortgagePower 成為會員後，房屋仲介業者便可承諾客戶，也就是房屋買主，花旗將在 15 天內完成申貸手續；如果核貸通過，客戶尚可取得「獲得貸款利息降低兩碼（half point ＝ 0.5%）到六碼（one-and-a-half point ＝ 1.5%）折扣」的資格。如果買主需要更高額度之貸款，利息折扣還可再商量。只要在各州法律允許的範圍內，房屋仲介可以視情況需要處置花旗提供的息差（spread，利息價差，或價差）。例如，房屋仲介可以讓房屋買主享有花旗提供的全部息差，或，由房屋仲介自行吸收息差，但要求房屋買主繳交一筆更改融資條件的費用。

一如前述，花旗與房屋仲介的無間合作成果，令人嘖嘖稱奇。除了花旗取得驚人的抵押貸款業績外，花旗甚至「建構了一個遍及美國三十七州，總共有三千名成員的綿密網絡，成員背景包括不動產經紀人、律師、保險經紀人，以及抵押銀行等。」[9] 花旗模式之所以能夠發揮如此巨大威力，是因為參與該網絡的所有成員都體認到一個道理，那就是他們必須對房屋買主的需求有所

回應。一名任職加州米申維耶霍市（Mission Viejo），21世紀房屋（Century 21）的不動產經紀人傑克・李查森（Jack Richardson），提出了他的解釋：

「我們控制了房貸生意，我們創造了房貸生意，但我們實在夠愚蠢，沒有設法主導房貸生意。像花旗儲蓄銀行（Citicorp Savings）這種夠聰明的貸款業者，幾乎和每家大型不動產經紀商都達成了合作協議。發展至今，在我們的辦公室裡，等於已有了花旗的業務代表。如今，房屋貸款事業已完全被人掌控了。我們成交的所有案件之中，百分之五十二的抵押貸款生意都流向花旗。」[10]

花旗是否爲了加快核貸速度而增加了壞帳風險？或許是，或許不是。如今還言之過早，但看起來花旗似乎未朝此方向走。申貸程序的起始端（originating end），並未與傳統申貸程序有顯著差別。整個申貸程序之所以能夠大幅縮短，主因是花旗導入更聰明的做事方法。例如，花旗透過電子資料傳輸，讓不動產經紀人能夠快速地把買主資料傳送給花旗。和傳統方法（買主使用美國郵政服務寄送文件，或親自把申請文件帶到貸款機構）相比，至少可節省二至六日，或更長時間。這樣做並未增加壞帳風險。其他做法可能會增加壞帳風險，因爲花旗也核准「免財力證明」（no/low doc）抵押貸款案件。傳統貸款業者一律要求申請人提供在職證明、存款帳戶證明，以及過去五年所得稅結算申報證明等大量文件；花旗僅要求貸款申請人提供最近一次工資單（pay stub），以及最近一期銀行對帳單，但花旗會針對申請人進行一次徵信調查（credit check）。花旗不要求申請人辦理不動產抵押借款保險（mortgage insurance），而選擇用自身保險（self-insurance）來保障該公司貸出去的抵押款項。花旗僅接受貸款價值比率（loanto-value）80% 或更低的申貸案件，做為降低壞帳風險之門檻。大多數房屋仲介都同意，如果房屋貸款人繳不出房貸，銀行被迫出售標的房屋時，最後的成交價格通常不會低於原始購買價格的 80%——除非該標的房屋所在區域出現全面性的經濟衰退。再者，核貸決策乃由花旗認證之鑑定人（appraiser）視情況而定。因此，花旗採行能幫助縮短申貸流程的種種措施，可能會增加貸款風險，但實際的曝險（exposure）並沒有給人第一眼的印象那麼高。

尤有進者，花旗在核貸程序後端（back end），提供承辦人挑選合適房屋仲介的指導方針，反而有可能大幅降低貸款風險。挑選合適的房屋仲介，其實就是在挑選合適的買主。花旗集團旗下的投資銀行（Investment Bank）副總裁傑克・布萊克本（Jack Blackburn）說，花旗正規畫把 MortgagePower 在住宅區市場的成功經驗，複製到商業區市場。打入商業區市場的做法，和住宅區市場的做法並無二致；亦即，花旗將明確地告知不動產仲介商，花旗希望仲介幫忙爭取何種樣的不動產標的與買主。他說：「我們尋求的是高穩定性的房產——不見得是最高價位區隔，而是次高價位，貸款金額較小的房產標的。」[11]

到最後，花旗在住宅區市場所能接受的風險，以及稍後在商業區市場所能接受的風險，應該相對偏低。有良好債信紀錄的顧客，受花旗提供快速核貸程序的吸引，紛紛聞風而來；而那些有較高風險的顧客，則被推向傳統貸款機構。正如某房屋仲介所說的：「許多專業的房產買主，才不願意進到管理不善的、漫長的核貸程序，自找麻煩。而這類買主就是 MortgagePower 的主要客源。我**從未**把我的問題客戶送件到 MortgagePower。」[12] 那些有不良債信紀錄的買主，必須向傳統貸款機構申請貸款。爲要讓

這類買主貸款申請過關，傳統貸款機構不僅需要拉長時間做徵信調查，更會因此增加處理成本。有時，這類買主的籃子交易抵押權（packaged securities），因故轉手給次級市場（secondary market），傳統貸款機構又將被迫接受進一步的價格折讓。由此得知，花旗並未在追求速度與提高風險之間做一取捨。反而是傳統貸款機構，因為沒有努力去尋求機會，用加快速度回應顧客的需要，等於是做了一個很有問題的取捨。

　　房屋買主與房屋仲介對時間的敏感度極高——程度高於過去一些傳統問卷調查的結果。但根據花旗自己所做的問卷調查結果，貸款條件僅被受訪者認為是「中等重要」的項目，而反應性被重視的程度遠高於其他項目。基於此一發現，花旗終能成功打入美國抵押型貸款市場，一舉取得領導者地位。MortgagePower深受顧客歡迎，花旗集團董事長約翰·瑞德（John Reed）因而宣稱：「該公司市場占有率將在一九九二年成長為百分之十。」[13]

　　果真如此，該公司將在五年內讓營收成長三倍。此一營運目標，其實等於是讓 MortgagePower 從每年以 100% 的成長腳步，放慢為每年成長 25%。我們認為，MortgagePower 的成長速率將更快。目前，MortgagePower 達成的貸款金額，約占合作房屋仲介全部成交額的二到三成。尤有進者，花旗宣稱將於 1989 年 2 月，推出 15 分鐘完成核貸程序之服務，以及花旗預備將購屋頭期款占總金額之百分比，從 20% 降為 10%。這兩大新措施都將大大刺激住宅區房屋貸款顧客的買氣，從而大幅擴張 MortgagePower 的市場占有率。

打造策略優勢

不少公司或藉著大量增加庫存，或試圖說服配銷商增加庫存，來縮短反應時間。此種措施當有助於改善反應性，但因爲庫存成本增加，而稀釋潛在收益。不僅如此，由於庫存突然增加，常因此打亂了公司正常排程的步調，也會造成一定程度的浪費。更好的做法是，一如公司努力壓低成本，公司應該用相同的態度，針對價值遞送系統各環節的時間消耗進行改善；更重要的是，公司應針對問題癥結做改善，而非針對問題的表徵做改善。

僅縮短價值遞送系統各環節所消耗的時間還不夠。管理階層尚需根據顧客對快速反應之敏感度，以及對增加選擇性之敏感度，將他們區分爲不同區隔後，再據以採行相對應的策略。若能鎖定一群對反應性與選擇性最敏感的客源，時基競爭者幾乎已能掌握住一個能夠帶來滾滾財源的金雞母。

本書第一章曾提及，拉夫威爾森塑膠廠根據顧客對時間及選擇性之敏感度，把顧客區分爲不同區隔。拉夫威爾森塑膠廠用威盛亞這個品牌，銷售及配送裝飾用美耐板產品。裝飾用美耐板是富美佳於 1950 年代開創的新建材，初期大受市場歡迎。美耐板是以含浸過的色紙與牛皮紙層層排疊，再用固體樹脂，經由高溫高壓而製成的產品，常應用於廚房檯面、櫥櫃、家具等。發展至今，美耐板市場霸主已換成威盛亞。而在 1950 年代成爲裝飾用美耐板代名詞的富美佳，卻淪落爲市場追隨者了。拉夫威爾森之所以能夠從富美佳奪走市場，是因爲該公司先選定自己想要服務的顧客區隔，再提供比顧客期望值更多的價值，而且是在顧客期望的時間內做到它的承諾。

裝飾用美耐板的買主可區分爲以下三種顧客區隔，每種顧客

區隔購買裝飾用美耐板的數量約略相同：

- 接單定製櫥櫃產品的住宅櫥櫃創客（residential cabinetmaker）。這類製造商通常為規模不大的商家，服務範圍不脫商家所在區域之外，而且它們的投資額通常不大。當顧客選中某種裝飾用美耐板後，櫥櫃創客就會詢問經銷商，庫存是否備有所需的四乘八英呎美耐板產品。櫥櫃創客總是期望經銷商的倉庫存貨應有盡有，並以合理價格（不一定是最低價格）出售給他們。櫥櫃創客所簽大部分裝飾用美耐板接案的批次（job）成本，通常低於接案總成本的 33%，其餘成本為木材、金屬品及人工費用。想要成功的滿足這類顧客訂單需求，供應商必須要先拿出可獲得性（亦即先要確保訂單產品有存貨供應）再來才是合理售價。

- 建築師或裝潢設計師之類的商業規格顧客（commercial specification customer）。這類顧客選用裝飾用美耐板產品，通常用於強化他們所接案子之視覺訴求，例如突顯旅館浴室內義大利進口大理石之外觀。對這類建築師或設計師而言，產品選擇性與商品展銷（merchandising）的重要性更甚於價格，因為裝飾用美耐板的成本僅占他們接案總成本的一小部分。

- 第三大類顧客區隔稱為委託代工直購工廠（OEM direct purchase factory，又稱原廠委託製造、原始設備製造、專業代工）。這類直購工廠的前身通常是當地車庫式店舖（garage shop）櫥櫃創客，生意坐大後演變而成。這類直購工廠大量生產櫥櫃產品、移動房屋（mobile home）、展

示櫃等。這類顧客直接購買裝飾用美耐板產品比較省錢，而且進貨種類僅限於少數幾種。他們向供應商大量買進種類較少的裝飾用美耐板，目的是要取得數量折扣以避免讓本身工廠的生產成本飆升。想要成功滿足這類顧客訂單需求，供應商必須壓低成本，才能提出讓顧客滿意的報價。

拉夫威爾森以住宅櫥櫃創客及商業規格顧客為目標客源。這兩種顧客均對時間有很高敏感度，而商業規格顧客對選擇性之敏感度也很高。富美佳則服務以上 3 種顧客，但在委託代工直購工廠取得市場領導地位。為服務住宅櫥櫃創客，拉夫威爾森在區域配銷中心倉庫備妥足夠數量及種類之存貨，可以在 24 小時或更短時間內，把訂單產品送至地方經銷商。如果區域配銷中心接到得不到的非庫存項目（nonstock item）之訂單，工廠可在 10 日內完成該項目之整個製造交貨流程。如果接到非當期項目（noncurrent item）之訂單，工廠可在 10 日內完成交貨，或和顧客洽商其他替代方案。

拉夫威爾森針對專門服務住宅櫥櫃創客之配銷中心，提供高反應性（10 日或更短）之交貨程序，讓它的配銷中心可以充分滿足顧客所需。反觀拉夫威爾森的同業，往往需費時 25 至 30 日才能完成交貨。由於拉夫威爾森可以快速補貨，不僅能夠迅速回應顧客所需，也能提高配銷中心的存貨週轉率。拉夫威爾森的年存貨週轉率為 8 到 10 次，同業平均值則為 3 到 5 次。以如此快的速度週轉存貨的結果為，拉夫威爾森配銷中心的獲利率，約為同業平均值的 2 到 3 倍。當然，拉夫威爾森的配銷中心並沒有這麼賺錢，因為它們開始透過反應性優勢，順勢降價回饋終端使用者（end user），同時擴大存貨供應品寬度，提供顧客更好的交易條件等。

　　至於商業規格顧客，拉夫威爾森則供應比競爭者更多的產品多樣化選擇。為了不讓更多產品多樣化選擇損及製造成本，拉夫威爾森非常謹慎地針對製程流線化進行投資改進工程。例如，當裝飾用美耐板的種類變多之後，製造所需的樹脂種類也跟著增加。而不同種類的樹脂用於製造裝飾用美耐板時，硬化時間也不盡相同。不同的硬化時間，將會增加安排壓制工作站（press shop）的排程複雜度。於是，拉夫威爾森拜訪樹脂供應商，而共同研究出讓不同樹脂的硬化時間趨於一致的方法。新方法成功後，拉夫威爾森必須支付較高進貨價格。但拉夫威爾森樂於這樣做，因為不同樹脂的硬化時間趨於一致後，該公司製程中幾乎完全看不到多樣化的時間成本。

　　目前，在住宅區櫥櫃創客與商業規格顧客這兩個市場區隔，拉夫威爾森均握有較大市場占有率。拉夫威爾森也在委託代工直購工廠市場爭取到相當多的訂單。當然，富美佳仍然是此一市場的老大哥。無論如何，拉夫威爾森在重視服務速度與產品多樣化選擇，甚於重視價格的兩個市場區隔，成功經營到一個更有利可圖的顧客組合。富美佳的營收來源較偏向對價格敏感的委託代工直購工廠，這使得該公司的利潤遠低於拉夫威爾森的利潤。

　　更甚者，拉夫威爾森的配銷中心對該公司忠心耿耿。原因很簡單，這些配銷中心享有很高的存貨週轉率，一旦決定更換供應商，為了支援新產品線，這些配銷中心勢須再投資。即便有人提出好的條件，一般來說，這類小規模配銷中心企業主不會輕易做這類改變。其他供應商或許會用殺價手段，來誘使配銷中心更換東家。然而，基於存貨週轉率存在著如此大的差異，我們實在看不出有任何供應商有此能耐，能夠將價格壓低到足以讓那些配銷中心改變心意，轉而投效其他陣營的地步。由此得知，即便是價

格戰，也無法引誘拉夫威爾森的配銷中心改變心意。對拉夫威爾森的競爭者來說，要取代拉夫威爾森，唯一的選項，就是提升自身的反應性。但這也要看拉夫威爾森同不同意了。

業者可根據顧客對反應性的敏感度，以及對多樣化選擇的敏感度，將他們區隔爲不同客源。當然，也有不少顧客，他們不僅對反應性不怎麼敏感，對多樣化選擇也不怎麼敏感。面對這樣的顧客，業者很難從他們身上賺到利潤。爲了取得最合算價格，就算需要多等候一段時間，或產品選擇變得很有限，他們似乎也無所謂。供應商必須精打細算，將成本壓到最低，否則很難從這類顧客身上榨取到任何利潤。另一方面，那些對時間與選擇特別敏感的顧客，爲了在所需時間取得所需產品或服務，通常願意多付出一些代價（價格溢價），而且他們也會變得非常依賴能夠充分滿足其需求的供應商。若某位顧客從主觀或經濟角度，發現某特定供應商能夠充分滿足自己對於選擇與時間（反應）的要求，那麼這位顧客更換供應商的成本就會變得非常高。

時間與顧客的策略應用

企業策略優勢的演變趨勢，正處於歷史的轉捩點。此一轉變原本由企業啓動，現在卻由各式各樣的顧客在後面推動。以成本爲基礎的競爭優勢，正逐漸蛻變爲以時間及選擇性爲基礎所建構的新優勢。某些競爭者已將其價值遞送系統，逐漸改變爲在很短的遞送時間內，以合理的價格，提供顧客更多選擇。大多數業者都做不到這一點。某些企業已經是，或逐漸蛻變爲時基競爭者。不過，大多數業者仍然是成本基礎競爭者。

顧客也逐漸把自己歸類爲成本基礎區隔，或時間基礎區隔。

傳統方法將顧客區分為專門顧客區隔與標準顧客區隔。但這兩者間的界線實有一些模糊，因為某些供應商幾乎能夠滿足，對各種價格與各種遞送時間有特別需求的顧客，但這些供應商卻與僅供應標準化產品的公司密切合作。某些顧客仍然願意犧牲選擇性及遞送速度，以換取更低價格。其他顧客則不願意這樣做，未來也是如此。例如，為了買到價格最低的汽車，某些顧客情願多等一陣子，直到汽車製造商從韓國進口發電機組鑄件，從韓國轉運到巴西進行引擎裝配，再從巴西船運至西班牙組裝為整台汽車，再以低價賣到德國。此時，這類顧客才準備和東歐國家生產的汽車做比價。

諸如福特、豐田、本田及大多數日本汽車製造商，都儘量避免和上述顧客打交道。這些汽車大廠都選擇到靠近顧客的地區或國家設廠生產，一方面縮短製造及開發流程，另一方面可快速推出，擁有最新技術與造型等特色的新款汽車。

成本基礎顧客區隔正逐漸萎縮中。事實上，受時基競爭者吸引的專門顧客區隔，與受成本基礎供應商吸引的標準顧客區隔，這兩種區隔之間的界線並不穩定 —— 主因就是時基競爭者正快速崛起。過去，前述兩種顧客區隔區分甚為明顯，是因為和在一個合理時間內，提供標準化產品或服務的成本相比，提供快速服務及更多選擇性的成本非常高昂。過去，面臨必須支付更高價格，才能取得更快速服務或更多選擇性時，大多數顧客都會做一些取捨 —— 例如增購標準化產品或服務，少買專門產品或服務。如今，已有愈來愈多業者能夠以更經濟的手段，提供更多選擇性與更快速度的產品或服務，而且這些業者的經濟手段，已超過提供標準化產品或服務的傳統經濟手段。因此，過去業者用成本多寡，做為區隔標準化產品與特殊化產品之基礎，時至今日，兩者

之間的成本差異已愈來愈小了。如今，時基競爭者不僅能滿足過去同時尋求服務與選擇性的顧客，也能滿足過去雖然很想同時獲得服務與選擇，卻受制於價格而被迫放棄的顧客。標準化顧客已變成專門顧客了。

第四章

時間與創新

　　創新是所有企業的長期生存關鍵。1980 年代的，福特汽車公司連續推出四款造型獨特的新車，分別為金牛座（Taurus）、林肯（Lincoln）、雷鳥（Thunderbird）及金箭貂（Probe，另譯探針），極受市場歡迎，因而大幅改善該公司財務狀況。這幾款新車的「航空外觀」設計極具特色，推出之後，連日本競爭廠商都感到措手不及。針對日產汽車 1987 年及 1988 年銷售疲弱不振的現象，該公司一位高層主管解釋道：「我們生產的汽車已被歸類為偏向保守、方正的設計。」[1]

　　創新不僅意味著推出新產品；更意味著推出新服務及做生意的新方法。聯邦快遞創造了隔夜快遞服務，讓信函及包裹次日即可送達指定地點，因而打造了一個年營業額高達數十億美元的服務產業。在美國航空運輸市場解除管制後，達美航空（Delta Airlines）發明的輻射式航線系統（hub and spoke，另譯樞紐航線網路），已演變為航空業的新標準。以上所舉實例，就是服務創新與企業創新。任何商業範圍內的創新，都有可能吸引大量顧客轉換品牌，讓競爭者從占優勢的一方變成防守者，從而破壞既有競爭平衡。

　　創新的基本挑戰，乃為從無到有研發出新的構想。儘管如此，在創新構想能否成功這件事上，時間卻扮演舉足輕重的角

色。不消說，沒有新構想，自然談不上創新。但話又說回來，創新意味著變革，而變革是用時間衡量的。也就是說，改變的幅度，是用每單位時間創新衡量的。對能否讓創新成功來說，以及對能否高效率地持續推動變革來說，適時的執行都是關鍵。事實上，在創新挑戰這個議題上，適時的執行與構想本身同樣的重要。

市場對適時執行的要求非常嚴苛。設法讓創新成果上市，實為一非常複雜的程序，而且過程中充滿各種未知數。創新常須成功打敗不論企業內外的上千個敵人，才能成為現實。業者一旦將創新成果推出上市，接續的高效率執行至為重要。率先推出最強創新產品或服務的業者，通常能獲取最豐碩報酬。但要維繫此一優勢，創新者必須適時接力推出第二強棒，以及之後的第三強棒等。這中間若有任何閃失，業者極有可能就此一敗塗地。

有效執行的挑戰難度，常因為還多了「外在世界」的因素而加遽。企業主管並不是在一個無人的空間研究如何創新。競爭者也很努力地在試圖創新。更甚者，顧客與供應商更是不斷地尋求新的方法與他人競爭，而且他們也想要滿足自身需求：顧客期望從供應商獲得新產品與更棒的服務；供應商也使盡各種手段，誘使顧客試用新產品與服務。由此得知，把創新成果引進市場的步調，外在世界驅動的速度完全不輸於企業內部驅動的速度。

再者，各行各業的創新步調互不相同。某些行業，例如製藥業，新產品從研發到上市往往長達 8 到 10 年，且時間長短常取決於外部因素，例如政府及產品種類等，非業者自身所能控制。電視新聞是位於另一個極端的行業。處於此一行業，新產品開發流程是以小時來衡量的。而在後面推動的，是閱聽人想要知道新聞的那個欲望。大多數行業處於前述兩個極端的中間位置，創新流程從二到四年不等，例如汽車製造業、商用客機業、醫院電動

床，以及住宿業等。

　　儘管均同在一個產業競爭，不同業者的創新步調也大不相同。福特構思並推出新車款的速度，便快過通用汽車（General Motors，GM）。本田的速度又快過福特。想要取得並維持市場領先地位，業者幾乎別無選擇，只能加快創新腳步。

　　那些怠於創新，讓創新速度嚴重落後競爭者的公司，等於是讓自己陷入一種惡性循環。由於創新速度緩慢，一遇到市場變動，或競爭者推出新產品時，這類公司往往會感到措手不及。此時，這類公司有兩個選項，但都是不得已的選擇。首先，管理階層可按照預定計畫推出新產品，設法去滿足一個已不存在的需要。其次，管理階層可以叫停既有開發計畫，另起爐灶進行新的開發計畫。這樣做又會造成時間延誤，而且在新的領域一樣要承擔風險，需面臨新的競爭挑戰。不論做何種選擇，公司利潤一定低於預期。更甚者，每當環境出現變動，這類創新步調較慢的業者，將再受一次傷害。

　　想要讓公司脫離這種惡性循環的唯一途徑，便是大幅縮短從構思、開發至導入新產品或服務所需的時間。更甚者，僅僅趕上競爭者的研發步調還不夠。業者必須設法讓研發步調超過競爭者，讓競爭者也嘗到被超車，甚至被迫陷入惡性循環的滋味。為達成此一目標，業者必須符合所處產業的標準，重新思考並設計出一套研發導入程序，讓公司徹頭徹尾變成真正的創新企業。

　　那些從時間角度著手，大大縮短創新程序的公司，它們所展現的創新做法與競爭手段，與一般公司截然不同。創新步調較慢業者的業務擴充努力，通常放在單次的重大突破上面。快速創新者卻藉由持續遞增（incrementally increasing）產品或服務的新奇（newness）來承擔創新曝險。例如通用汽車迄今仍然嘗試推出

新款釷星（Saturn）汽車上市。釷星的最大特色，便是該款汽車以模組化裝配（modular assembly）模式進行生產，以及塑膠車身板件。這兩大特色均有助於降低製造成本，對製造商的重要程度大於對消費者的。反觀本田於 1980 年代初期推出上市的喜美（Civic）CRX，其後數年一直持續推出改款版，迄今已納入幾乎所有釷星設計的創新特色。在通用汽車成立釷星品牌之同期，本田也宣布創立新創豪華汽車品牌 Acura；待釷星正式上市時，本田已完成三次重大改款汽車上市計畫。

快速創新者在進行創新微調（fine-tune）過程中，可與顧客一同實驗。如果快速創新者的管理階層不確定新推出的創新能否熱賣，通常可選擇先推出一個實驗版，並根據顧客反應快速做調整。服飾零售商 The Limited 是公認爲最善於掌握消費者流行趨勢的業者。當管理階層判斷特定設計款式有銷售潛力時，便立刻下訂單採購一批，以一個月爲期進行市場測試。如果該批服飾市場反應佳，管理階層通常會再下一筆大訂單，數量可能多達兩萬件或更多。當然，如果市場反應不佳，就不會有後續訂單。只有熱銷產品會被大力推動，滯銷產品一定會被棄之如敝屣。事實上，The Limited 能夠如此快速做出反應，是因爲該公司的服飾採購系統（acquisition system）運作速度，比其他零售商的服飾採購系統運作速度約快四到五倍。其他零售商的服飾採購系統速度較慢，迫使它們必須對很久以後的未來做銷售預測，並將它們判斷可能會熱賣的產品全部採購進來。到後來，這些零售商必將發現，部分品項銷售一空，且來不及補貨，另外部分品項嚴重滯銷，只得大打折扣出清存貨。這兩種情況都會侵蝕零售商的利潤。

玩具連鎖店玩具「反」斗城（Toy “R” Us）也懂得從顧客身上，快速獲取銷售訊息，並快速做出反應。玩具「反」斗城在全

美三百多家零售據點的收銀機，每天都會把銷售資料，傳回給位於新澤西州羅歇爾公園市（Rochelle Park）的公司總部。每天清晨，總部管理階層都能清楚得知，前一天哪些產品熱賣，哪些產品滯銷。既然管理階層很早就能掌握銷售趨勢，因此決定迅速採取回應行動。實際做法是，新產品試賣成績良好的話，公司便立刻大量訂購鋪貨。《富比士》（Forbes）雜誌曾刊出一篇介紹玩具「反」斗城成功之道的報導：「玩具『反』斗城採購一萬輛踏板車——裝有把手的滑板——進行試賣。結果兩天工夫就銷售一空。總部馬上從電腦系統察覺到此一趨勢，立刻火速採取行動。去年一整年，該公司賣出超過一百萬台踏板車。」[2]

較慢創新者的代價

快速創新者常透過遞增式實驗模式，得以在所處產業取得領導地位。例如創新速度甚快的本田與豐田，便迫使寶馬（BMW）、賓士（Mercedes-Benz）、福斯（Volkswagen）、通用，以及克萊斯勒（Chrysler）等汽車公司處於守勢。在業者紛紛快速推出新產品上市的這波商業浪潮中，矽谷（Silicon Valley）一家叫做昇陽電腦的公司已趁勢而起，一舉超越電腦工作站領導者阿波羅電腦（Apollo）。如今，許多過去是跟隨者的業者，自從蛻變為時基競爭者後，都陸續成為產業新龍頭。

那些陷入創新惡性循環（漫長開發與導入時間）的業者，必然變得愈來愈依賴單次的重大創新，藉以重返往日榮耀。但這類創新本質上就是難以捉摸及掌握的。由此得知，創新速度較慢的競爭者必須認清，速度太慢的結果，就有可能付出喪失既有競爭地位的代價。根據我們所做的研究，各行各業都出現相同的現

象，那就是許多公司靠著速度更快的創新週期，在短短十年內，紛紛從眾多競爭跟隨者中脫穎而出，一躍成爲所處產業的新領袖。

1986 年，美國一家大型冷暖空調設備製造商，已準備好和日本競爭者一拼高下。管理階層決定先做好敵情調查，以日本同業在國內使用之競爭手段爲競爭標竿（benchmark），以資借鏡。調查結果出乎眾人意料之外。日本公司的製造成本並不如人們先前想像得那麼低。以一款最「陽春型」的冷氣空調設備爲例，儘管美元持續強勢，該款陽春型產品的製造成本與美國同型產品相比，兩者並無顯著差異。然而，該日本競爭者並未單靠一款陽春型產品在市場上打天下，而是靠連續推出一系列新產品，才一躍成爲業界新領導者。具體言之，該日本競爭者的新產品上市速率，爲美國競爭品牌的四倍；其次，該日本業者的產品線種類繁多；最後，該公司供應品之平均壽命，約爲美國一半以下。從技術面來說，日本空調設備的熱泵（heat pump）是全世界最先進的，領先美國技術約 7 到 10 年。

美日之間技術差距的嚴重性，可從【表 4-1】三菱電機（Mitsubishi Electric）與另一家規模更大之美國廠商間的比較，可約略看出一些端倪。

三菱電機

三菱電機三馬力熱泵空調設備，從 1976 到 1988 年的發展歷程，如【表 4-1】所示。我們選擇三馬力熱泵做爲競爭標竿進行分析，是因爲三馬力熱泵空調設備是美國市場主流產品。日本市場的主流產品反而是一馬力熱泵空調設備。儘管如此，【表 4-1】仍然是有效的比較，因爲三菱在日本販賣一馬力熱泵空調設備的技術配備，和三馬力的技術配備一模一樣。

【表 4-1】三菱電機家用空調裝置技術特色之演變

Melco[1] 三馬力熱泵

年	型號	冷氣 EER[2]（BTU/W.hr） （英熱單位／瓦特小時）	附加特色或 重大特色改變
1976	PCH3A	7.4	
1977	PCH3B	7.8	金屬板
1979	PCH3C	7.8	遙控裝置
1980	PCH3D	8.0	用於控制馬達及面板顯示之積體電路晶片
1981	PCH3E	8.0	用於二線接頭及快速接頭氟氯烷冷媒線之微處理器
1982	PCH3F	8.9	渦捲式壓縮機、百葉窗鰭管式翅片、內部翅狀散熱管
1983	PCH71AD	9.9	擴充式電子冷卻循環控制
1984	PCH80AD	7.1-11.5	變頻器
1985	NA[3]	7.1-11.5	形狀記憶合金
1986	NA	8-12.5	光學感測控制器
1987	NA	8-12.5	「個人遙控器」
1988	NA	8-14	學習除霜及回復溫度設定

[1] Melco 是三菱電機公司（Mitsubishi Electric Company）的縮寫
[2] EER = 冷房能源效率比或冷房能力
[3] NA = 無法取得
資料來源：公司產品型錄

　　從 1975 到 1979 年間，三菱並未大力發展熱泵空調設備。三菱把外殼換成金屬板，部分原因為改善冷房效率，但主要原因是降低材料成本。在那段期間，美國某業者因採用機械設計熱泵，而成為產業領導者。到了 1980 年，三菱推出了一款使用積體電路控制熱泵循環的產品。此一產品新特色有助於提高空調設備之

EER 值，也就是冷房能源效率比（energy efficiency ratio）。直到 1986 年，該美國業者仍未在家用空調設備產品中納入積體電路裝置。

1981 年，三菱復推出一款延伸產品——裝有微處理器的積體電路控制系統空調設備。新款產品的 EER 值並未提高——微處理器並沒打算用於提高效率。三菱選擇將微處理器納入新產品，以及稍後新增其他產品特色，都是為了想止住欲振乏力的銷路。其時，日本國內空調設備市場需求疲弱。為提振買氣，三菱希望跳過現有經銷商網路這一層配銷通路，藉以壓低產品價；同時，三菱希望讓消費者更容易買到產品。為此，三菱必須設計出一款既易於安裝，又耐用可靠的產品；同時，該款產品可經由白色家電（white goods）賣場販售，再交由一般水電承包商到消費者家中安裝，並負責維修。

此一企業創新構想，受益於三菱在產品本身所做的創新。第一個產品創新叫做「快速接頭」（quick-connect）氟氯烷冷媒線（freon lines）。之前，氟氯烷冷媒線的處理非常複雜，承作人須先切割一定長度的銅管，依需要彎曲、焊接並清洗後，再灌進氟氯烷冷媒。這是一種需要具備高度技能的安裝作業，非由受過專業訓練的高薪專業技師施作不可。美國迄今仍然使用這種方法安裝冷氣。三菱發明的快速接頭氟氯烷冷媒線，卻是一種預先灌妥冷媒氣體的彈性軟管，施作者幾乎無須具備任何技能即可進行安裝作業。第二個產品創新是管線的簡化。之前，熱泵的安裝作業也有一定程度的複雜，專業技師必須依色彩編碼識別出一種有硬度的管線，按照正確程序完成安裝。美國迄今仍然使用這種方法安裝熱泵。受益於新納入的微處理器，之前那種色彩編碼有硬度的管線，已被三菱取代為二線的接頭。

　　由於具備上述更易於安裝的產品特質，三菱已可選擇在白色家電賣場販售熱泵空調設備，產品售出後再委託各地水電承包商負責安裝及維修。這樣做等於越過了日本暖通空調（heating, ventilation, and air conditioning，HVAC）配銷商網路，三菱因而節省了一大筆傳統配銷網的費用。如同更早之前的電視機製造商一樣，美國空調設備製造商一直堅信，它們和傳統暖通空調配銷網合作無間，默契良好，是對抗日本競爭品牌的最佳防線。然而，美國業者萬萬沒有想到，日本競爭者居然繞過此一防線，如同二次大戰時，德軍繞過法國的馬奇諾防線（Maginot line）一樣。

　　1982年，三菱推出了新款的三馬力熱泵，用高效能的渦捲式壓縮機（rotary compressor），取代了非常過時的往復式壓縮機（reciprocating compressor）。這個新產品的冷凝裝置有百葉窗鰭管式翅片（louvered fins），以及內部翅狀散熱管（inner-fin tubes），能讓風管機組和冷凝裝置更佳地傳熱。所有的電子設備都需更換，因為系統的平衡已經改變了。不過EER值卻有顯著的提升。1983年，三菱在空調設備上增添了感測器和更多計算能力，藉此擴充空氣循環的電子控制，又再大幅地提高了EER值。

　　1984年，三菱又推出了一款裝有變頻壓縮機的新產品。此一新款空調設備的EER值優於舊型產品。新產品通過變頻器先進行交流到直流的變換，再通過變頻器進行直流到交流的變換，從而控制交流電機的轉速。由於新款空調設備允許電動馬達進行無限次數的速度變換，其能源效率自然可大大提升。然而，由於變頻器需要額外的電子控制元件，因此三菱仍然需要針對此點做進一步的研發。

　　1985年，三菱再度推出附加形狀記憶合金的新型空調設備。形狀記憶合金係用來控制百葉窗鰭管式翅片之運行。其散熱原理

為，當熱空氣吹進室內時，百葉窗鰭管式翅片會自我調整方向，把冷氣吹向下方，有助於讓空氣作最適宜的循環。同理，當冷空氣吹進室內時，百葉窗鰭管式翅片會再度調整方向，把冷氣吹向上方。

1986 到 1987 年，更多電子控制零件被引進到新產品的設計藍圖。首先是光學感測器。加了此一感測器，空調設備中的電子零件可感測到當時為白天或夜晚，並調整空氣循環，從而提高冷房效率。其次，三菱開發出一種個人控制器。這是一款遙控器，使用者可以自由設定最適合本身需求的室內溫度與溼度。1988 年出品的新型空調設備，又增加了學習型電路。有了它，空調設備內的熱泵可經由學習後，可自動除霜。新款產品每天經歷室內溫度上上下下的波動，透過學習功能，做出最適合屋主的溫度調整。到了 1989 年，三菱再度推出最頂級的空氣清淨機。

在這一段不算太長的 13 年期間，我們看到了不少的變動。每一年，都有進階產品上市。尤有進者，在日本，三菱並非特例。松下電器、東芝、夏普，以及日立等，都有類似的產品創新模式。為維持在日本的市場競爭地位，這些業者必須持續不斷地讓產品升級。值得注意的是，它們並未研發出多麼偉大的創新發明。每一次的小改變，都是以現有技術為基礎研發出新的應用。而且這些技術多半已被應用於其他產業。將適切的技術導入市場，乃是真正創新的印記。這些被創新者導入市場的技術，並未引發片斷式的改變，而是引發遞增式的改變。但這些遞增式的改變逐漸累積成為巨大能量，讓三菱以及其他日本製造商，在住宅用空調設備領域取得技術領導者的地位。

美國競爭者

　　1980 年代中期，某個仍居於領導者地位的美國企業還在舉棋不定，不知該不該把積體電路技術應用於住宅用空調設備的熱泵上。其時，該美國業者的新產品開發及導入週期約為 4 至 5 年。這意味著，從現在開始研發算起，新產品將於 1989 年或 1990 年上市。而此一「新」產品的技術水準，至少需不亞於日本同業於 1980 年上市的產品技術水準。如此看來，在住宅用空調設備的產品設計方面，該美國企業及其他美國本國籍企業的技術水準，和日本競爭者的技術水準至少相差十年。最後，該美國領導者的管理階層，步入其他許多美國企業的後塵，決定和日本競爭者簽約，請日本工廠代工生產該公司所需之最先進空調設備、熱泵及其他重要零組件，而喪失了技術及創新領導地位。

　　今日，「美國空洞化」（hollowing of America）已成為很多人談論的議題。美國空洞化指的是，美國企業把製造轉包給低工資國家，自己則專注於碩果僅存的銷售及配送功能。因此，和其他具備產品設計、製造及配銷功能的競爭者相比，這些美國企業只剩下一個空殼。然而，由於美國企業頑固地拒絕面對問題癥結－太長的新產品開發及導入週期－導致技術與創新領導地位的喪失，才是真正的美國「空洞化」。照理說，技術與創新方面的領導地位，才是美國長期競爭優勢的基礎。

　　除非業者痛下決心，把 36 至 48 個月的新產品開發及導入週期，縮短為 12 至 18 個月，或更短，否則未來將有愈來愈多的美國企業變成「空洞化」。縮短新產品開發及導入週期，已成為在今日商場上競爭的基本要求。某些產業甚至要求更短的週期時間。例如，為了取得競爭領導地位，並搶著決定技術演進的步調，電子業的新產品開發及導入週期就非常短。

成為快速創新者的必要條件

　　和往昔管理工廠與服務人力的程序相比，現今企業針對新產品或服務的開發週期——從構思、研發到導入市場——所採用的管理程序，已愈來愈複雜。其實，此種開發週期所需的管理程序，對於公司能否成功地取得創新成果至關重要。但實務上，少有企業肯投入努力，用嚴格態度與紀律對待該程序，一如過去它們對待工廠與服務人力的方式。

　　根據當時任職國際商業機器（International Machines Corporation，IBM）科技部門資深副總裁的高莫利（Ralph E. Gomory），以及從奇異（GE）科技部門資深副總裁一職退休的舒密特（Roland W. Schmitt）的說法：

　　「在美國，處在新產品開發週期中的設計階段，管理重點一向都擺在產品特點與功能上面，而非製程本身。實務上，我們先設計出一個產品，再來處理它的製造課題。然而，新產品最後的成本多寡及其品質好壞，與製程是不可分割的。如果新產品的製程可化繁為簡，產品成本將相對降低。而最可能是，產品品質可獲得確保。[3]

　　「許多產官學界的領導者均大聲疾呼，希望國家大力改革教育制度並強化國家科學根基－把這些事情做好，才是打好國家根基的前提。奠定堅實的科學根基，等於建造一座可源源不絕供應各種新構想的倉庫；而優良的教育制度，可供應產業所需具備相當知識背景的工程師與製造工人。但，即便是做好了這兩件事，也無法彌補業界在新產品開發及製程方面管理不善之缺失。美國必須習得成功之道。所謂成功之道，指的不僅是階梯式的創新——把一連串全新的構想組合為一個全新的產品（這種由科學

主導的創新程序，是美國往昔賴以成功的模式）——也包括由工程師主導的遞增式產品創新。而快速也是後者創新週期的特色之一。這兩種創新程序不能互相取代。我們需要它們，兩者缺一不可。」[4]（摘要，240 冊，1204 頁，1988 年 5 月 27 日，〈科學與產品〉〔Science and Product〕，高莫利與舒密特。版權所有 © 1988，美國科學促進會〔AAAS〕）。

不可行的方法

　　爲了想要加快構思、開發及導入程序，好讓新產品或服務趕緊上市，某些企業主管常選擇加大壓力（turning up the heat），動員整個組織做好這件事。如果這樣做也失敗，他們可能改走「臭鼬工廠」（skunk works）模式。這是指祕密計畫裡的工程或技術應用，透過較少時間與管理來完成高層交付之任務。但這兩種方法之功效均無法持久。加大壓力其實就是趕工的同義詞。趕工充其量只是一種短期解決方案。用趕工來對付一個已停滯不前的開發方案，就算是加快了一些開發速度，長期而言卻有其複雜的副作用。當公司上層施加壓力時，屬下只好全力趕工投入研發，卻極有可能擱置了一些重要事項。這些不該被擱置的事項，到頭來還是需要人們來加速處理，反而加劇了原本進度已落後再來趕工的不良後果。

　　相較於趕工，臭鼬工廠確實曾拿出傲人的成績。著名的洛克希德公司臭鼬工廠（Lockheed Skunk Works）創始者，凱力・強森（Kelly Johnson）在自傳中描述：

　　「有一段時間，我一直纏著我的上司不放，希望他允許我另外成立一個實驗部門，好讓設計師與技師能夠緊密合作，共同開發新型飛機，而不需要讓一些不相干的部門，來插手行政事務、

採購及所有其他的支援功能。這些部門不僅造成時間上的耽誤，也會製造更多複雜的問題。我期盼和設計工程師、機械工程師與製造工程師，透過最直接的方式攜手合作。」[5]

過去數十年來，洛克希德的臭鼬工廠持續開發出最創新的飛機，包括 XP-80 流星戰鬥機（Shooting Star）、捷星主管座機（JetStar Executive jet）、F-104 星式戰鬥機（Starfighter）、U-2 偵察機、SR-71 黑鳥式偵察機，以及許多我們叫不出名字的飛機。強森進一步描述了臭鼬工廠的成功來源：

「我們的特別運作模式之所以成功，跟公司允許我們可以立即做決策，並讓決策結論快速化為現實應用，有絕對的關連。和一小部分非常能幹，且肯負責任的工作者共同打拼，也是成功要素之一。其他成功要素，尚包括減少撰寫書面報告的數量、將各種文書作業減至最低，以及按開發各階段所需，把所有相關人員分批納入專案團隊，共同在一個士氣高昂的工作環境，努力追求達成相同目標等。由於成員人數較少，且個個優秀，大家工作起來自然有很高的效率，專案主持人也能密切照顧到專案執行的各個環節。」[6]

儘管如此，對於應該如何從根本，解決美國面臨高莫利與舒密特所描述的創新危機，臭鼬工廠創新模式似乎使不上力。凱力‧強森解釋道，臭鼬工廠的最大缺點為，人們並未廣泛認同臭鼬工廠的哲學是一種管理方法：

「多年來，我一直嘗試說服其他人採用我們公司的原理與方法。我多次提供相關的基本原則與特殊規則給他們，卻很少公司肯認真地採行……儘管渴求新模式可能為公司帶來大好利益，但他們卻不願意為了新建一個類似臭鼬工廠的創新基地，而花大錢改變既有做法與步驟。他們不願意完全授權給一個人，如同洛克

希德當初讓我一人全權負責那樣。要做到這個地步，管理階層需要有足夠的信任與勇氣。」[7]

我們至少可舉出三個理由，來解釋為何臭鼬工廠，不大可能提升一家公司持續快速開發及導入市場的能力。首先，當管理階層決定成立一個完全獨立於既有體制以外的群體，將少數菁英及相關支援人力納入時，即等於承認：對於承接創新任務這件事來說，組織其他成員是不夠格的。從另一個角度來看，成立一個獨立專案團隊，責成該團隊執行創新任務，無形中也是一種加大壓力要求他們趕工的指令。

其次，臭鼬工廠模式或許能做出非連貫的重大創新成就，對於例行的、持續的創新卻非良方。例行的、持續的創新，需要組織全體成員的支援。受命負責開發出一款全新款式戰鬥機，當然比僅受命負責改良某款飛機機翼，更讓人熱血沸騰。然而，負責開發一款全新飛機的專案團隊，並不會發展出一個組織架構，能有助於現有機隊各款戰鬥機改良所需。但改良某款飛機機翼之任務，卻能幫助現有機隊的所有戰鬥機。這類改良專案能否成功，有賴組織所有成員的參與。

第三，在成立獨立的專案小組時，如同凱力‧強森所說的，管理階層需要有足夠的「信任與勇氣」。並非有很多公司那麼幸運，能雇用到凱力‧強森這樣的人才；或至少，像凱力‧強森這樣的人可能如鳳毛麟角般的稀少。

不同於依賴臭鼬工廠創新模式的公司，快速創新者一定會將所有部門均納入創新程序。當我們比較快速創新者的產品開發程序，與慢速創新者的產品開發程序時，兩者將呈現明顯的差異。例如，西方國家某特殊規格機械傳動產品製造商發現，就開發及導入新產品上市來說，位於日本的附屬事業表現特別優異，遠勝

於母公司。二次大戰後，該日本附屬事業便加入這家西方公司。母公司出了不少力氣，幫助日本附屬事業製造的機械式傳動產品成功上市。到了1980年代，日本公司已能生產出和母公司同級的產品，成本卻低三成。而日本公司的新產品開發及導入上市的週期時間，卻更讓人大吃一驚。西方母公司需費時30至38個月完成開發及導入週期，日本附屬事業僅需要14至18個月，約為西方母公司的四分之一至三分之一（【圖4-1】）。

比發現日本附屬事業是快速創新者，更引起人們注意的另一件事是，日本附屬事業從「何處」取得速度優勢。在開發與導入週期的任何一個環節（設計概念、設計工程、設計審查、細部設計、現場測試、原型製造，或初期生產）日本公司並未取得明顯的速度優勢。相反地，除了設計審查這個步驟外，日本公司在其他每個步驟，均比西方母公司少用了一半時間。而這些時間加總起來，自然就形成一個顯著的優勢。

【圖4-1】改進新產品開發之反應時間：機械傳動產品

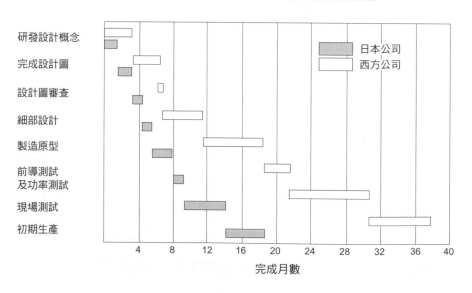

快速製造商的工廠

　　和其他快速創新者一樣，在安排開發與導入上市的組織結構時，這家日本傳動產品製造商，便採取完全不同於反應較慢競爭者的做法。如【表 4-2】所示，該公司採用的組織技術，和彈性製造商的組織技術非常類似。兩種組織技術產生的效果相同：組織成員愈來愈適應多樣化、勞動生產率遞增、反應時間遞減。就彈性製造商的工廠管理而言，組織技術全部是以批次、流程布置及排程爲中心。彈性製造商如此做的主因，就是要縮短製造時間。而這些做法幾乎全部被套用到新產品開發週期。

【表 4-2】製造管理之對照：一種類推

工廠範圍	傳統	彈性
批次（訂單數量）	大幅改進極少數量之大訂單	較頻繁地每次小幅改進小訂單
流動類型	透過功能中心	配合相關發展資源整合
排程	中央集中式	現場排程
前置時間	100	50
勞動生產率	100	200
其他	涵蓋很廣的市場調查、測試及研究	先測市場水溫，若成功，立刻大規模推出上市

批次：

　　西方企業的傳統工廠管理應用到批次時，一定是儘量擴大單次訂單的數量，目的爲分攤費用，減少耗時費力的設置與生產線轉換次數，同時簡化排程，從而將成本降至最低。反觀彈性製造

商，卻儘量做到批次最小化，才能密切配合需求安排生產排程，同時藉由頻繁製造更多產品，以減少對長期預測之依賴。實際上，大多數彈性製造商的終極目的，就是要設法達成批次數量為一個單位之目標。降低批次量意味著，工廠將更頻繁地製造各式各樣的產品組合，能更快速地反應顧客需要。

流程布置：

傳統工廠的流程布置亦不同於大多數彈性製造商的流程布置。傳統工廠一向以程序技術中心（process technology center）為根據，來安排組織結構。例如製造金屬品的工廠，通常將組織區分為剪切、衝床及壓彎成型等部門；電子產品組裝廠則擁有填充、波焊接、線組加工、組裝、測試，以及包裝等部門。零件的流動過程，是從一個製程技術中心移往下一個製程技術中心。每個步驟均消耗掉不少寶貴時間：零件停置、等候運送，然後再移動，然後再等候，好被用於下一個工序。

彈性製造商則以產品為中心安排流程布置。具體做法為，主管把和特定元件製程或特定產品製程相關的作業，儘可能地安排在一起，如此一來，零件處理量及零件移動次數將減至最低。零件從某個作業點移動至下一個作業點，被延遲的時間很短，甚至零延遲。既然零件的移動沒有延遲，各作業點便無須堆放或重新堆放待處理的零件。也就是說，零件迅速流暢地在彈性製造廠內流動。

排程：

傳統工廠的生產排程，常受制於程序技術組織方法，讓生產任務變得更加複雜。大多數傳統工廠均採用集中式調度方法，此法有賴非常縝密的材料資源規畫及工廠現場控制制度。這類集中式調度方法指揮大部分現場作業，現場人員也將作業結果回饋給

管理階層。表面上看，這類排程非常精密緊湊，但實務上並不精確，因此常造成時間浪費。此外，現場指揮模式只能每月、或每週執行。多數時候，零件都是在閒置中，未進行附加價值作業。

彈性工廠則採用更多的近端排程。更多指揮權交由現場主管負責，而無須事事回報總公司請示，平白浪費許多寶貴時間。近端排程不需要雇用更多能幹的員工。一旦特定零件投入生產線，它在製造過程中所有工序中的移動，純粹是自動化作業，無須交換排程介入。

一如預期，傳統工廠與彈性工廠的效率有顯著差異。彈性工廠的反應性比傳統工廠快 8 到 10 倍，勞動生產率高 50% 到 200%，實際數字依製程複雜度而定。

快速創新者的組織

那些能夠促進快速新產品設計及導入上市競爭者的組織結構，與快速反應工廠的結構非常類似。從批次角度觀察，我們發現，慢速創新者為每一次導入週期所規畫之產品改良，幅度相對較大，但規畫頻率較快速創新者低。反之，快速創新者針對新產品導入所規畫的產品改良，幅度相對較小，但能更頻繁地推出改款產品。慢速創新者的管理方法，與重視大批次工廠的管理方法相類似；快速創新者的管理方法，則與追求小批次的工廠相類似。

和傳統工廠非常類似，在安排新產品開發及導入的組織結構時，慢速創新者也常以功能中心為依據。例如，這類組織結構可能包括一個行銷小組、一個新產品設計小組、一個產品工程小組，以及一個製造小組。新產品開發專案便順著這些功能中心按部就班地進行，如同製成品沿著傳統工廠內的程序中心一站接著一站移動。

由於隸屬新產品開發及導入專案的不同功能中心，為各自獨立的管理單位，因此管理階層必須事先做好策畫工作，同時密切追蹤專案在各功能中心之進度。此一過程和傳統工廠使用物料資源規畫系統（MRP system）非常類似。

然而在快速創新者的新產品開發及導入組織裡，排程在近端（locally）便安排妥當，擔責主管也能就近處理突發狀況。此種模式和彈性工廠極為相像。開發專案的開始日期與里程碑日期（milestone date），事先已由專案主持人訂妥。開發專案其他項目的進度，便交由開發團隊成員在這兩個日期間作安排。倘若某公司一向快速進行新產品開發程序，那麼負責此一程序專案團隊之運作流程，和快速反應工廠的運作流程就會非常相似。該專案團隊（包括行銷、設計、製造，某些情境甚至包括財務及銷售）──乃蒐集和特定產品相關的所有資源。所有參與專案團隊的成員，或許來自不同功能領域，卻能全時間攜手合作，追求達成共同目標。大多數時候，他們全數駐紮在工作現場，緊盯著新產品的開發及製造過程。開發專案快速地在各個功能作業中移動，如同製成品在工廠單元（factory cell）中移動一樣。

將上述技術應用於新產品開發及導入流程可能產生的影響，和將它們應用於製程所產生的影響很類似：開發專案團隊通常僅需投入一半的時間及人力。因此，如果快速創新者將此種技術同時導入新產品開發及製程，和使用相同時間與雇用相同人力的傳統競爭者相比，快速競爭者導入新產品的速度將高四倍。

前文曾提及，今日許多快速創新者都是日本企業。例如生產住宅用空調設備的日本製造商，它們推出新產品的速度便比西方企業快四倍。日本其他產業也有非常多的快速創新者，包括松下、佳能、NEC、豐田、本田及濱松光學（Hamamatsu）等。日本

企業導入新產品的速度比西方企業快四倍的能力，是一個非常令人震驚的優勢。這個極佳優勢的場景，卻不斷地出現在世人眼前。

走在十字路口的慢速創新者

　　1980 年代末期，美國一家大型消費性電子產品（consumer electronics products）設計和製造商，正面臨歷史轉折點。該公司先前費了一番工夫，好不容易才恢復元氣，讓經營逐漸步入正軌，且轉虧為盈。但和在美國與亞洲的競爭者相比，該公司的產品線較窄，產品大多已步入成熟期。更甚者，該公司的開發及導入週期約為 20 至 30 個月，比競爭同業慢 3 到 4 倍。管理階層發現，以這種速度在市場上競爭，未來只會愈來愈落後競爭對手，公司利潤邊際也會愈來愈薄。

　　業界公認，該公司擁有一批專業水準最高的工程師。然而，他們想要快一點開發及導入新產品的努力，卻受到層層阻礙。其實，該公司編列大筆預算投入研究部門，也產生數量非常可觀的新構想，其中不少均申請了專利權保護。問題是，該公司在導入新產品上市（將新技術應用於新產品的開發）這件事上，一直用慢條斯理的步調進行。儘管該公司允許規畫程序使用較長的開發週期，工程師及主管卻常因為主管未能履行承諾，或被緊急事件打斷既有進程，而一再有挫折感。

　　許多互相矛盾的結構難題，一再阻撓該公司試圖縮短開發週期時間的努力。該公司管理階層及幕僚人員都相信，和同業相比，該公司的間接費成本偏高。但他們也都認為，大家都常在加班，也都被工作壓得喘不過氣來。大家都希望縮短開發時間，卻都擔心錯誤率比以前高，而紛紛裹足不前。管理階層已不大願意

嘗試其他改進方案，因爲之前公司曾編列相關預算投入改善，結果似乎都不如預期，並未讓公司脫離困境。此時，該公司有兩個選擇方案：臣服於競爭對手腳下，或設法讓自己變成快速創新者。管理階層決定讓該公司變成快速創新者。

管理階層採取的第一步，是要查證該公司競爭者是否爲名副其實的快速創新者，且需想辦法探知競爭者是如何做到的。在此同時，管理階層開始進行內部調查，以深入了解現行新產品開發及導入週期是如何運作的。外部調查結果突顯了該公司現行做法的重大缺陷。該公司最主要競爭者的產品線寬度，是該公司現有產品品項數量的 2 到 3 倍，產品平均壽命是該公司產品平均壽命的二分之一。更重要的是，該競爭者導入新產品的速度，是該公司的 3 到 4 倍。

該公司進一步和主要供應商訪談，甚至走訪競爭者現場，得知競爭者的設計週期時間遠低於該公司的（【表 4-3】）。速度最快競爭者設計產品的時間，約爲該公司的三分之一到二分之一；競爭者將新設計產品投入生產起步期（ramp up period）的時間，則爲該公司的八分之一到二分之一。速度最快的兩家競爭者，可以在 5 到 6 個月內，讓新設計的產品投入生產起步期；而該公司需要 21 個月時間才能完成同樣任務。

【表 4-3】世界最快速新產品導入者不盡然都是日本公司

	公司				
	美國 A 公司	美國 B 公司	日本	香港	台灣
產品線寬度	22	33	80	45	110
產品平均壽命（年）	2.5	2.0	2.0	1.6	1.7
開發時間長度（月）	20-30	9.5-11	8.5	5	5

　　由於在設計、開發和導入週期的效率上，該公司和競爭者之間有如此大的差距，因此競爭者每一年都推出數量更多的新款產品，也能更有效率地善用既有工程資源。具體言之，就推出新款產品速率而言，速度最快競爭者比該公司快 12.5 倍；每個工程師的產出（output）是該公司的 10 倍（**【表 4-4】**）。

【表 4-4】導入更多新款產品競爭者之勞動生產率也較高[*]

競爭者	新款／年	新設計款式／工程師／年
公司	100	100
A	100	120
B	120	450
C	120	550
D	140	550
E	200	1,250
F	225	1,500
G	250	1,750
H	300	1,800
I	1,000	2,200
J	525	4,100
K	1,250	3,500

*與公司之比較指數

　　管理階層當然很難接受這份調查結果。研究人員花了很大工夫，以確保比較數值具參考價值。大多數競爭者也很配合該公司的調查研究，因為它們也有進該公司的貨販售。事實上，在比較各家公司資料時，該公司本身資料保存不夠完整，因而增加研究人員在做資料比較任務時的複雜程度。該公司與效能相關之紀錄多有遺漏，且四處堆置，過去從無人來調閱過。

不幸的是，外部調查結果出爐後，連同之前的內部調查，使得管理階層不得不相信，該公司各方面的表現均遠遜於競爭對手。以下是調查結論之摘要：

- 設計與生產起步期週期時間拖得太長，是組織的天性（nature）問題
- 在開發專案進行期間，管理階層的影響力又壓過「天性」，例如碰到設計瓶頸，或碰到競爭行動等非管理階層所能掌控的意外狀況
- 管理階層總是期望工程師設計出所有可能的規格變更，一再干擾開發進程
- 強調支援功能之重要，常因而延誤開發專案之進行
- 開發專案所需資源分處不同地方，不利於開發專案之執行
- 現有獎勵制度反而產生負面影響

根據該公司內部調查，現有開發及導入新產品之做法，實為一非常複雜的程序。一般開發專案之團隊成員人數，從 35 到 55 人不等。專案團隊必須向 8 至 11 個部門主管報告工作進度。這些不同部門分別位於 3 個國家、5 個辦公據點的 12 間辦公大樓內。專案團隊成員必須在一個時時變動的市場環境中，疲於奔命地協調一百多個相互依賴的資料輸出點（output point）。

當然，許多參與開發專案的成員，都經歷過進度嚴重落後的狀況。經過仔細分析其中原因，研究人員過濾出一些有實用價值的結論。如【圖 4-2】所示，開發專案的每個環節，均有分於執行進度之拖延。造成開發專案進度嚴重落後的問題，不能總是歸咎於某個特定功能。事實上，由於各個環節都有問題，因此問題癥結出在組織本身。

管理階層的作為

　　許多人都預期新產品開發專案會遇到問題，是因為他們相信，開發新產品就是面臨全新的情境，碰到各種問題在所難免。因此，非預期事件何時帶來不利影響，沒有人能說得準。然而，如【圖4-3】所示，根據一份針對參與一個真實案例的人所做問卷調查結果顯示，受訪者實際面臨的各種困難點，「管理階層之作為」（acts of management）帶給他們的困擾，遠超過「天性之作為」的影響。「天性之作為」僅限於與電力及物理有關之設計問題。「管理階層之作為」包括：

- 訂定一個時間拖得太長的開發程序，讓專案暴露在市場及競爭環境不斷變遷的風險下
- 調動專案負責人及設計團隊成員之職務
- 持續干擾設計工作之進行
- 對於工廠所需的產量及排程，常未做好應有之準備
- 允許輔助作業阻礙開發專案關鍵步驟之進行

　　管理階層定期調動專案負責人及設計團隊成員之職務，讓開發經驗明顯不足的人擔任主持人，單單這一點就比不上競爭對手

【圖 4-2】流程中任何一點都有可能延誤

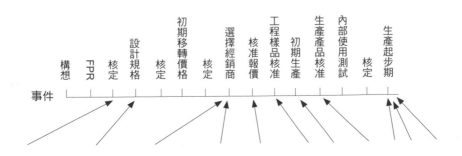

了。在這家公司，任何主管在同一位置做滿 2 年以上，就會被視為能力不夠。專案團隊成員的平均資歷爲 18 個月。由於該公司開發專案通常爲期 2 年或更久，很少人能夠從頭到尾一直擔任專案主持人一職。反觀亞洲最快速創新競爭者的專案主管，平均擁有 10 年以上資歷。而亞洲競爭者的開發專案平均週期約爲 6 個月，因此這些公司的專案主管平均可主持 20 個開發專案。

調動專案主持人對專案產生的影響，可參見【圖 4-2】。請注意，開發專案之推動，一路上有多次需要核定之步驟。負責核定的人並非要剔除技術風險，而是要挑錯－挑出參與成員因經驗不足而犯的錯誤。公司安排經驗不足的人擔任專案主持人，反而會讓專案執行速度變得更慢，間接費成本也會增加。如果公司一開始便挑選更多經驗豐富的人參與專案，就不會發生此種現象。

由於欠缺中程及長程的細部產品規畫，因此負責審核專案的人不得不多次叫停，要求相關人員補足資料。許多時候，主管急著想要讓新構想納入開發專案。這樣一來，初期設定的規格永遠

【圖 4-3】現有開發程序示意圖：初期延誤引發連鎖反應

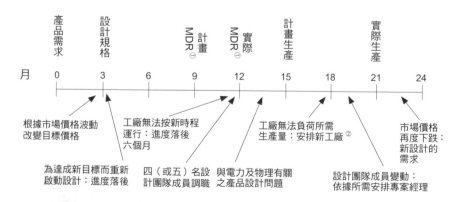

① MDR：製造設計審查。
② 因爲排程變動，新工廠得以生產所需產品。

無法「凍結」；改版的大門永遠是敞開的。處於這樣的環境，開發專案很容易受到所謂的「功能變更者」（feature creep，或譯為特徵蔓延）的傷害。某些人的官位大於專案主持人，常動不動就提出更動或增加規格的指令。又，每當有證據顯示，某個做法可以降低成本，於是設計程序立刻被叫暫停，專案人員必須立刻研究如何將該做法納入原始設計。

還有，如前所述，由於欠缺細部產品計畫，該公司技術部門主管往往無法確認，自己能否勝任被主管賦予重責的技術開發任務。實務上，在開發專案的中途，參與工程師常被迫叫停，因為他們必須立刻著手研發一些最基本的特定技術。

另一項可能造成產品開發專案進度延誤的管理階層作為是，他們容許支援功能擔任開發專案能否正式實施之「關卡」（gate）。如【圖 4-4】所示，這些支援功能等同於要徑活動（critical path activities，又稱為關鍵途徑活動）——新產品能否進行下一步，必須通過支援功能的審查。然而，沿著要徑進行的開發專案，一路上有多個節點，均要求數個支援功能必須立刻執行它們的把關任務。

支援功能在這些節點擋住開發作業的關鍵順序，要求所有作業暫停，好讓它們執行「把關」任務。舉例來說，一個叫做保險商實驗室（Underwriter Laboratory Testing，簡稱 UL 測試中心）的支援功能，專門負責設計安全認證。開發程序約進行到中途時，UL 測試中心的人就會涉入，把新設計的一批原型樣品打包裝箱，交寄到另一個城市的另一家公司進行安全測試。那家公司實驗室收到這批原型樣品後，通常會按照收件順序安排檢驗工作。好不容易輪到時，實驗室工程師將依序進行電擊、耐衝擊等項目之測試工作。約六至八週後，實驗室將把測試結果寄送給專

案主持人及專案設計工程師。而收到測試結果的人，可能已非當初負責開發的主持人或專案成員。又或者，在漫長等待測試結果的期間，專案人員可能都在忙著處理其他困擾事項。

　　內部調查結果顯示，支援功能或許未增加太多開發專案的成本，卻讓專案付出非常可觀的時間成本：延誤了昂貴的關鍵順序資源之進行，從而讓開發專案的總成本大幅增加。

　　事實上，內部調查發現，開發專案之物件移入支援功能並獲取眞實附加價值之時間，僅占全部時間不到 5%。更甚者，單純地趕工，而無其他配套措施，是毫無實質效用的。因爲那些被擱置的專案，只是暫時被擱置，等到人們忙著被要求趕工的專案

【圖 4-4】現有開發程序示意圖：「要」徑
　　　　　各階段可能延誤的幾個部門（或人員）

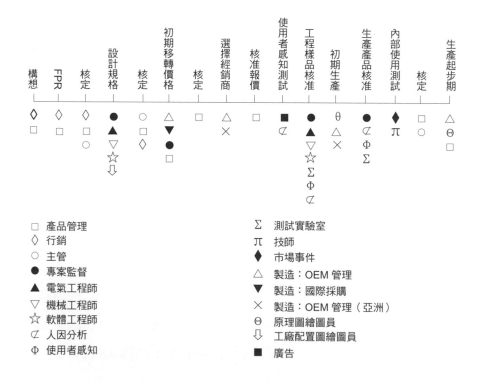

□ 產品管理　　　　Σ 測試實驗室
◇ 行銷　　　　　　π 技師
○ 主管　　　　　　◆ 市場事件
● 專案監督　　　　△ 製造：OEM 管理
▲ 電氣工程師　　　▼ 製造：國際採購
▽ 機械工程師　　　✕ 製造：OEM 管理（亞洲）
☆ 軟體工程師　　　θ 原理圖繪圖員
Ͼ 人因分析　　　　⇩ 工廠配置圖繪圖員
Φ 使用者感知　　　■ 廣告

時，又要回過頭來忙先前被擱置的專案了。

缺乏搭配

　　一般來說，開發專案和支援功能之間缺乏搭配（colloca-
tion），往往是造成專案延誤和成本增加的主要因素。隨著公司逐
漸成長，許多功能極有可能散布於不同地理位置。本章深入研究
的這家美國消費性電子產品製造商，它的設計作業已分散至數個
城市的不同辦公大樓。產品造型在美東進行，人因分析（human
factors analysis）卻跑到美國西岸去處理。亞洲分公司負責建造產
品原型，然後再送往美國進行測試。最後，美國本土及亞洲工廠
負責生產作業。如【圖 4-5】所示，該公司相關功能之間缺乏搭
配，實為該公司和快速創新公司的重大差異之一。

　　由於不同功能所在位置分散各地，各功能掌管資源通常同時
用於好幾個專案。這些專案的執行進度，經由一個電腦排程系統
安排與協調，由一個審核工作站送往下一個審核工作站。但因為
許多功能作業位於不同地理位置，專案參與者必須經常出差到外
地，或在不同辦公大樓間往返奔走。那些領高薪的專案主管，為
了連絡協調相關事項，平均每個工作日都要步行至少 3.2 公里。
單單步行就用掉主管四分之一的工作時間，另外四分之一時間用
於主持協調會議，僅剩餘二分之一時間可用於為負責之專案創造
附加價值。

　　反觀那些重視快速創新的競爭者，不僅設法讓專案資源集中
於同一個城市，甚至集中於同一間辦公大樓裡面的同一層辦公
室。快速創新者也會儘量把製造設施安置於同一地理位置，或至
少讓製造設施設於主要辦公大樓的附近。專案參與者之間的溝通
幾乎無時無刻不在進行。如遇到任何問題，參與者通常立刻予以

【圖 4-5】採用截然不同方法的快速創新者

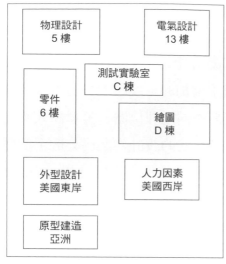

團隊結構
- 複數專案
- 正式審核
- 靠電腦協調
- 工作場所分散各處
- 僅納入設計

團隊結構
- 專注於單一專案
- 內部指導
- 可視化協調
- 一間大型辦公室
- 納入設計及製造

處理，不僅僅是因為大家都看得到對方，更因為資訊的回饋迴路（feedback loop）很短。

更甚者，快速創新者的專案資源是以團隊組織模式建構的。每個團隊均徵召相關人員參與，包括電氣工程師、機械工程師、銷售及行銷代表、技師，以及一位主管。專案團隊主管及所有參與者僅專注於單一專案之執行。在開發專案的開始日期與里程碑日期之間，專案團隊乃自我掌控進度。因為大家都在同一間大型辦公室上班，彼此都看得到對方，非常易於協調溝通。再者，包括模型室（model shop）、測試實驗室及製造設施等，都位於專案辦公室附近，同樣有助於加快工作速度。

互斥的工作目標

因著缺乏員工激勵辦法，再加上作業效率低落，使得這家美國消費品製造商發覺自己愈來愈難在市場上競爭。不同功能的成員均無追求降低時間與成本的誘因。 一如預期，各功能均有自己的績效目標與績效考核機制。各功能成員所表現出來的行為也是可預期的。例如行銷團隊的成員，一心想要透過嚴謹的市場分析，為產品精心製作說明書。產品熱賣就是行銷團隊的終極工作目標。除此之外，並無任何特定績效考核機制，足以激勵行銷人員追求其他目標。對行銷人員來說，早一點撰寫完成一份產品說明書，好讓他們進行下一個專案，就會讓他們感覺良好。除此之外，他們並沒有什麼時間感（sense of time）。專案主管的工作目標，就是要如期如值達成專案計畫目標；專案主管個人成敗，和專案成敗息息相關。因此，專案主管的行為非常短期導向，而且經常處於巨大工作壓力下。設計團隊成員則涵蓋來自不同專業背景的工程師。工程師的工作目標，就是要確保他們負責的專業得以在新設計的產品上發揮正常功能，不能出任何差錯。專案主管可以預期，高績效工程師在產品規格上可以達成或超過既定目標。身為團隊成員，工程師的做法趨於保守，且儘量將本身專業做到最好，少碰整體產品設計課題。因此，專案團隊極可能發生這類目標互斥的現象：某個工程師花了很多時間改變設計，目的是要減少特定電路上的能源消耗，但同一時間，另一位工程師正在設計一種電機裝置，其電力消耗可能遠超過現有電路最高負荷。綜上所述，遂行保守主義與局部最佳化（local optimization，或譯為局部優化）的結果，就是讓專案時間愈拖愈長，成本也會相對攀升。成本增加項目可能包括重做個別零組件及次系統設計（目的是要讓產品績效趨於最佳化）所產生的成本。

　　支援功能的績效基準，就是他們所屬專業的功能標準。繪圖員遵循的是繪圖實務。測試實驗室設立測試標準，供組織其他功能依循，並依該標準為新設計進行測試。消費者文件自有一定規範可供相關人員遵照辦理。各個支援功能主管均依照所屬功能標準，執行績效考核，幾乎毫無讓步誘因，且一定會堅持既定立場。

　　製造功能通常規模大到像一個獨立經營的公司。製造功能以本身產生的成本及出貨日程為績效標準，並以此來考核本身績效。追求低成本是製造功能的首要目標。上市時間甚至不在製造功能的目標清單內。因此，製造人員極少承諾願意努力追求達成準時出貨之目標。實務上，只要與降低成本有關之作為（例如更改設計、或改變製程、或換一家供應商）製造功能會立刻把先前所做的承諾全部拋在腦後。

　　總而言之，從組織內部角度觀之，幾個關鍵功能的工作目標彼此並不一致；而且它們均基於非常狹窄的業務範圍訂定所屬功能的績效考核標準，不能反映開發專案的整體績效。這些功能所派出來的代表的一言一行，多半反映他們所屬功能的需要，而非開發專案的需要。

　　由於在該消費品製造商的應辦事項優先順位中，快速反應和及時的排名太低，因此很多工作根本無法推動。例如有一個最大的人事問題，一直以來，功能主管的權位都大於專案主管，因此關於應辦事項的定案，以及工作進程的敲定，都是前者說了才算數。另一個人事問題是，該製造商裡一向流傳著一個不能說的祕密：被派去負責執行開發專案的人，要不就是讓這個人去「過個水」，先拿一個資歷，等以後有機會再升遷，要不就是組織其他單位都沒有合適位置給此人。第三個人事問題，是該公司實施定期職位輪調，導致主管的工作經驗不足，容易犯錯，而必須經常

請示主管釋疑－但主管可能也被調來新單位不久。

再來是產品品質問題。儘管開發專案設計人員絞盡腦汁，希望設計出擁有高品質的產品，實務上卻不可行。同樣的錯誤一犯再犯。設計人員經常突然接獲主管指示，要求他們變更某個工程設計。於是乎，許多寶貴的時間都浪費在這裡了。在此期間，開發團隊幾乎完全失去從工作中學習的機會。不僅如此，開發專案也因此招來更多與品質相關的風險。

總而言之，該美國消費品製造商所做的內部及外部調查研究，在在顯示，快速創新者的組織結構及管理模式，完全不同於慢速創新者。快速創新者的組織結構設計，完全以易於溝通協調及加快執行速度為考量。慢速創新者的組織結構設計，卻以功能控制、成本效率及避險為基礎，卻也因此設計出一個動作緩慢、步履蹣跚的開發程序。在開發過程中，不同功能不時插手干預的結果，不僅浪費時間，也容易出錯，更進一步削弱當責（accountability；為交出最好的成果擔負全責）。在這樣的組織結構下，惟有靠層層把關的審查關卡和文件證明，才有可能完成協調與控制任務。實務上，專案品質不升反降。支援功能都會各自嚴格控制預算，在在拖長開發進程。為確保達成預算目標，支援功能通常會訂定比較保守的績效目標。資深主管會主動參與開發專案的決策制定。但因為資深主管行程很滿，開發專案常為了配合主管行程而更改會議時間，又再度拖累了專案執行進程。

蛻變為快速創新者

想要蛻變為真正的快速創新者，前述那家消費品製造商的管理階層，必須發展及擁抱一套全新的時間管理哲學。這套新的時

間管理哲學，乃奠基於以下 11 個重要原則：

1. 欲達成成本與品質之改善，時間是關鍵績效指標。

2. 時間競爭標竿係根據競爭者績效制定的，如果技術上可行，時間還可再縮短。

3. 凡能促進開發專案產生實質進展的相關支援功能，應予以積極管理，讓它們變成「看不見的」功能。組織應事先預期支援功能的需要；組織應重視支援功能，並讓它們持續更新。但組織絕不能讓支援功能延誤開發進程。

4. 每一開發專案均應交由一個小型團隊負責執行及管理。該團隊應被充分賦權制定相關決策。團隊主持人及成員必須具備足夠經驗，且需專心追求共同目標。所有成員的績效考核，均應與他們同屬的一個團隊有直接關連。

5. 開發專案應包含四個階段，並應以此四個階段設計專案團隊之組織結構：
   (1) 規畫及準備
   (2) 產品定義
   (3) 設計開發
   (4) 製造起步
   (5) 產品改良

6. 規畫及準備階段之工作目標，是要避免在開發程序中因為欠缺特定物件，而必須從無到有發明出來－－設法讓未知變成已知。

7. 完成產品定義階段後，產品規格必須凍結。所有人必須忠於既定之產品定義，不容許做任何更動。到了產品改良階段，仍有降低成本與強化產品特點的空間。

8. 功能專業性實質留駐於開發專案團隊中。製造資源與設計

資源全程參與產品定義階段任務；製造資源全程參與設計團隊之設計任務。

9. 團隊成員彼此密切搭配執行任務。

10. 資深管理階層幾乎不參與開發專案之審核。他們的角色係確保專案團隊獲得所需資源、設計適切的激勵辦法，與創造最適工作環境，俾幫助團隊快速執行開發任務。

11. 在規律的市場驅動區間內，讓新開發專案持續地產生。新開發專案以漸進式的產品改良爲主，比較少追求「大躍進式的」全新產品項目。

想要蛻變爲快速創新者，這家美國消費品製造商面臨極大的挑戰，並需延攬頂級領導人才。管理階層必須認清，該公司勢須導入一連串的變革。許多任務都有待管理階層逐一完成，包括針對未來 3 年、5 年，甚至未來 8 年，公司需提出整套的產品開發計畫。該產品計畫突顯了所需技術開發專案的規模。接下來，管理階層還要陸續成立開發團隊，同時還要尋覓適當辦公場所，讓開發團隊能夠在一起打拼。產品規格一旦定了下來，就必須「被凍結」，而且不容許關鍵日期被更改。主要支援功能須充分供應開發團隊所需人力，俾幫助開發專案關鍵進程之執行，卻不能對開發時間有任何負面影響。開發階段可能遇到的路障與瓶頸必須逐一克服，就好像揉麵師傅把麵團裡的硬塊捏軟一樣。

或許最嚴苛的挑戰，是重新調整薪酬辦法與職務升遷制度，好讓員工在工作崗位上任職夠長時間，累積足夠經驗，並能善用工作經驗。推動這種改變一定會碰壁的，因爲人類天性就懼怕改變。管理階層安排專家，幫忙重新設計適用於全公司的人事政策，同時和全公司上上下下的員工座談討論，讓所有人都明瞭此

次修訂人事政策的用意及其後續影響。新人事政策將同一職級多劃分了幾個職等，好讓任職該職級的人可以待久一些，但薪水將隨著職等上升而增加。

該消費品製造商的努力終於獲得回報。該公司新產品開發及導入週期，從原先 20 至 30 個月成功地縮短為不及一年。該公司連續推出許多新產品上市，不僅強化了邊際利潤，原本處於競爭劣勢的市場地位也獲得了改善。該公司很快就能達成，把開發週期縮短為六個月或更短的目標。

蛻變為快速創新者的報酬

蛻變為快速創新者的挑戰不可謂不大。管理階層必須面對最基本的組織結構問題，接下來還要努力推動一系列的變革。然而，改革一定會引發阻力，帶來痛苦。但不改革，繼續當慢速度創新者，將承擔巨大經營風險－被市場淘汰出局。如此想的話，推動改革再困難也是值得的。從正面角度思考，蛻變為快速創新者，並且享受快速創新的種種好處，不也是很有吸引力嗎？具體言之，一旦蛻變為快速創新者，新經營模式將為組織帶來內部及外部的各種利益。內部利益包括：

- 業者能夠將最新科技，應用於更靠近新產品導入上市的時間
- 一旦更具成本效益的設計取代較不具成本效益的老舊設計，業者能夠更快獲取降低成本的利益
- 產品品質可獲得大幅提升
- 由於專案開發過程中重做次數減少，等候審查時間縮短等，使得開發專案儘早完成，從而降低不少開發成本

•專案團隊成員一致認爲，工作環境獲得大幅改善。在相同時間間距內，專案參與者比以前更早認同本身任務，也更易於從新產品開發經驗中享受工作樂趣。被問及爲何比較喜歡更快的新產品開發專案程序時，這位專案主管答稱：「由於開發週期變快，就算有什麼痛苦，很快就會過去。過去，我們必須花很多時間處理各種問題，就像泡泡糖黏在鞋底，你必須費九牛二虎之力，還不見得能清除乾淨，最後只好放棄。現在，我不必忍受一個問題太久時間。有問題，立刻去解決就對了。」

•專案成員覺得，開發進程都在自己的掌控中。改革後，開發週期加快，過去那種惡性循環不再出現，專案團隊也能夠在較短時間層（time horizon），預測顧客需要。

外部利益包括：
•取得技術領導者或新構想領導者之地位
•推出較能迎合顧客口味的新款產品或服務，得以透過較高定價獲取更大利益
•儘管接連推出小改款產品，離產品最佳化定義愈來愈近，卻因著產品信賴度提高，反應加快，在顧客心目中已建立創新者之形象
•已能吸引及留住條件最佳的配銷通路，有助於業者藉著鋪貨最新款式產品，逐漸強化優質創新者之形象
•有能力率先推出具備最新技術或特點之新產品，藉以建立業界標準，稍後透過市場反應強化該標準
•提高市場占有率

快速創新者不僅能夠快速創新，也有一套行銷新產品及服務

的新方法。一般業者的新產品開發及導入週期很長，因此必須依賴周延的市場研究及測試，試圖定義新產品或服務的特點、功能及成本規格，之後才有把握導入市場。反觀快速創新者，由於開發及導入週期較短，所以選擇試水溫的方式，以少量產品或服務，測試市場對新產品或服務的反應。如果市場接受度不錯，甚至熱賣，再立刻大量推出，廣泛鋪貨。慢速創新者採用周延市場研究的行銷方法，是可以理解的。如果開發及導入的前置時間很長，管理階層必須確保市場研究結果很正確，否則新產品大量上市後，如果消費者不買單，恐怕連一點補救機會都沒有。反之，如果開發及導入前置時間相對較短，業者當然可選擇先少量推出試試水溫，再依顧客反應立刻做修正，或待市場現況愈加明朗後，迅速大量上市。

創新速度較慢的業者，每次導入新產品上市時，都得承受巨大壓力。是時候把這類創新速度太慢的風險與相對應的行銷風險，轉換為另一種較輕的風險了。快速創新者承擔的是一種叫做「跡近錯失」（near miss；按：由於不經意或即時介入的行動，而使其原本可能造成意外的事件或情況並未真正發生。另譯為虛驚事件、幾乎發生的事故）的風險，因為快速創新者的新產品雖然有可能失敗，卻不是致命的災難。快速創新者有能力根據市場反應立刻修正，再迅速推出改良版產品。基於此種快速反應能力，快速創新者反而不畏風險，甚至肯為了新技術或構想願意賭一把。賭贏了，快速創新者馬上有資格成為業界技術創新競爭節奏的決定者。

索尼的勝利

索尼管理階層曾運用創新能力，快速建立該公司在消費者心目中的創新者形象，並在業界設立產品標準，攫取市場占有率，

甚至破壞市場均衡。索尼最近以其快速創新者的能力，成功地把光碟（compact disc, CD）技術應用於商業產品上，從而建立了音樂產業標準。

　　1970 年代初期，市場上出現三種數位音訊（digital audio sound）產品，彼此競爭得相當激烈。其中之一就是光碟技術，最早由索尼於 1976 年開發上市。1979 年，索尼又與飛利浦（Philips）合作推出改良版光碟。另外兩種技術分別為，由德國德律風根（Telefunken）研發的 MD（Medium Density，中密度音訊）技術，以及由日本勝利公司（JVC）研發的 AHD（Audio High Density，高密度音訊）技術。其時，音樂產業的參與業者，包括音樂出版商、音樂產品製造商，以及錄音工作室等，都希望業界能夠統一音樂錄製規格，以避免重蹈 Beta 與 VHS 兩種錄影帶規格互相爭奪業界標準的覆轍。然而，如【表 4-5】所示，按照當時技術發展趨勢，情況並不明朗，因此業界眾多參與者仍然不敢做出支援特定技術的決策。每一種技術均有不同優勢。1978 年 2 月，音樂產業召開了一次大型會議，邀集三十多個業者參與討論不同技術的優缺點。該次會議並未做出決議。一直拖到 3 年後，也就是 1981 年 4 月，該會議才做出不做決議之決議。亦即，大多數業者均認同，CD 與 AHD 都是消費性音響產品市場（consumer audio market）的可行技術（viable technology）。

　　該次產業會議的不作為，讓索尼與飛利浦大失所望。為了等待會議做出結論，飛利浦甚至叫停一個已發展成熟的設計，整整 3 年之久。兩家公司決定自行開發相關技術，儘快讓新產品上市，並藉助大量廣告與廣泛鋪貨，企圖搶先建立領導地位，從而樹立實質上的業界標準。

　　1982 年末，索尼導入第一款產品，並選擇在日本國內上市。

上市初期，產業專家及一般評論者便激烈辯論一個話題，那就是，CD 到底是不是一種奢侈品或珍品，只受到音響玩家的青睞，或是一種可訴求大眾市場（mass market）的產品，就如同卡式錄影機（VCR）一樣，能夠在市場上熱賣。這個議題影響層面不可謂不深遠，因為爾後管理階層所做的重大決策，包括工廠規模大小、行銷努力之強度、銷售通路之選擇，以及初期產品定價策略之敲定等等，無不取決於新產品未來的銷售潛力。此刻，索尼必須決定該不該進行周延的市場研究，以弄懂消費者對新產品的反應。但這樣做將耗費許多寶貴時間，公司極有可能因此失去建立競爭領導地位的先機。或者，公司乾脆儘早鋪貨，先搶市再說。

結果，索尼公司決定捨棄進行大規模的市場研究，直接讓 CD 播放機在日本上市，產品初期定價 16 萬 5000 日圓。幾個月後，索尼接連推出四款新機種，兩款售價較高，兩款售價較低。後續的產品導入過程，其實就是在訴說一段精采的故事（【圖 4-6】）。故事重點：市場對價格非常敏感。新產品定價如落在低價點，銷售量立刻上揚。單單索尼一家公司，便在不到 24 個月內，推出八款低價新產品。至於那些屬於高價位的新產品，銷售量幾乎一直都維持零成長。

日本市場對 CD 播放機的需求迅速成長，每年以超過 200% 的幅度增加。不到 3 年，CD 播放機的參與業者已成長到超過 30 家，總共推出一百多款新型 CD 播放機，但也停產 30 款機種（【圖 4-7】）。許多上市不久的機種，立刻就被新款機種淘汰了。時至今日，CD 播放機的平均壽命週期僅為 9 個月。CD 播放機以大眾市場為訴求的決策，如今證明是正確的。許多專家都預期，CD 播放機即將超過卡式錄影機，成為有史以來最受歡迎的消費性電

【表 4-5 】三種數位音訊技術比較表

	CD	MD	AHD
音訊規格			
頻道數量	2 頻道	2 頻道（4 cl）	2,3,4 頻道
頻率特點	20-20,000 赫茲（Hz）	20-20,000 赫茲	2-20,000 赫茲
動態範圍	≦ 90 分貝	≧ 85 分貝	≧ 90 分貝
失真係數	≦ 0.05%	≦ 0.05%	≦ 0.05%
抖晃	石英振盪精準度	石英振盪精準度	石英振盪精準度
播放時間	單面約 60 分鐘（最長 75 分鐘）	單面 60/50 分鐘（10 分鐘）	單面 60 分鐘（60 分鐘 × 2 可行）
開發者	飛利浦、索尼	德律風根、Teldec	日本勝利公司（JVC）
基本系統方法	無接觸光學音訊汲取技術	壓電薄膜振動感測音訊汲取技術	無槽電（靜電）容音訊影像共用汲取技術
碟片規格			
外徑	120 ± 0.3 mm	135 mm (75mm)	260 mm
厚度	1.2 ± 0.1 mm（單面）+ 0.1	1.6 mm（雙面）	1.2 mm（雙面）
孔徑	15.0 mm-0.0	8 mm	38.2 mm
錄音介面	48-116 mm（編碼：50-116 mm）	132-60/72 mm 和 72-60 mm	244-98.2 mm
旋轉方向	逆時鐘	順時鐘	順時鐘
軌道間距	1.6 ± 0.1μm	2.4μm	1.35μm
徑跡方法	無導槽	導槽	無導槽
位元系統（不相同但已刪除）			
相對速度	1.2-1.4　公尺／秒		
轉速	每分鐘（rpm）約 500-200 轉	每分鐘 250 轉	每分鐘 900 轉
雙面規格	正常單面錄製；雙面錄製亦可（一同覆蓋）	雙面	雙面
碟片材質	透明材質	聚氯乙烯（PVC）	導電聚氯乙烯
外殼尺寸	無	144×150×8mm (84×120×8mm)	324×268×7mm

資料來源：Sogo Hoso Shuppan

【圖 4-6】索尼 CD 播放機上市機種及其預期壽命

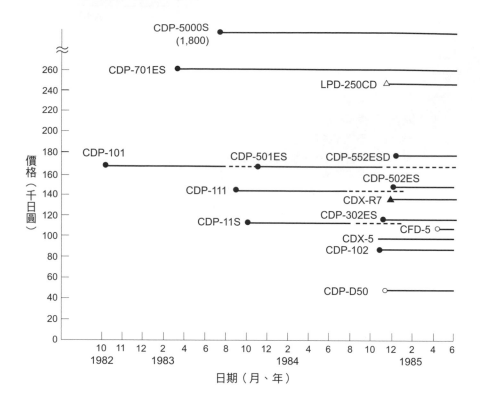

子產品。

　　索尼公司創業以來，頭一回透過自家創新產品，一經上市便取得市場領導者地位。在 CD 播放機之前，索尼的競爭模式便未曾改變：靠本身實力，推出不少創新產品，但後來都被松下（速度最快的跟隨者）後來居上，而一直屈於市場第二名。靠著 CD 播放機這款創新產品，索尼終於一雪前恥，成為 CD 播放機的實質領導者。到了 1988 年，索尼品牌 CD 播放機的市場占有率已衝到 45%，而松下只有 12%。

【圖 4-7】CD 播放機上市機種及價格趨勢

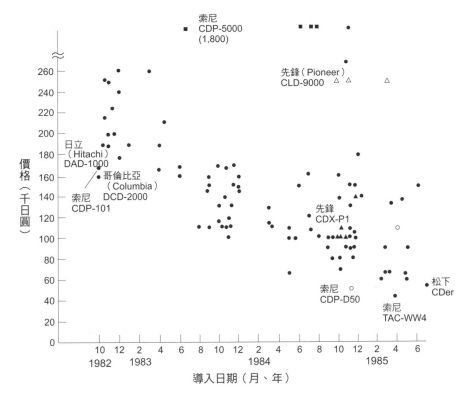

四種競爭型態

和索尼的 CD 播放機案例類似，不少快速創新者也在甚多不同產業，靠著獨特競爭手法，徹底改變了產業生態。時至今日，我們可歸納出四種獨特的競爭型態。而它們或多或少，都與時基創新者有關，甚至可說是時基創新者的獨門絕活。

1. **正面攻擊**：藉著降低開發成本，以優於競爭者之條件，用更少成本提供顧客更多價值，「直接」建立競爭優勢

2. **側翼攻擊競爭者**：或藉著推出新設計淘汰舊款產品或老舊服務設計，或持續快速地推出創新款式，而把競爭者原有顧客全部挖到己方陣營來

3. **為成熟事業注入新血輪**：為現有事業增添新技術或時尚元素，以刺激顧客對產品或服務再度產生興趣

4. **企業轉型**：改變經營型態，幫助公司脫離夕陽工業不可逆的沒落趨勢

直接：藉著降低開發、和產品或服務成本，以優於競爭者之條件，用更少成本提供顧客更多價值，是所有時基創新者理所當然會採行的競爭策略。至於其他三種型態，包括側翼攻擊競爭者地位，為成熟事業注入新血輪，以及設法讓企業轉型，便不是那麼容易理解，需要用上一些實例來說明。

側翼攻擊競爭者：當一家公司受到側翼攻擊時，即表示競爭者從某個不易防守的角度進攻，或使用某種出其不意的方法進攻。時基業者通常用以下兩者之一進行側翼攻擊：

1. 時基業者可藉著推出新設計，淘汰競爭者的舊款產品或老舊服務設計，讓競爭者先前投資付諸東流。

2. 透過快速創新能力，吸引消費者轉而投效己方產品陣營。側翼攻擊競爭者而獲致成功的時基創新者，最終可擊潰競爭者的意志。

第二章討論過的山葉機車製造商，就是一個很好的例子。1980 年代初期，面對本田連珠砲式的產品多樣化攻擊，山葉顯然因準備不及而感到防不勝防。產品戰爭打到最後，山葉整個產品線及經銷商庫存幾乎都停擺了。這不僅僅是因為山葉的機車銷售量被本田產品完封，更因為山葉為了出清庫存的老舊款式機車，不得不削價求售，變成賣一輛賠一輛。山葉虧損不斷增加，導致負債金額持續擴大。在山葉的公開投降聲明中，外人清楚看到，該公司的意志被擊潰：

「在產品開發能力上，敝公司非本田的對手。……敝公司希望結束這場 HY 戰爭。……未來，敝公司將會更謹慎地行動，並確保山葉的相對地位（次於本田）。」[8]

然而，哈雷運用時基創新策略，側翼攻擊本田，成功地逃脫了世界最大機車製造商的控制的案例，恐怕更令人拍案叫絕。哈雷將經營心態從「我們創造哈雷俱樂部」（We make hogs!#@*），轉變為「我們製造稀世之珍」（We make jewelry!）。哈雷花工夫改造了採購作業及工廠裝配作業，也費了不少心思改造了行銷及設計組織，將時尚元素納入產品設計，試圖擴大客戶基礎（customer base，亦稱客戶群）。面對哈雷種種的新競爭作為，本田似乎毫無隨之起舞的意願。

今日，許多日本公司紛紛採用側翼攻擊策略（連續推出讓競爭者眼花撩亂的一系列新產品）且以此做為主要成長手段。以最近市面上競爭火藥味十足的家用空氣清淨機為例，自 1985 年首度上市，這種專門去除空氣中之灰塵、花粉、香菸味，及菸草煙霧的家電產品，到了 1988 年，市場需求僅有 45 萬台。但該產品每年以 15% 的幅度成長，預估未來還會加快成長速度。關於空氣清淨機的發展前景，約可歸納為下列幾點：

- 松下推出首款型號 MS-R550 之主打產品，為適用於中等尺寸房間之機種。其他數種不同型號產品，適用於不同尺寸之房間。
- 1988 年 2 月，松下首次推出車用空氣清淨機。此款產品可自動感知空氣中之煙霧或灰塵等汙染物，並立刻啟動馬達運轉。待空氣被過濾乾淨後，馬達即自動停止運轉。
- 不久前，松下開發成功一款稱做 Reflora，可散發出一種人

造模擬花香的空氣清淨機，供辦公室使用，上市後立刻造成搶購熱潮。松下馬上決定即將推出家用版之類似機種。

• 三洋（Sanyo）推出型號 ABC-202SH 之新款機種做為反制。此款機器可以感知走進屋內的人類，並立刻啟動馬達開始過濾空氣，待製造汙染源的人離開房間 30 分鐘後，機器便停止運轉。

• 在毫無防備下，日立及東芝只好採取低價出清存貨的策略，企圖清空種類有限產品線之存貨。

側翼攻擊的第二種方法，是持續快速地推出創新款式，而把競爭者原有顧客全部挖到己方陣營來。昇陽電腦便運用此種策略，側翼攻擊工程用電腦工作站產業領導者阿波羅電腦，並成功地取代其地位。1980 年，阿波羅研發成功首部工程用途電腦工作站產品，其後業績飛速成長。到了 1988 年，阿波羅的銷售額已達六億美元。昇陽電腦創業時間晚了阿波羅一年半，如今銷售額已破 10 億美元大關。儘管兩家公司的營收成長都很可觀，都是在很短一段時間內從無到有，創造出令人咋舌的業績，但昇陽電腦的表現更為亮麗。過去 4 年，昇陽電腦每年營收以超過 100% 的幅度成長，遠比阿波羅 35% 的成長率高。

對於這兩家公司業績成長率的背後原因，有各家不同的說法，有時甚至包含一些尖銳的批評。在昇陽電腦 1988 年的年報中，時間是整份年報內容中最突出的一個重點。「昇陽電腦的政策、策略及投資，無一不證明，公司上下團結致力開發機會、增加市場能見度（market visibility），以及尋求新的解決方案。簡單地說，就是要創造成長……『攫取市場占有率』率市昇陽已公開宣稱，該公司計畫平均每隔一年半，就要推出效能翻一倍的高階

工作站新產品。」（強調語氣）此一策略和其他幾家主要電腦供應商的政策，有極為顯著的差異。其他同業多半規畫每隔 3 至 5 年才推出新產品。阿波羅電腦的年報中甚至找不到類似之宣告。

在接受《財星》（Fortune）雜誌採訪時，昇陽電腦創始人之一的比爾·喬伊（Bill Joy）指出，昇陽電腦的最大長處，就是「認定了一個確切不移的真理：電腦產業的技術變遷一直在持續加速。沒有一家公司能夠領導每一次的重大技術突破。那些凡事都想要自己來的業者 —— 傳統垂直整合（vertical integration）路線 —— 到頭來終將變成落後者。」昇陽電腦將利用任何現成的（off-the-shelf）技術，只要該技術有助於強化現有電腦工作站的效能。昇陽電腦宣稱，該公司準備每隔一段時間，便推出效能加倍，但價格相同的新款電腦工作站產品。[9]

一開始，阿波羅小心翼翼地保護該公司所開發成功的專利產品，一種叫做埃癸斯（Aegis）的作業系統。該公司管理階層深信，在技術水準方面，埃癸斯優於 1980 年代初期市面上販售的所有作業系統。而昇陽電腦創業初期所採用的，則是當時商業界最普遍的 Unix 作業系統，運行效能確實不及埃癸斯。

昇陽鎖定採用現成技術的策略，讓該公司成為眾矢之的。幾乎所有人都批評此一策略，唯一例外是昇陽的使用者。昇陽使用者情願使用已被市場證明為成熟技術的作業系統，而不敢輕信新創公司關於新產品效能的承諾。市場對昇陽最大的批評就是，昇陽採用現成的作業系統，最後極有可能被一些低成本業者模仿，造出價格更低的仿製品。

然而，如果有業者想要仿製昇陽電腦的作業系統，這些追隨者的速度得非常快不可。昇陽電腦執行副總裁伯納得·拉闊特（Bernard Lacroute）提出了他的觀察：「仿製某個東西，但它的速

度比你更快，這實在不是一樁好買賣。」主機電腦（mainframe computer）製造商通常每隔四到五年，推出升級版產品。個人電腦製造商的速度較快，每隔二年左右就會推出升級版產品。昇陽電腦則每隔 12 個月就推出升級版新產品。昇陽副總裁卡蘿·布爾茲（Carol Bartz）說：「如果效能加倍，但價位相同的升級版產品，可能摧毀敝公司現有產品線，我們會毫不猶豫地去做這件事。我們為什麼要等待競爭者來幹掉我們呢？這就是我們所處行業的全新競爭觀念。我們已證實，這是可行的賺錢方法。」[11]

面對昇陽的崛起，阿波羅卻吝於美言幾句：「〔他們〕在特定領域做得不錯，〔同時持續〕整合大宗商品（commodity）技術與低價格，卻未提供什麼附加價值。」[12] 在提供給股東的年報中，昇陽高層卻公開宣示了一個完全不同的市場競爭觀點：「昇陽……可能在同一時期，同步開發好幾代的新產品。這樣做將會給產品設計帶來極大的複雜度，也會造成產品相容（compatibility）互斥的問題。任何時間，昇陽都有可能在進行數十個條件非常不同的專案開發計畫，參與工程師多達一千多人。」[13] 用絕對值來說，昇陽電腦的新產品開發投資金額為阿波羅的兩倍。

相較於用最快速度推出新產品上市的昇陽電腦，阿波羅似乎遭逢重重困難。被命名為系列 1000 的高階工作站，一直遲遲未能正式發表上市。更甚者，阿波羅宣稱，即便新產品正式販售，客戶也必須等候一段時間，該公司才能提供新產品所宣稱的最高效能。國際數據資訊公司（IDC）分析師薇琪·布朗（Vicki Brown）指出：「阿波羅的經營手法太保守了。該公司用較長的時間開發新產品。開發專案必須通過多層管理層級。創新產品產出率不如昇陽來得快速。」[14]

另外，昇陽在吞噬阿波羅客戶基礎這件事上，也做得很成

功。昇陽的市場占有率從 1985 年的 21%，上升到 1987 年 27%，預計 1988 年將達 33%。阿波羅的市場占有率則從 1985 年的 41%，下跌為 1987 年的 21%。卡埃科（Caeco）是一家販售電腦輔助工程系統之供應商。該公司行銷部門主管馬克‧米勒（Mark Miller）提出他的觀察所得：「對我們來說，〔兩家公司〕的產品均有很不錯的效能。從 1980 年代初期起，阿波羅的銷售觸角早已深入現有客戶基礎。但如果有任何人想要汰換設計部門全套電腦系統時，幾乎所有人都直接向昇陽電腦下訂單。業界預計到 1988 年底，昇陽的現有客戶數量（installed base）將超過阿波羅。」[15]

不論背後原因為何，阿波羅 1987 會計年度的稅後淨利率（after-tax profits/sales）為 3.9%，昇陽電腦為 6.8%。

為成熟事業注入新血輪：

對企業主管來說，為成熟事業注入新血輪及改變經營「型態」，恐怕是他們一生當中面臨的兩個最大挑戰了。當公司營收成長趨緩時，管理階層通常有三種基本選擇：維持現狀、改為多角化經營，或透過創新嘗試繼續成長。極少管理階層選擇第一種做法；大多數管理階層選擇第二種方法；偶爾，少數管理階層會選擇走最後一種路徑。那些選擇為現有事業注入新血輪的人，勢須改變目前經營的事業，最終可能意味著必須改變公司的經營型態。也就是說，公司必須快速創新，以追求達成最大化的效用（effectiveness）。

透過產品創新為現有事業注入新血輪，這種能力在西方企業甚為罕見。以美國煉鋼場、煉油廠及汽車製造業為例，當這些企業的營收成長趨緩時，管理階層多半選擇改走多角化經營的路子，試圖進軍石油煉製、零售、財務服務等領域。福特汽車公司

最近才發現，該公司想要透過產品創新追求進一步成長，乃受制於公司既定政策。福特汽車公司居然有一個既定政策：對於處於已走下坡之產業所做的產能擴充投資——以追求毛利率最大化及財務風險最小化為目標——是有上限的。

日本企業似乎較西方企業更傾向於以本業為基礎，努力追求進一步的成長。這種說法大致正確，因為在日本，成長走下坡的公司，幾乎沒有任何機會購進一家正在蓬勃發展的公司。在日本，一家正在成長的公司絕不會選擇出售，除非該公司業績開始走下坡。因此，日本企業的管理階層勢須儘量善用現有資源。日本衛浴器材領導廠商東陶衛浴（TOTO），便是堅持不懈，一直固守本業的範例。東陶衛浴處於一個長期以來低成長的傳統產業。這類公司的業績尖峰與離峰週期，和營建業建案起訖時間有絕對的關連。儘管如此，東陶衛浴是日本衛浴器材最大供應商，卻得益於該公司堅持不斷推出創新款式衛浴器材，使得該公司業績不斷向上攀升，更讓東陶衛浴股票成為股市寵兒。

洗頭水槽是東陶衛浴所擊出的第一支安打。日本女性每人每年購買洗髮精的數量，為西方女性的兩倍。為了讓日本女性使用者更方便洗頭，東陶衛浴推出一款特別設計的水槽，讓女性不用每次都進到浴缸洗頭。該款水槽甫經上市，就成為賣得強強滾的產品，幾乎占了日本水槽產品 10% 的銷售量。

受到洗頭水槽產品熱賣的激勵，東陶衛浴乘勝追擊，接續推出一款叫做衛洗麗（Washlet）的溫水洗淨便座設備。衛洗麗是一種裝有溫水沖洗噴嘴、烘乾器及加熱馬桶坐墊的衛浴設備，完全針對使用者需求設計的一款新產品。如今，東陶衛浴和歐姆龍光電公司（Omron Tateisi Electronics），以及日本電信電話公司（Nippon telegraph and Telephone）合作，共同成立一個合資企業

（joint venture），目的是要設計、製造及販售智慧型馬桶設備。此款新產品能偵測使用者尿液中的蛋白質成分及尿糖水準，同時可測量血壓、體溫、脈搏及體重。接收到資料後，這款智慧型設備立刻透過電話線路傳輸到醫學中心進行分析。新產品目標定價為 30 萬日圓（以當時的匯率換算約 2500 美元）。[16]

電視機（特別是黑白電視機）製造，是另一個被日本人想盡辦法起死回生的低成長產業。長期以來，此一產業的經營重心，一直都擺在如何吸引消費者加購一台電視機，或換購一台更大尺寸電視機上面。這樣做對營收成長或許有些許助益，卻無助於刺激整體尋求。不少觀察家指出，必須等高畫質電視（high definition television，HDTV，或譯為高清電視）上市後，電視機產業才有可能大幅成長。專家強調，由於高畫質電視擁有非常高的影像解析度，屆時家家戶戶都會換購一台。

有些電視機製造商卻不願意等那麼久。於是，它們開始設計製造一些畫面尺寸僅有二英寸，或更小的迷你黑白電視機，後來也推出迷你彩色電視機。這些迷你電視機區分為男性版及女性版，甚至還有設計師款式迷你電視機。如今，迷你電視機以每年 40% 的幅度成長，其中迷你彩色電視機的成長幅度高達 100%。

當這類迷你電視機陸續被安裝到飛機座位的椅背、計程車座位的椅背、火車座位的椅背，以及許多公共場所等候室座椅的扶手等等時，電視機製造商的設計者及企業本身，當能獲取源源不斷的豐碩回報。為讓新產品能更廣泛地被應用於各種場合，成本必須進一步降低，畫質亦須進一步提高。松下電視機部門經理 Hiroyasu Tatsumi 說：「每隔幾個月，業界便會推出一款新產品。這些新產品通常都不賺錢。但我們認定迷你電視有很大發展潛力。我們在想，如果公司能大幅增加產出，成功機會非常大。但

我們不敢確定迷你電視能否賺錢。如果公司僅出產一款口袋型電視機，現在實在很難判斷它是否有利可圖。」[17]

西方國家的企業同樣也能藉由創新，為成熟事業注入新血輪。百得（Black & Decker）就是一個值得借鏡的例子。百得是一家專業電動工具及小型家電製造商。該公司嘗試透過快速創新，而找到了一條成長之路。一直到最近，專業電動工具產業的霸主一向是日本領導廠商牧田（Makita）的頭銜。牧田不斷從西方供應商攫取市場占有率，而成為專業電動工具產業成長最快的競爭者。如今，百得取而代之，成為產業新領導者。百得每年的營收成長率為業界平均值 9% 的兩倍。

百得能夠有今日的成功，完全拜該公司，推動一套極具競爭力的新產品開發及導入方案之賜。過去一年半內，百得總共推出了 60 多種新產品，包括一種低價無線電動螺絲刀、一套長效電動鑽頭、一種可幫助家庭節省空間的廚房家電產品（涵蓋了一座咖啡壺、一個照明設備、一只開罐器，以及一個磨刀器）、一台能自動關閉電源的電熨斗，以及一套全新充電設備，可提供所有無線電動工具之充電需求，而無須準備各式各樣的充電接頭。百得 1988 年的營業收入，其中大約 15% 來自上市不到三年的新產品（也就是新產品對百得的營收成長貢獻了四分之三以上）。幾年前，百分比幾乎為零。預計到 1990 年底達到 35%。

百得之所以能夠發動這一輪猛攻，在短時間內持續不斷地導入各種新產品，完全是因為該公司徹底壓縮了新產品開發及導入週期時間。具體言之，百得重組了設計團隊，開發出一套可連結全球所有分支結構的電腦輔助設計系統，而成功地把設計週期縮短了一半時間。以小家電為例，設計週期已縮短為 9 到 12 個月。

百得的全球電動工具市場占有率，預計可從幾年前的 25%，

成長爲 30%。過去兩年的營業收入成長了 27%，稅前利潤（pretax profit）成長了 25%。股東權益報酬率從 1986 年的 6.7%，增爲 1988 年的 14%。[18]

改變經營型態：

快速創新可以幫助企業改變經營型態。有時，特定產品或服務已無法進一步開發，到了這個地步，企業必須尋求其他途徑善用其既有資源。不透過購併（acquisition）或分拆（divestiture，或譯爲分散經營）等手段，而是透過專注於內部努力，促使公司改變經營型態的最佳範例，非日本企業莫屬。以下就是一長串名單中的一部分：

- 富士通（Fujitsu）：從一家工具機控制裝置製造商，轉變爲一家電腦公司
- 本田：從一家小型馬達製造商，轉變爲一家摩托車製造商，後來又轉變爲一家汽車製造商
- 兄弟（Brother）：從縫紉機製造商，轉變爲打字機製造商，再轉變爲印表機製造商，最後轉變爲小型電腦製造商
- 尼康（Nikon）：從銷售一般消費者使用之高檔照相機製造商，轉變爲以半導體製造商爲銷售對象之晶片步進機（wafer-steppers）主要供應商

佳能（Canon）：運用創新能力幫助公司轉型，同時促使處於成熟市場的事業持續成長，其經歷足供他人借鏡。佳能過去僅僅是一家照相機製造商。照相機這種產品的銷售量起起伏伏，有時似乎已達成熟，稍後又開始成長，然後又趨於成熟。在倒數第二次的成熟週期，也就是 1970 年代中期，佳能決定跨足普通紙影

印機製造業，試圖讓營收再度成長。結果一如佳能預期，公司營收的確有起色，可惜好景不常。到了 1980 年代初期，佳能察覺旗下占收益來源 80% 以上的兩大事業（照相機及影印機）成長腳步均慢了下來。其他較無足輕重的事業包括計算機與手提式打字機，合計收益約 20%。

1988 年，照相機與影印機的收益已低於佳能總收益的 60%。除了這兩種事業，佳能其他產品的收益均有成長。其他新產品包括具備高解析度的高速傳真機，以及雷射印表機。這兩種新產品均處於雙位數成長趨勢。照此情勢繼續發展下去的話，佳能勢必會退出照相機與影印機市場。

佳能美國公司總裁御手洗富士夫（Fujio Mitarai）說得好：「市場飽和不是問題。透過創新手段，總能幫助公司突圍，進而開闢新市場。」佳能將近 80 億美元年營收當中的 10%，用於研究發展。從任何一個角度來看，這都是一個非常驚人的研發百分比數字。我們來看看佳能在研發哪些項目：

- The Navi，這是一款結合個人電腦、計算機、日本語文字處理器、一台傳真機，及一支電話的新奇產品
- 一台彩色雷射影印機，可縮小、放大原稿文件，亦可移動原稿圖件
- 一台高速 G-4 尺寸標準傳真機，專供高用量用戶使用
- 一台靜態攝影機，內附一片 2 英寸光碟片，可供使用者擷取電視畫面中 50 張影像。[19]

時基競爭與國家財富

不論是歐洲、美國，還是日本，企業高層主管對於該如何投入研究發展領域，並作出好成績來，都有他們的一套想法。不過，對於做這件事的急迫感，他們的反應卻大相逕庭。

由《華爾街日報》與波士頓顧問公司共同主持，針對日本、美國及西德企業主管所做的一份問卷調查結果指出，95% 的受訪日本主管強烈相信，未來五年應大力推動研發工作，只有 60% 的美國主管有如此強烈的感受。

被問到如何面對來自技術基礎的競爭議題時，受訪日本主管最關切來自西德與日本國內的競爭；美國與西德主管最擔心來自國內的競爭——儘管在許多技術基礎產業，日本企業都是領導廠商。

1982 年，取得美國授予專利權最多的前五名企業當中，美國企業（GE、RCA、IBM）取得 64% 的專利權。

1987 年，取得美國授予專利權最多的前五名企業當中，日本企業（佳能、日立、東芝）取得 63% 的專利權（【表 4-6】）。根據美國技術評量局（Office of Technology Assessment，OTA）的報告指出，由日本企業出資的研究發展金額，占日本國民生產毛額的 2.1%，對照美國僅有 1.4%。

不論是美國、歐洲或日本，我們國家的財富正處於危急關頭。任何國家都一樣，如果一國的企業不能靠時基競爭者保持優勢，那個國家的公民將面臨財富縮水之困境。問題癥結並非出在發明力不足，而是出在欠缺一套穩定持續的開發新產品與服務的程序——而且它必須是一套快速的程序。從競爭角度來看，速度就是一切。如果某公司的開發週期長達四年，而它的競爭者開發

【表 4-6 】獲得美國專利權最多之前五名公司

公司	獲得美國專利權的數量
1987	
佳能	847
日立	845
東芝	823
奇異	779
美國飛利浦	687
1982	
奇異	739
日立	476
美國無線電（RCA）	465
IBM	435
西門子（Siemens）	434

資料來源：〈錯失良機〉，《華爾街日報》，1988 年 11 月 14 日，專刊，21 及 23 頁；美國技術評量局，〈高溫超導現象之商業化〉（華盛頓特區：美國政府印刷辦公室，1988 年 6 月）11 頁，OTA-ITW-338。

週期只有二年，那麼該公司幾乎毫無招架之力。競爭者將比該公司快兩年推出新產品。即便該公司兩年後成功地讓新產品上市，競爭者也早已利用這兩年領先時間，研發出最新改良版產品。儘管所有公司行號都很努力地精心研發最新技術，但速度快的公司似乎總能先一步運用最先進的技術，率先推出新產品或服務。速度較慢的業者只能靠削價競爭，或被市場淘汰。

西方世界一家技術導向大公司的主管說，該公司遇到競爭困境時的選項之一，就是緊急避難。該公司曾開發出一款新電子顯像技術產品，也熱賣過一陣子。但從任何一個角度來看，採用該技術的電子產品，隨時都會面臨來自日本大廠的挑戰。面臨來自光碟產業的產品變更挑戰時，他的反應為：「在我們公司，我們

用四年時間開發出一款新產品，再用一年時間大量販售。接下來的兩年，我們不會有什麼特別作為。之後，同樣的週期我們會再走一遍。我們實在沒有能力和那些日本公司競爭！」後來，研發專案被喊停。這名主管也被調職到南美洲擔任行銷職務。

在戰鬥尚未開打前，這名主管和他的工作夥伴便已喪失鬥志了。該公司把一個新技術，連同一個產品區隔，拱手讓給了日本競爭者。如果幸運，日本競爭者或許會在美國設廠。然後必須確保的是，有些政府計畫會資助州長的商務旅行，讓他們去日本，設法遊說日本企業到該州設廠。

當這名主管說美國企業無法和日本同業競爭時，就錯了。如果美國企業沒將時基創新優勢拱手讓給日本同業，其實它們大可做得到。在對抗日本同業的競爭挑戰時，康柏電腦（Compaq）和昇陽電腦卻能頂住壓力，做好該做的防禦工事。原因無他，因為這兩家公司的新產品開發速度不亞於日本競爭者，甚至更快。過去，一些傳統被視為開發新產品速度太慢的企業，也開始加快速度，逐漸趕上同業的競爭腳步。這些美國企業包括福特汽車、美國電話電報（AT&T）以及百得，他們的管理階層費盡心思，設法縮短新產品開發及導入週期時間。更重要的是，他們都覺得這件事拖不得。

第五章

時間與金錢

　　在公司治理過程中，時間與金錢密不可分。最早，也是人們最耳熟能詳的商業口號，就是富蘭克林（Benjamin Franklin）喊出的：「時間就是金錢！」好吧，既然時間就是金錢，那麼為何沒有更多主管談論它，更遑論身體力行呢？名列財星五百大企業（Fortune 500）排行榜上的大公司，每年股東大會發給股東們的年報中，也鮮少強調時間對公司股東的重要。一般而言，在這些公司的年報當中，我們頂多從這樣的用語：「與去年相比，今年我們⋯⋯」察覺到公司經營實務面和時間有一些關連。至於那些以開發更多新產品為導向的公司，它們的管理階層幾乎未特別強調，公司準備投入努力以加速新產品開發專案。連許多服務導向公司也很少重視時間與獲利率的密切關係。然而，一個企業必須設法從每單位投入（input）——包括時間的投入——創造出最大產出，從而賺取利潤（金錢）。

　　我們用一個實例來闡釋這個概念。福特汽車公司可能是產業界資歷最老的時基競爭者。1921 年，在《世紀的展望》（*Today and Tomorrow*）一書中，作者亨利・福特（Henry Ford）如此闡述該公司的經營方針以及理念：

　　•「一般來說，金錢一旦轉換成原物料或製成品存貨，就應被

視爲活的金錢。既然它們被視爲企業經營所需的金錢，那麼，超過企業經營所需水準之原物料或在製品，就是一種浪費。和其他任何形式的浪費一樣，這些多餘的原物料及在製品，企業最終都將付出代價——或提高產品價格，或降低工資。

- 「在製造業，時間因素的概念，需遠從人類把原物料從土地中分離出來的那一刻算起，一直到製造商把製成品送至最終消費者爲止。（時間）包含所有運輸形式，而且必須被納入全美服務網絡之考量因素。（時間）是節省金錢的途徑，也是提供服務的途徑，其重要程度不亞於權力的應用（application of power）及分工（division of labor）。

- 「時間浪費與物料浪費的差別在於，時間浪費是無可挽救的。時間浪費是所有形式的浪費中最容易犯的，也最難矯正，因爲時間浪費不像丟棄在地板上的物料廢棄物。在我們汽車製造業，我們視時間爲人體能量。倘若我們買進超過生產所需的原料，就等同於我們在儲存人體能量——但它的價值將逐漸遞減。

- 「購進比所需數量多一倍的原料，等同於雇用兩人，去做一件只需一人執行即可的職務。雇用兩人做同一份工作是犯法的，不見容於這個社會。

- 「我們公司的生產週期計算，從鐵礦開採到送上火車貨運車廂的汽車製成品，大約**八個小時**，或三天外加九小時，而非過去被我們認爲是破紀錄的十四天。[1]」

本章將繼續深入探討時基競爭者的眞實案例。其中一些企業，之前幾章已介紹過。也有一些新企業將在本章首度登場亮

相。不過，本章討論重心將放在財務面。具體而言，我們將從稅前收入（pretax income）、自由現金流量（free cash flow），以及淨資產生產率（net asset productivity）等指標，來衡量時基競爭將對企業產生哪些特定財務效應。

首先要探討的第一組企業，其實就是第一代時基競爭者。這批以 1970 年代日本製造大廠為代表的第一代時基競爭者，它們均認同亨利‧福特的理念，並身體力行。1970 年代中期，受到第一波石油價格飛漲的打擊，日本經濟陷入嚴重衰退的困境。許多日本公司開始嘗到虧損滋味。但也有一些日本公司得益於重新設計流線型生產流程，依然能夠在市場上稱霸。豐田汽車公司便是其中一個最著名的例子。

過去 20 年來，豐田一直持續大量投資，成功發展出一套獨特的豐田式生產系統。豐田式生產系統是第一個由大型工業公司將彈性製造應用於全公司的案例。豐田式生產系統的基本策略為：將每次排定製造及裝配的數量，限制在傳統批次的十二分之一到八分之一之間。透過這套生產系統，豐田突破了傳統競爭桎梏，而開始占有顯著的生產率優勢。豐田式生產系統的發明人曾公開宣稱，新生產系統的構想，實源於他從亨利‧福特的經營理念，以及福特汽車在紅河廠區（River Rouge）的生產實務，得到了啟發，而發展出現今豐田工廠的面貌。

發展迄今，豐田式生產系統讓豐田面對西方競爭者時，終於能享有很大的營運優勢。1970 年代末期，某西方汽車製造商列了一張工廠生產力比較表。如【表 5-1】所示，豐田締造了優於西方競爭者 200%，到幾乎 500% 的生產力優勢！

處於經濟衰退最低潮的 1976 年，許多日本公司開始承認，豐田式生產系統才是振衰起敝的良方，於是紛紛群起仿效豐田，

創建類似的生產系統，甚至追求更高的彈性。如【表 5-2】所示，某些日本公司確實達成了驚人的成績，在四到五年期間，讓淨資產生產力翻了一倍。

【表 5-1】豐田式生產系統的優勢

	豐田堤工廠 （Tsutsumi，位於愛知縣）	西方 A 公司	西方 B 公司
員工	1,800	3,400	5,000
汽車日產量	1,800	1,140	816
每員工產出	1.00	0,34	0.16

【表 5-2】績效改善摘要（5 年內）

公司	產品	工廠勞動 生產率	淨資產 生產力	產品線 多樣化
野馬	柴油引擎	1.9×	2.0×	3.7×
日立	冷凍設備	1.8	1.7	1.3
小松 （Komatsu）	營建設備	1.8	1.7	1.3
東洋工業 （Toyo Kogyo）	汽車、卡車	2.4	1.5	1.6
五十鈴 （Isuzu）	汽車、卡車	2.5	1.5	不適用
自動車機器公司 （Jidosha Kiki）	制動系統等	1.9	不適用	不適用
簡單平均		2.0	1.8	2.1

　　身為日本農業機械產品領導廠商的野馬公司，是豐田的早期「信徒」之一。處於 1976 年經濟衰退期的野馬公司深知，如果管理階層再不痛下決心，導入適切的改善方案，該公司極有可能連

本業都將轉盈為虧。豐田決定借調一批工程師給野馬，指導該公司進行實際改善業務。豐田表現得如此慷慨，一方面可能因為野馬是豐田的外包廠商，另一方面，豐田可能不想看到過去賺錢的日本企業就此走下坡。

豐田借調整組工程師給野馬，幫助該公司徹底改變製造策略。結果豐田與野馬工程師們攜手合作，在五年內，以豐田式生產系統為師承對象，發展出一套名為野馬式生產系統（Yanmar Production System，YPS）的獨特製造模式。YPS 正式運作後，成效極為驚人。所有員工的生產力提升了 90%，產品品質也提升了 50%。令人驚訝的是，野馬做出上述改善績效的同時，居然也擴充 3.7 倍的產品線種類。當然，野馬也必須承認，這些新增的產品線種類，有很大一部分來自進口市場，包括迪爾公司（Deere & Company）等，知名的自有品牌（private-label）在內的公司產品。

大約從 1978 年起，第三家日本製造商也就是日立，開始創建一套師法豐田的生產系統，名為日立最低存貨最低標準時間系統（Hitachi minimum-stock-minimum-standard time system，Hitachi MST system）的生產系統，適用於日立所有製造工廠。結果日立的這套生產系統，同樣也大幅提升了相關績效－勞動生產率提高了 80%，淨資產生產力提高了 70%（歐美企業將淨資產定義為總資產減現有負債。日本企業則把淨資產定義為總資產減現有負債，再加短期負債。以日本公司來說，大多數業者均把短期負債視為長期負債，因為這些負債無須於一年內償還）。

專門生產營建設備與柴油引擎的小松，是另一家拿出類似改善績效（包括勞動生產率與淨資產生產力）的日本公司。小松是規模僅次於開拓重工（Caterpillar）的業者。1970 年代中期，小松管理階層投入相當程度努力，讓該公司變得更有彈性，也獲致

非常不錯的績效。

在豐田的前導下，不少日本企業均摸索出一條改進之路，像脫胎換骨似地變成優質企業。馬自達的前身東洋工業，曾經由於1970年代中期的經濟衰退瀕臨破產邊緣。其時，東洋工業推出一款採用轉子引擎（rotary engine）的汽車，希望獲得車主青睞，結果事與願違。東洋工業管理階層決心大力整頓，重新設計流線型營運流程，並導入類似豐田的生產系統，大幅削減成本。結果令人非常滿意：東洋工業的勞動生產率提升了140%，淨資產生產力增加了50%。

單就勞動生產率而言，日本卡車製造商五十鈴的表現甚至優於馬自達。五十鈴的勞動生產率提升了150%，淨資產生產力則提升了50%。身為豐田母集團旗下姊妹公司的五十鈴，其規模僅次於同為卡車製造商的日野汽車（Hino Motors）。受到經濟衰退的打擊，五十鈴也無法置身事外。受到當時惡劣環境所迫，五十鈴必須尋求方法讓組織變得更有彈性。當時，五十鈴的管理階層很快就承認，該公司需要立刻改革的事項非常多。儘管如此，五十鈴投入改革迄今所獲得的績效，著實令人刮目相看。

最後一個要討論的日本公司，叫做自動車機器（Jidosha Kiki）。這家專門生產汽車懸吊系統等零件的公司，也是豐田汽車的供應商之一。1978年，自動車機器公司的在製品週轉率每年已達78次。豐田卻認為，這家附屬事業仍有改進空間，於是參照幫助野馬的做法，也指派了一組工程師到自動車機器駐點，協助該公司改善彈性議題。結果同樣令人稱羨：在製品週轉率激增為每年312次。管理階層承諾，這個數字未來還會更高。

時間壓縮工廠對獲利率的影響

顯然，如果一家公司致力於時間壓縮改善努力，成功地把勞動生產率與淨資產生產力雙雙提高了一倍，那麼這家公司面對原地踏步的同業，顯然占有極大差距的競爭優勢。勞動生產率提升後，意味著成本可以降低，產品價格也可以下降。而淨資產生產力增加後，意味著相較於傳統業者，彈性競爭者可以用較少的資本，就能讓公司更快成長。前述多個日本公司的例子均指出，處於高成長產業，一家擁有彈性優勢的企業，其實無須花太多時間，其營收成長就會把傳統競爭者遠遠拋在身後。

然而，相較於勞動生產率與淨資產生產力的顯著提升，另一個議題似乎更值得我們深入探討，那就是，當彈性公司的生產力大幅提升後，它們居然也能**擴充**產品線的多樣化，從而讓顧客擁有更多選擇。產品多樣化的擴充能力，對促進營收成長的重要性，遠比透過產品降價（受益於勞動生產率與淨資產生產力的提升）刺激銷售來得重要。為什麼呢？價格下跌後，商家還有什麼其他訴求，可以再度吸引顧客持續購買它的產品呢？反之，當產品選擇擴充後，商家便能夠用更具多樣化的產品選擇，一再挑起新話題，刺激顧客再度上門購買。平均而言，彈性競爭者擴充產品線多樣化的能力，比傳統業者高約 30% 至 270%。以小松為例，在短短四年內，小松便從一家僅有數條生產線的製造商（它的經銷商進貨來源，尚需包括小松的競爭品牌，因為小松無法供應經銷商所需的所有種類產品），蛻變為一家全生產線生產者（full-line producer）。與任何一家西方國家主要競爭對手相比，小松的產品多樣化均多出 50%。

一如 1921 年的亨利‧福特（Henry Ford）一樣，時基競爭者

都知道時間對企業經營的重要。時基競爭者了解，如果它們能夠比競爭對手更快提供顧客所需的產品或服務，公司獲利率就會相對提高。時基競爭者的管理階層清楚了解，當公司的反應優於競爭對手時，反而可以持續提高產品售價，而且顧客欣然接受。產品售價提高後，提供產品與服務給顧客的成本以及投入產品開發資源的成本，都將雙雙降低，連帶使得資產生產力也上揚。

持續制定較高產品售價的能力

誠如前幾章提及，時基競爭者深受顧客的喜愛。時基競爭者大受顧客歡迎，一方面是因為時基競爭者的快速反應，對顧客經濟利益有正面助益。另一方面，不管是基於何種主觀理由，許多顧客就是不願意多等一分鐘。因此，時基競爭者所供應的產品或服務，常常能享受高於慢速競爭者的價格溢價。這類價格溢價之範圍，通常從最低 10%，到最高 100% 不等。平均值大約為20%。

降低成本的機會

時基競爭者具備較高的生產力。當價值遞送系統流程所消耗的時間縮短為一半，或更短之後，成本將大幅下降。舉例來說，一張半客製化產品訂單，傳統業者需要 70 個工作天才能交貨，換成時基競爭者，用相同人力，35 個工作天即可完成，那麼，時基競爭者處理每訂單的成本，便是傳統業者的一半。然而實務上，時基競爭者所需的人工小時，甚至比傳統業者的一半還要少。在許多以製造為主的行業，如果價值遞送系統消耗的時間節省 50%至 75%，銷貨成本至少可額外降低 20% 至 25%。如果是人力密集的行業，例如專門處理保險理賠的公司，額外的成本降低幅度

甚至更高，約在 35% 至 50% 之間。

新產品開發的成本效益

在投入新產品開發活動時，時基競爭者也能獲得更大成本效益。時基競爭者投入新產品開發活動的成本生產力（cost productivity），至少比慢速創新者高兩倍；而時基競爭者的時間生產力（time productivity），也比慢速創新者快兩倍多。事實上，第四章已提及，改善後的時間生產力（＝改善前執行特定任務所花時間／改善後執行特定任務所花時間），可能是改善前的二到三倍；而改善後的工程設計時間生產力，可能比改善前的三倍更高。

很少時基競爭者會把從提高成本生產力節省下來的錢，全部反映到公司盈餘上。幾乎所有時基競爭者都會把省下來的錢，用於開發更多新產品與服務。正因爲時基競爭者肯在這方面花錢，因此它們推出新產品的速率，通常比慢速競爭者快三到四倍。

除了能夠經常提供更多新產品或服務給顧客，而具備的基本優勢外，時基競爭者也能夠透過價格策略獲取財務利益。新產品或服務極少需要削價競爭，因爲它們既非過時產物，也未延遲上市。因此，它們通常能享受一段透過價格溢價賺取更多利潤的期間，一直到追隨者導入模仿產品或服務爲止。一般來說，如果特定新產品或服務上市，一開始便熱銷，那麼，推出它們的第一家供應商，通常能攫取極高比例的市場占有率，約爲追隨者的好幾倍。

在電腦工作站產業，昇陽電腦從設計、開發到導入新產品的速度，遠比競爭對手阿波羅電腦快得多。如【表 5-3】所示，這兩家公司的財報表現相去甚遠。昇陽電腦比阿波羅電腦還要晚兩

年進入市場，如今不論規模、營收成長，以及獲利率，均已超越
阿波羅電腦。昇陽電腦靠的就是，新產品開發系統不僅速度快，
也更有彈性。

【表 5-3】昇陽電腦爆冷擊敗競爭對手阿波羅：稅前營業利潤

	阿波羅	昇陽電腦
1988 年營收（M）*	650	1,000
1985 年至 1988 年成長率	2×	9×
稅前營業利潤 （pretext operating profit）（％）	4	12

* M 代表百萬美元營收

衡量時間壓縮的效用

我們可從不同角度衡量時基競爭的利益。淨資產生產力是最
明顯的一個績效指標。

淨資產生產力

時基競爭者運用資產的生產力，遠高於速度較慢的競爭者。
本書先前提及的許多日本公司，這些公司的淨資產生產力或每淨
資產投資之銷貨比（the ratio of sales per net asset investmen）──
平均增加 80%。因此，它們可以用少於以往所需 45% 的現金，仍
能維持和過去相同的業績成長。而且，相較於其他淨資產生產力
表現普通的傳統競爭者，這些日本公司的業績成長速度快 80%。

昇陽電腦與阿波羅電腦之間的競爭，便能充分說明，淨資產
生產力的優勢足以帶來巨大的績效差異。如【**表 5-4**】所示，昇

陽電腦的淨資產週轉速度，約比阿波羅快 16%（按：2.1 減 1.8 得出的結果除以 1.8）。至於稅前淨資產收益率（pretax operating return on net assets），昇陽高達 28%，阿波羅只有 7%。這意味著，在同樣賦稅與資本結構條件下，昇陽能夠以四倍於阿波羅的速度成長。事實上，昇陽已辦到了，而且目前正以此速度繼續前進。

　　1989 年 4 月 12 日，惠普已同意收購阿波羅電腦。《華爾街日報》一則報導描述了這筆提議中的交易。任職國際數據資訊公司的分析師薇琪‧布朗評論道：「這是一個產品壽命週期僅為十二個月，且需錢孔急的企業。阿波羅急需現金挹注，因此答應了惠普伸出援手之提議。」[2] 阿波羅當然需要現金挹注，但更重要的是，該公司需要更快的產品開發週期與價值遞送系統，好幫助它能更有效率地運用所獲得的現金。

【表 5-4】昇陽電腦爆冷擊敗競爭對手阿波羅：稅前淨資產收益率

	阿波羅	昇陽電腦
1988 年營收（百萬美元）	650	1,000
1985 至 1988 成長率	2×	9×
稅前營業利潤（％）	4	12
平均淨資產（百萬美元）	335	475
淨資產週轉率	1.8×	2.1×
稅前淨資產收益率（％）	7	28

　　現在換到另一個競爭舞台，讓我們來看看折扣百貨店的競爭生態演變趨勢。身為業界的時基競爭者，沃爾瑪已逐漸從速度慢的業界領袖身上搶走不少生意。沃爾瑪目前年營收已達 159 億美元，年成長率 37%，已逐漸拉近和業界領袖凱瑪特的差距。凱瑪特的年營收為 256 億美元，成長率僅有 8%。照此趨勢發展，沃

爾瑪將在 1990 年超越凱瑪特，成為市場新領導者。

沃爾瑪可說是一個速度非常快的競爭者。該公司採購專員持續監視銷售資料，根據資料發展趨勢調整訂單產品組合，而且每天都會安排各分店進貨，甚至每天進貨超過一次。沃爾瑪允許所有供應商共用此一資訊網絡，不為別的，沃爾瑪也要求供應商符合該公司對速度與彈性的要求。

沃爾瑪的財報揭露了該公司追求速度的經濟效益。沃爾瑪的存貨週轉率比凱瑪特快約 50%（譯按：一年 5.25 次比一年 3.46 次）。儘管沃爾瑪更早讓供應商兌現應付帳款（沃爾瑪的應付帳款週轉天數為 30 天，凱瑪特為 44 天）但該公司的淨資產週轉率仍然比凱瑪特快約 50%。投入沃爾瑪每一塊錢所締造的銷售額，比投入凱瑪特每一塊錢所締造的銷售額還要高出 50%。

沃爾瑪的平均存貨稅前息前利潤（earnings pre interest/pretax，EBIT）為 51%、凱瑪特為 28%。而沃爾瑪的淨資產稅前息前利潤為 35%、凱瑪特為 19%。

【表 5-5】列出時基競爭者與非時基競爭者的財務績效差異摘要。

很明顯地，時間壓縮有助於公司提升營收成長與投資報酬率。人們接下來可能會問，多快才能看到財務利益？下一節內容，我們將要探討三家蛻變為時基競爭者的家具製造業者，在財報中出現何種改進成果。最顯著的重點包括：第一，儘管這些公司才剛開始在價值遞送系統嘗試壓縮時間，就已經大有斬獲；其次，由於其他產業已累積夠多關於壓縮時間的技術與資料，而且它們已成為公共財，因此，只要這三家家具製造商持續導入時間效率改進作業，長期下來，時間壓縮帶來的利益指日可待。

【表 5-5】時基競爭者的典型財務優勢：損益表、資產負債表

損益表

- 定價比市價高 10% 至 100%
- 製造與服務成本降低 10% 至 20%
- 產品及服務開發成本少 30% 至 50% [*]

資產負債表

- 存貨週轉率高 2 至 4 倍
- 銷貨對廠房設備投資比率（sales-to-plant-and-equipment ratio）約高 50%
- 淨資產週轉率約高 2 倍

---

[*] 這些公司幾乎不曾減少對開發的投資。大多數時基競爭者都利用更多新產品當成競爭武器。

預測潛力

　　光規畫一套時基競爭策略，進而推測新策略可能帶來哪些財務利益，就是一個可振奮人心的過程了——在一個充斥著乏善可陳的競爭者的行業，尤其適用。某個行業的參與商家，或多或少都曾經給我們一種真是受夠了的感覺，那就是家具產業。家具業給人們的不良印象，包括漫長的前置時間，與不可靠的交貨時程，在在顯示，此一產業有極大的發展空間，可供業者尋求締造時基優勢的機會。

　　為避免出現缺貨窘境，傳統家具零售商通常會採大量進貨做法。但這樣做的風險也很大。如果某些品項滯銷，業者勢須打折出清存貨。於是，業者會權衡輕重，到底缺貨風險大（顧客轉而到其他店家購買所需商品），還是滯銷風險大。當然，如果供應商出了一種非常受歡迎的平價款式，家具零售商通常願意承擔大量進貨的風險，因為這類商品的存貨風險很低。但如果是非常時

髦、銷售速度較慢的高價位產品，例如客製化的高檔貨，其存貨
風險則相對較高。因此，零售商倉庫裡很少備這類產品的貨。每
次當有利可圖的優質顧客上門時，零售商只能連聲說抱歉，同時
揭露家具產業「傳奇」送貨實務的殘酷真相。

　　許多挫折感很重的零售商都很清楚，如果它們擁有快速可靠
的供應商，公司業績與獲利率一定能雙雙提升。零售商理想中的
既快速、又可信賴的供應商終於出現了。你可以想像，它們是以
何種興奮的心情迎接這一天的來臨：

- 新局面對公司銷貨產生巨大的影響。最先做到這一步的業
  者，將完全輾壓競爭對手。——芝加哥的考比（Colby's）
- 新做法將帶來可觀的價值。如果製造商讓我更容易做生
  意，我一定會向它進更多的貨。——華盛頓州的梅西百貨
  （Macy's）
- 我們預期家具產品銷量成長需求來自嬰兒潮（baby
  boomers）。這些人都習慣快一點把事情做完。——芝加哥
  的考比
- 持續且快速的進出貨處理流程，可能會讓銷售團隊做得愈
  來愈上癮。——芝加哥的馬歇爾菲爾德百貨公司（Marshall
  Field）
- 業務人員當然喜歡很快領到銷售佣金。——芝加哥的基特
  爾家具（Kittles）

　　毫無疑問地，一個出貨速度快且可靠的供應商，當然有助於
從多個角度改善零售商的經濟利益。首先，這類供應商可降低零
售商的存貨風險，因為零售商可以在比較接近潛在銷售機會的時

機下訂單。其次，零售商能夠更正確的預測需求。

快速供應商也能改善零售商現金流量的流速。顧客看中意特定家具商品，通常會預付 20% 到 50% 的訂金。等到顧客從貨運業者收到貨品後，顧客才會支付尾款。當訂單與收據之間的時間縮短後，零售商的現金流量速度自然加快。過去，在美國，家具零售商以每年 2.7 次的速度週轉存貨，以每年 5.8 次的速度週轉營運資金（working capital）。這意味著大量寶貴的現金卡在存貨中，也卡在用於支付存放貨品的昂貴倉儲租金上。

一如預期，少數幾家快速供應商掌握了大好機會，在家具產業大展宏圖。史丹利（Stanley）、諾沃克（Norwalk）及托馬斯維爾（Thomasville）這三家業者，有志一同地推出「快運」（quick ship）專案，讓家具零售商儘早收到訂單商品。年營收 1 億 6000 萬美元的史丹利家具公司，為一家全產品線製造商，生產家具產品包括起居室家具、臥室家具，以及配套家具。最近，史丹利管理階層訂定了一個 30 天交貨的運送目標。過去，傳統家具供應商交貨時間長達 90 至 120 天。

年營收 6000 萬美元的諾沃克家具公司，為一家專門生產中價位座椅軟墊產品的製造商。除了給予零售商 30 天交貨及 98% 可靠度之承諾外，諾沃克更提供多樣化選擇——約 400 種款式及 800 種織物選項。

至於年營收約 3 億 1500 萬美元的托馬斯維爾家具，則是一家全產品線箱裝貨（case goods）製造商。1985 年，托馬斯維爾管理階層籌畫了一個快運專案。根據該專案，如果零售商所需之庫存量單位（stock keeping unit，SKU，或譯為存貨單位、單品項）缺貨，托馬斯維爾將在 30 天內補齊所缺品項。零售商的反應非常正面：零售商願意多支付 10% 價格，以求儘快補齊缺貨。

　　如【表 5-6】所示，截至目前爲止，這三家公司的經營績效，已把同行遠遠拋在身後。這三家快運競爭者的年營收成長率，比業界平均值約快 5 倍；稅前銷售利潤率（pretax return on sales）比業界平均值高 3 到 4 倍；稅前淨資產報酬率比業界平均值高 2 至 3 倍。總的來說，處在一個成長緩慢、利潤微薄的行業，這些快運競爭者不僅能夠快速成長，且享受豐碩的利潤。

　　唯一不夠亮麗的財報指標，就是這三家快運競爭者的淨資產週轉率，和業界平均值差不多。這是可以理解的，因爲這三家公司所處的改革過程——追求成爲時基競爭者——時點，多半還是在把主要力氣放在藉著增加更多庫存量（inventory level）以縮短價値遞送時間上，而少從根本改變營運結構。舉例來說，由於美國織物產業的前置時間，甚至比家具業還要長，因此，諾沃克必須大量購進織物品項存放於倉庫，以滿足該公司對零售商許下的運輸承諾。爲達成 30 天內交貨承諾的托馬斯維爾，倉庫內 80% 的 SKU 都是製成品。此時，史丹利似乎是三家公司中，唯一對

【表 5-6】快運競爭者的績效遠勝產業平均績效（5 年期間）

公司	實質銷貨成長（%）	稅前營業利潤率（%）	稅前淨資產獲利率（%）	淨資產週轉率
史丹利	9.5	8.2	15.6	1.9×
諾沃克	21.7	7.2	23.4	3.3×
托馬斯維爾	12.3	10.3	21.6	2.1×
快運競爭者平均值	14.5	8.6	23.5	2.4×
產業平均值				
座椅軟墊	2.7	2.4	9.3	2.4×
箱裝貨	2.7	2.1	8.0	2.4×

營運時間消耗主動出擊的競爭者。儘管史丹利的存貨水準仍高，其管理階層正改變該公司的營運哲學。史丹利已將木材輪伐期（cutting rotation）——從某個 SKU 最後製造時間到該 SKU 被安排出貨時間——從 90 天縮短為 30 至 60 天。

這三家快運競爭者讓我們學到：市場及零售商對供應商的反應非常敏感。面對高反應的供應商，零售商則以較高進貨價格為回報，而且讓供應商的業績快速成長，遠超過產業固有的成長率。當這些快運競爭者決定改變原有營運哲學，不再用提高庫存量來加快出貨速度，而是讓價值遞送系統每個環節占用的時間減至最低。果真如此，它們將實現更多經濟利益。

經由【圖 5-1】的圖解分析，我們可以清楚了解，在家具製造商的價值遞送系統中，哪些環節最有機會做進一步的時間壓縮。和貨品運送及訂單處理時間相比，製程本身占用的時間——箱裝貨為 1 週，座椅軟墊為 1 到 3 週——其實很有限。換另一種說法，可能讓我們更清楚了解事情真相。當業者在製造工廠完成

【圖 5-1】家具業流程分析：多數時間都化在取得物料及排程
在價值遞送系統中的相同步驟也會造成差異

步驟	零售商訂單處理	製造訂單處理	製造	出貨至零售商	出貨給顧客	合計
時間（週）	1	5	4	1	2	13
描述	顧客訂購、零售商查詢倉庫存貨、向製造商下訂單	安排訂單生產日期、訂購物料	等候物料、生產時間： •座椅軟墊一到三星期 •箱裝貨一星期	貨品運送至零售商倉庫	準備品項、安排送貨	

某件產品的生產作業後，該產品便需等候出貨。然而，該產品僅在全部流程不及 5% 的時間內獲得附加價值，其他時間，該產品都在等候進入下一個處理步驟。因此，顧客被迫等候簽收訂單商品進貨的那 13 週時間，其中大部分時間都被所謂的「人力工廠」（people factory）占用掉了。訂單處理及物料取得便占用了 6 週；運輸及準備工作又占用了 3 週。

事實上，業者大可從許多管道取得所需技術，用於減少價值遞送系統占用的時間。這些技術已發展得相當成熟：

- 傳真機與電子資料傳輸技術，可加速系統各環節之間的資訊流通
- 採用流線化，如果合適，導入電腦化訂單輸入系統，可以減少讓訂單輸入製造系統所需的時間
- 讓採購進度和電子資訊網路同步，有助於供應商和製造商更緊密的連繫
- 諸如美利肯等快運競爭者，可以在一週內將織物產品送到顧客處
- 彈性工廠技術，包括流線化生產流量及快速設置設備，均可減少工廠內的時間消耗
- 結合新物料的模組化產品設計，例如比一般特殊木框更容易組合為成品的結構塑料（structural plastics）
- 直接運送「組裝」產品至顧客處，避免送到零售商，再由零售商送到顧客處，重複處理而浪費時間

除了可汲取其他產業的成功經驗外，上述諸多可用於減少價值遞送系統占用時間的技術，亦可為業者帶來可觀經濟效益。具

體而言，前述的家具製造商，已成功地將價值遞送過程中，零售商這個環節所占用的時間從 4 週縮短為 1 週，在工廠製程環節所占用的時間從 9 週縮短為 3 週，同時將整體價值遞送時間從 13 週縮短為 4 週。

　　在價值遞送時間被壓縮後，家具製造商的經濟效益立刻顯現出來。一家高價位座椅軟墊製造商的典型成本與資產結構，如【表 5-7】、【表 5-8】所示。當該製造商減少時間的消耗後，該公

【表 5-7】一家高價位座椅軟墊製造商的典型損益表結構（以營收為指數）

營業收入		100.00
銷貨成本		
原物料	33.0	73.55
直接人工	26.0	
工廠間接費成本	14.5	
毛利率		26.5
間接成本（below-the-line expenses）[1]		20.0
稅前收入		6.5
稅[2]		2.2
淨利（net income）		4.3

① 包括一般管理及銷售及行銷成本
② 平均產業稅率

【表 5-8】一家高價位座椅軟墊製造商的典型損益平衡表（占營收百分比）

營運資金（working capital）	12.0
廠房及設備	33.3
淨資產合計	45.3
銷貨占淨資產比率	2.2×

司的經濟效益約可歸納如下：

- 原物料成本可能增加 15%，以降低供應商因彈性不足，或無法增加彈性所造成的影響
- 當生產程序流線化，以及木材輪伐期改善後，在製品存貨將至少下降 40%，直接人工成本下降 30%，工廠間接費成本也將下降 20%
- 投入廠房及設備的資本支出將相對增加，足以支應五年汰換期所需資金
- 產量翻倍後，間接成本（經常費用）將呈現 80% 的比例坡度發展（80% 的比例坡度意味著銷售量每增加一倍，每單位成本將隨之下降 80%）
- 製造商出貨給零售商的價格可提高 10%，以反映製造商將出貨時間從九週縮短爲三週之價值
- 快運競爭者的營收成長，從過去業界平均值 3% 之水準，增加到 15%

當然，家具供應商想要立刻看到改善成果是不可能的。接下來的幾章，我們將深入探討，蛻變爲時基競爭者是一條漫長艱辛的過程。但爲方便本案例之討論，我們假設三年內可看到改善成果。一般來說，三年時間足夠讓大多數公司脫胎換骨。當然，一些組織結構非常龐大且複雜的企業，可能需要更長時間。因此，在改革進行的三年期間，公司將逐漸取得開出價格溢價的資格；營收也會漸漸成長，三年後可達 15%。三年後，家具公司的勞動生產率將提高 30%；間接費成本生產率（overhead productivity）將提高 20%；在製品存貨將降低 40%。

　　【表 5-9】為一家虛構公司轉型為時基競爭者後，該公司財務方面受到的影響，包括營收增加 2.2 倍，稅前利潤約增加近 9 倍，自由現金流（free cash flow）是過去的 3 倍以上，稅前淨資產報酬率從 14% 增為將近 60%。獲利指標中唯一未看到改進的項目，就是淨資產週轉率。然而，這是可以理解的，因為家具製造商過去最被零售商詬病的，就是做為供應商的家具製造商，不僅前置時間太長，且供應品質不可靠。為改善這些缺點，製造商必須大量投資原物料存貨，導致淨資產週轉率無法提高。

　　儘管【表 5-9】中所列這家公司之財務表現，似乎好得令人不敢置信，但到了真實世界，時基競爭者的成就仍然有其限制。昇陽電腦的財務績效超過【表 5-9】這家公司，但沃爾瑪的實際績效卻沒有這家公司表現得那麼亮麗。

　　如【表 5-10】所示，時基競爭者在獲利率方面的卓越表現，可歸功於數個來源。具體言之，強化的價格實現能力，以及營運模式改善後之效用，對於時基競爭者的獲利率提升，各貢獻了 35%。另外，因著營收獲得成長，間接成本占銷貨百分比相對降低，此部分對獲利率提升的貢獻度為 15%。總體而言，轉型為時基競爭者所帶來的好處，對一家公司稅前利潤提升的貢獻度為 85% 以上。想要對一家革新後的公司估值絕非易事。因為到最後，革新後的公司市值，仍然得由市場來決定。而且，革新後的公司市值之增值部分，是有其限制的。請看以下例子：

- 假設無負債，公司財報所顯示之價值，從 1300 萬美元增為 2600 萬美元，共增加了 1300 萬美元。
- 自由現金流增加 15% 的估值為，從 1300 萬美元增為 4600 萬美元，共增加了 3300 萬美元。

【表 5-9】財報分析：導入時基競爭方案交出亮眼成績（以一家年營收 3000 萬美元家具製造商為例）

	第 0 年		第 1 年		第 2 年		第 3 年		第 4 年		第 5 年	
	百萬美元	%	百萬美元	%	百萬美元	%	百萬美元	%	百萬美元	%	百萬美元	%
營業收入	30.00	100.0	35.65	100.0	42.32	100.0	50.19	100.0	57.72	100.0	66.37	100.0
原物料	9.90	33.0	11.39	31.9	13.09	30.9	15.06	30.0	17.32	30.0	19.91	30.0
直接人工	7.80	26.0	8.07	22.6	8.25	19.5	8.30	16.5	9.55	16.5	10.98	16.5
工廠	4.35	14.5	4.67	13.1	4.99	11.8	5.29	10.5	6.09	10.5	7.00	10.5
銷貨成本	22.05	73.5	24.13	67.7	26.33	62.2	28.65	57.1	32.95	57.1	37.89	57.1
毛利率	7.95	26.5	11.52	32.3	15.99	37.8	21.54	42.9	24.77	42.9	28.48	42.9
間接成本	6.00	20.0	6.85	19.2	7.81	18.4	8.90	17.7	9.90	17.2	11.02	16.6
稅前收入	1.95	6.5	4.68	13.1	8.18	19.3	12.64	25.2	14.86	25.8	17.46	26.3
營業稅	0.66	2.2	1.59	4.5	2.78	6.6	4.3	8.6	5.05	8.8	5.94	8.9
淨利	1.29	4.3	3.09	8.7	5.40	12.8	8.34	16.6	9.81	17.0	11.52	17.4
折舊	—		1.00		1.18		1.41		1.62		1.86	
自由現金流	—		4.09		6.58		10.75		11.43		13.38	
營運資金增減	—		−0.68		−0.80		−0.94		−0.90		−1.06	
製成品增減	—		−0.03		−0.01		0.03		−0.17		−0.19	
原物料存貨增減	—		−0.51		−0.62		−0.76		−0.59		−0.68	
資本支出	—		−2.76		−3.27		−3.87		−3.99		−4.59	
淨現金流量	—		0.10		1.89		4.21		5.78		6.88	
現金流量淨現值												
營運資金	3.6		4.3		5.1		6.0		6.9		8.0	
廠房設備	10.0		11.8		13.9		16.3		18.7		21.5	
總淨資產	13.6		16.1		19.0		22.4		25.6		29.4	
銷貨／淨資產	2.2		2.2		2.2		2.2		2.3		2.3	
稅前淨資產報酬率	14.3		29.1		43.1		56.5		58.0		59.4	

- 稅前收入增加五倍之估值為，從約 1000 萬美元增為 8700 萬美元，共增加了 7700 萬美元。
- 管理階層當然也可以運用財務槓桿工具，或許能獲致類似財務績效，但承擔風險也不小。

【表 5-10】對提升獲利率有貢獻度的因子
貢獻度占獲利率總增幅之百分比

時基競爭相關改善	
價格溢價	39
直接人工減幅	34
工廠間接費成本減幅	13
小計	86
營收成長相關改善	
間接成本節省	14
總計	100

時基競爭對員工的影響

採用傳統降低成本技術所獲致的財務績效，無法和透過時基競爭手段所獲致的財務績效相提並論的。後者所獲致的財務改進績效，將遠超過一家公司採用以下方法來降低成本的改善效果：

- 透過勞資談判或改到海外設廠生產，以降低直接人工成本
- 藉由刪減管理層級和（或）縮減產品線與服務種類，從而降低間接費成本
- 設立「無人」工廠，讓直接人工成本消失
- 取得超級大的規模經濟

惟有將公司轉型爲時基競爭者，才有可能達成前述之財務改善績效水準。管理階層必須搶在競爭對手之前完成轉型。昇陽電腦與阿波羅電腦的商場對壘歷程，已清楚說明搶先行動的重要。

就一家公司轉型爲時基競爭者所獲得的報酬而言，和獲得利潤改善同樣重要的另一件事相比，雖然後者是無形的，或許這件事更加重要。

那就是，公司實現了讓所有人都希望自己是贏家的夢想。當一家公司的營收成長與其他財務指標開始往上衝的時候，無異於昭告世人及其員工，該公司是贏家。

試想，當沃爾瑪的員工閱讀公司年報與媒體報導，關於該公司的財務績效如何、如何亮眼時，他們的心裡有多麼地驕傲。很少有比讓員工從公開印刷物中看見自家公司的成就，更激勵人心的事情了。

時基競爭者的商場對手常因爲趕不上時基競爭者的腳步，在營收成長與獲利率的成績均無法與時基競爭者匹敵，而備感挫折。

事實上，它們對自己落後於時基競爭者的競爭因素，可能有所誤判。富美佳原本是裝飾用美耐板的市場領導者，滑升門公司原本也是市場領導者，結果雙雙被時基競爭者拉下龍頭寶座。兩家公司對失去領導者地位的說法均類似。兩家公司均宣稱，它們所處的產業受割喉競爭——業者不懂得如何賺錢——的影響，所以利潤非常微薄。它們說對了兩點。第一，它們所處的產業確實在作割喉競爭。第二，被割喉的業者是這兩家公司。譬如富美佳的競爭對手拉夫威爾森塑膠廠，投資報酬率就非常高。亞斯滑升門公司的投資報酬率也不差。對於那些不了解領先競爭者所採策略與新練就能力的業者，富美佳與滑升門公司的下場，就是最典

型的案例。

　　管理階層不僅應從提高投資報酬率的角度，來看待時基競爭，也應從讓員工感覺自己是贏家的角度，來看待時基競爭。

第六章

從時間角度重新設計組織

　　時基競爭公司與傳統公司的最大區別為何？首先，公司必須先回答二個簡單問題。我們公司的顧客希望得到何種待遞送物品（deliverables）？其次，我們公司內部哪些組織與工作程序，與提供這些待遞送物品有最直接的關連？管理階層將根據這二個問題的答案，重新設計營運模式，並訂定相對應的對策。

　　從任何角度看，這麼做聽起來似乎是相當常見的方法。贏得顧客芳心是所有企業的經營目的。而尋求最佳方法讓顧客獲得所需產品或服務，似乎也是設計組織結構的正確起跑點。但實務上，不同競爭者的績效相去甚遠，全在於不同業者對於採用何種經營模式，才能讓顧客獲得滿足這件事的了解，實有南轅北轍的差別。許多企業並沒有很認真地去檢視，為獲得所需產品或服務，顧客為何要支付現有的價格水準，也沒有很認真地去檢視，公司應如何更直接、更有效率地去供應這些產品或服務。惟有確切了解顧客真正重視哪些價值，並據以打造一個能充分滿足顧客所需之組織結構，這家公司才能稱得上是真正的時基競爭者。

　　某航太設備製造商很驚訝地發現，該公司並未用很有效率的方式提供顧客所需價值。該航太設備製造商的客戶，包括波音、麥克唐納－道格拉斯（McDonnell-Douglas；簡稱麥道〔MD〕），以及其他多家飛機製造商，經營成績一向很不錯。該公司擁有很

高的獲利率與營收成長，所生產的產品頗受業界好評，員工素質也很高。該公司主管想的全是產品名稱與型號，全是各個開發專案。在該公司日常營運中，專案主管提出所需資源的申請，管理階層便設法滿足他們。在某次預算編列會議中，幾位資深主管發現，各部門提出各式各樣的申請，包括申請雇用更多工程師、更多合同事務官，以及申購更多測試設備等──都是要用於處理已拖延甚久之積壓待配訂貨，以及冗長之前置時間──數量之多，令人吃驚。公司營運成績頗佳，管理階層仔細分析所接獲的預算編列申請，卻發現這類申請逐年增加，而且是全面、跨部門地增加。

這家航太設備公司的預算，完全以開發專案所需做為編列基礎。只要達成績效目標，專案主管提出任何需求，高層主管幾乎從未打過回票。過去，負責審核預算的共有二位資深主管。但有了最近一次預算審核會議的經驗，這二位資深主管決定重新檢視公司現行做法，以深入了解公司到底為顧客做了哪些事情，同時他們也很想知道，所有額外的資源到底用於何處。他們問了第一個簡單問題：顧客希望得到何種待遞送物品？結果發現，該公司執行所有耗時甚長的多階段開發專案，如果依照專案之關鍵里程碑（key milestone）及產出做區分，即可讓主管明瞭，顧客支付的費用到底用到哪些地方。根據此一分析，該公司終於知道顧客真正想要的四件事：

1. 提出已訂定完整性能規範的新專案企畫書
2. 提出驗證過的設計概念，涵蓋圖說、原型及現場測試結果
3. 提出實體產品，包括原始版本及備用品
4. 提出產品改良的完整文件檔案

二位資深主管決定進一步探討公司現行實務，以了解該公司如何處理上述四件事。該公司是一種既有一般功能部門，同時也

設立專案之矩陣式組織。二位資深主管花了很長時間，才掌握了每個待遞送物品之移動路徑。我們以【表6-1】為例，摘要說明該公司如何製作一份中等規模的企畫書。很明顯地，此一摘要說明引發了另一個重要問題。如果製作一份企畫書僅需要35人，用七天時間便可完成顧客所需之附加價值，那麼，為什麼實際的作業過程，卻需要讓企畫書走16個跨功能經手程序，簽署25次，在11個位於不同地理位置的辦公處所移動，總共要耗費91天，才能讓企畫書出門呢？眾多當事人當然有很好的解釋。例如，撰寫製作企畫書的人需要向一些非常專業的人請教相關意見，偏偏這些專家每天行程都排得很緊湊。其次，該公司歷經數次購併，辦公處所分散各地，導致人員之間的溝通非常花時間。最後，文件簽署也有助於確保技術品質維持一致，同時可有效控制預算額度。總之，大家都很忙碌，一份企畫書走完全程，的確需要花很多時間。

　　二位資深主管接著問第二個簡單問題：「我們公司內部哪些組織與工作程序，與製作企畫書有最直接關連？」經過一段時間思考，他們認為應嘗試不同方法來製作企畫書。他們體認到，想要加快企畫書製作流程，最直接且最省時的方法，就是召集一批相關人員成立一個專案組織來執行，而非讓原有矩陣式組織承擔該任務。原因很簡單，原有矩陣式組織並不適合此類任務之執行。接下來又引發幾個不易回答的問題：如果該公司真的要成立任務專一的組織，此一組織能符合成本效益原則嗎？此一專案組織能吸納所需技術與商業技能，確保製作出優質企畫書，而且一旦公司得標，可以讓公司獲利嗎？再者，該公司難道不需要去習得新技能，以分派職責、訓練人員、處理資訊，乃至於控制預算嗎？

　　仔細思考過上述問題並嘗試回答後，二位資深主管開始在這

家航太設備公司推動變革。該公司高層主管開始有如此認知：讓一份優質企畫書出籠，實意味著「在最短時間內提供最佳技術價值」。[1] 該公司並以此爲開端，用同樣角度去逐一檢視其他三個待遞送物品的工作流程。例如，該公司便重新思考，提出驗證過之設計概念的工作流程，進而改良長久以來的工程設計實務，讓來自不同專業背景的工程師能更密切地攜手合作。原型測試工作也提前進行，迫使管理階層提早察覺與設計有關的各種議題。該公司引進新方法訓練及考核測試人員。總之，一旦公司高層訂下儘量縮短週期時間之目標，那麼，提出驗證過之設計概念的每個環節，都須設法盡力達成。經過眾人齊心努力，如今企畫書製作時間已縮短了一半。六份企畫書當中，只有一份企畫書進度落後——過去三份中就有一份進度落後。前置時間每季都有改善。更重要的是，企畫書得標百分比上升。

該公司的新做法已改爲，先決定公司的銷售標的爲何，然後設計出流線化的營運模式及實務，從而促進生產流程。過去，該

【表 6-1】製作一份典型企畫書所需投入的資源

涉及部門		12
參與人員		35
在不同部門之間來回移動		9
簽署		25
功能	18	
主管	7	
跨功能經手		16
不同地理位置間之移動		11
公司內部耗費天數		91
附加價值工作日數		7

公司管理階層必須花費大量時間精力，在現有矩陣式組織內推動專案及產品。如今，管理階層專注於四個特定的、有形的待遞送物品（也就是前文提及顧客眞正想要的四件事），並根據這些待遞送物品之所需，重新設計營運模式，制定相關政策。這正是時基競爭者致力於達成的目標——設計並建立一套價值遞送系統，供應顧客眞正需要的產品或服務。從顧客角度來說，他們期待在更短前置時間內，獲得多樣化的產品或服務。因此，時基競爭者必須同時具備彈性與快速之條件。此一任務極爲困難，而且外在環境變化莫測，時基競爭者隨時努力，絕不敢有絲毫鬆懈。

　　想要知道一家公司是否具備時基競爭者的特色，不妨試著從以下三個標題深入檢視：

- 如何安排工作組織
- 如何創造及分享資訊
- 如何衡量績效

工作流程如何安排

　　時基競爭者和傳統競爭者的最大差異之一，便是對工作流程的安排（【表 6-2】）。時基競爭者或快速週期（fast-cycle）競爭者的員工，視自己爲特定整合系統的一個環節。這個整合系統鏈接了，持續提供產品或服務給顧客的作業鏈與決策點。身爲時基競爭公司的員工，每個人都很清楚了解本身工作和組織其他人員，乃至於和顧客的關係。他們清楚知道，工作流程該如何運行，該使用多少時間。他們也知道，某些與即時價值遞送過程沒有直接關連的工作，可以採取離線（off-line）方式進行，就不會拖累價值遞送時間。

【表 6-2】 比一比！傳統 vs. 時基競爭：如何安排工作流程

傳統公司	時基競爭公司
• 逐一改進各個功能績效	• 管理重心放在整個系統及其主要工作順序
• 在部門內及批量內執行工作	• 產生持續不斷的工作流
• 透過消除瓶頸加速工作進行	• 改變上游實務以減輕下游壓力
• 為降低成本不惜投入更多資金	• 為縮短時間不惜投入更多資金

　　在小公司服務的員工，早已習慣用時基競爭者的方式思考。這些員工比較容易專注於創造價值，因為幾乎所有人都在一起工作，或直接接觸實體產品、直接與顧客面對面互動。從公司政策、操作步驟、工作實務，到負責執行工作的員工，都與如何讓產品快速出門有直接的關係，也都很容易看到，一有狀況就迅速處理。

　　然而，小公司終究會逐漸成長茁壯。公司規模逐漸變大後，原先員工擁有的那種類系統的附加價值程序天性，也就自然而然地被掩蓋住，甚至連顧客也被掩蓋住了。當各個功能（例如產品工程、顧客信用審核、運輸等）專注於本身需要時，人與人、功能與功能之間的距離，也會變得愈來愈遠。當小公司變成大企業後，支援作業倍增，新聘請的各種專家愈來愈多，書面報告取代面對面的溝通。規模愈大的組織，不用太久時間，其成員就已很難清楚看到實體產品，也很難辨認價值遞送系統的關鍵環節。過去在小公司任職時，所有人都像是在一個鏈接的系統順暢地執行任務。如今公司規模日益龐大，似乎已變成一個由許多不同選區選民組成之結構，各區選民重視的利益彼此衝突、糾纏不清，一再加深顧客的挫折感。

　　快速週期公司（尤其是規模龐大者）必須體認上述危險，並

竭盡全力避免發生類似現象。管理階層必須一再強化全體成員對時間的認知:「時間是如何被占用的?為何用此種方式占用?在哪些環節被占用?」管理階層必須用單純易懂的方式讓所有員工理解,公司的主要營運流(main flow of operations)從頭到尾是怎麼進行的。管理階層不僅必須不惜投入重金,以建立全體員工對營運流程的共識,也要安排相關教育訓練課程,讓全體員工徹底認識時基競爭。藉由突顯功能與功能之間的主要界面(interface,或譯為介面),這類教育訓練課程讓員工了解,這些界面如何影響工作流(flow of work)的運作。不僅如此,員工也能深刻體認到,施行於公司某個領域的特定政策與工作步驟,將影響公司其他領域的工作。最後,也是最重要的就是,當管理階層不斷地強化全體成員對時間的認知,爾後遇到需要設計作業程序時,員工便會很自然地從系統化角度進行。

　　我們用麥當勞(McDonald's)的案例,來說明在小規模時間基礎作業結構下,工作是如何進行的。在麥當勞,每一位員工都能清楚看到整個作業流程,甚至看得到顧客。全套工作流是可視的,員工必須經常做職務輪調。經理級人員常和員工溝通作業流程的原則。

　　大型企業要讓作業流程做得如此一目了然,絕非易事。例如,本章稍早討論過的那家航太設備公司,便邀集所有工程師共同參與附加價值程序之設計任務。這些工程師必須針對業經核准之設計觀念開發任務,追查並描繪出相關作業與決策的全部流程。接著他們以一個工作團隊的身分,和每個部門主管開誠布公地溝通並探討,當開發專案工作進行時,哪些問題可能會造成障礙。最後,該工作團隊將指派少數人,代表該團隊重新設計一套更好的工作流程。

關於如何設計出一套能夠壓縮時間的組織結構，有兩個非常重要的核心觀念值得深入探討。第一個是圍繞著主序列（main sequence）的組織。第二個是工作的連續流（continuous flow）。不論企業規模爲何，不論企業從事何種事業，這兩個核心觀念均爲驅動快速週期之動力因子。

主序列

主序列涵蓋所有能夠即時（real time）爲顧客創造直接附加價值的作業。主序列以外的作業則爲支援作業。支援作業不僅包含爲相關員工做好準備，再由這些員工進一步爲顧客創造附加價值，也包含可在任何時間，以離線方式進行與完成之作業。時基競爭者有本事辨識出可直接創造附加價值的作業，把它們從成千上萬個支援作業中抽離出，並將它們重新組織起來，成爲一個具明確步驟的連貫序列。如此做可完成兩件非常有實用價值的事。首先，非屬主序列的準備工作與離線工作，都被抽離出來。其餘所有必要的、直接的工作，都是用於提供產品或服務給顧客的工作。而這些工作可排列於同一軸線進行，不會浪費任何真實時間。其次，確認主序列後，公司內部，那些可直接創造附加價值的不同領域之間的關鍵鏈結，將被突顯出來。管理階層即可據以制定可加速工作流，甚至提升工作流品質的政策與步驟。

大多數公司並未從附加價值作業的主序列角度經營事業，而是從部門、功能與技能組合（skill set）角度設計組織結構並管控。在這樣的組織結構內，人們無從區分核心附加價值工作與支援工作。過去，爲了有效控制產出，採用這類傳統方法非常有效。然而這種方法對產出的品質與及時程度都十分不利。

美國重型公路卡車製造業便是一個很好的例子，足以說明時

間壓縮對經營績效產生何種程度之影響，以及主序列導向公司如何改變整個產業的過程。過去數十年來，接單定製的重型貨卡車輛產品市場，一直是由通用、福特、麥克貨車（Mack），以及另一家老牌公司萬國收割機（International Harvester）把持。從顧客走進經銷商處，選好產品型式及各項選擇配備，下訂單給製造商，一直到製造商完成產品製造，送到顧客指定地點，通常需費時數個月之久。到了 1980 年代，一家叫做福萊納卡車（Freightliner）的競爭者，藉著把所有力量集中於主序列中的關鍵作業，不僅降低產品成本與售價，更把交貨時間縮短了好幾週。福萊納也因此提高了一倍的市場占有率。還有一家以生產特種車輛爲主的帕卡公司（Paccar），也開始朝加速交貨期程努力。因著交貨時間縮短，也因著推出非常獨特的產品，帕卡的市場占有率快速上升。看來，這兩家公司不僅交貨速度比競爭者快，產品多樣化能力也優於傳統製造商。事實上，許多傳統製造商甚至提供價格誘因，給那些願意**限制**定製化選項的顧客。

　　讓我們來看看福萊納與帕卡這兩家公司，爲何能同時提升速度與產品種類多樣化。【圖 6-1】說明一家貨卡製造商的主要附加價值作業，從顧客初期詢價開始，一直到交貨完成爲止。主序列以粗黑線條所繪之方框表示，並包含惟有由顧客訂單引發（trigger）之作業，亦即，在顧客等待時必須進行之步驟。首先，顧客下訂單後，經銷商必須予以記錄。其次爲安排排程。接下來開始進行客製化工程設計，包括何時安排技術工人（skilled worker，或譯爲熟練工）安裝引擎、輪軸、駕駛室內裝配置、車身外部照明設備等之特殊組合等。物料管理人員負責向供應商下訂單採購外部零組件。至於工廠內部的卡車製造工作，則依預定排程處理完畢。最後，待整台卡車完成組裝，公司隨即安排交運。

　　福萊納與帕卡的主序列費時數週時間，而非數個月之久。主要原因即在於，兩家公司的主序列均把支援作業排除在外。如【圖 6-1】所示，支援作業用細黑線條繪製。支援作業並未穿插在主序列任何兩個步驟中間，且於離線時間完成，因此不會拖累主序列的工作進度。反觀大多數的卡車製造商，並未刻意把支援作業安排於主要作業之外——事實上，它們反而把主要作業和支援作業納入同一個組織單位，常造成主要作業與支援作業，搶奪有限人力與時間資源的現象。傳統製造商讓所有作業都串在同一條時間線（time line）上，自然無法在時間上與人競爭。

　　以福萊納為例，以前顧客信用查核及訂價作業常耽誤到制定生產排程的進度，因為這兩個支援作業均安排於在線（on-line）完成，而非離線。顧客訂單必須等到財務部門提供信用查核意見後，才能進行下一個步驟。如今，制定生產排程及信用查核不僅可以同時進行，而且預先核定的訂價指南，也有助於加速訂價作業。財務部門偶爾確實會延誤顧客訂單的進程。另外，某些易於製造的零件，例如油箱等，已可經由及時存貨（just-in-time inventory）進行製造，而無須根據現有庫存量（held inventories）數量做預測。如今，所有支援作業已在離線時間內協調完畢，且須隨時做好準備，一旦訂單提出需求，這些支援作業便馬上提供主線作業（main in-line activities）所需之服務。主要工作與支援工作雖由不同團隊人員分別進行，但這些團隊所在位置彼此都很近。

　　福萊納在支援系統方面所做的最重要改進，就是透過預製（pre-engineering）方式，來應付各式各樣的多樣化卡車組合。在改為生產流線化之前，卡車裝配廠接獲顧客訂單後，通常發現，大多數訂單都需要客製化設計與製造。某些訂單的客製化百分比高，某些訂單的客製化百分比低，造成在線工作流呈起伏不定的

波浪。爲了趕進度，工廠匆匆忙忙地處理客製化的製造作業，常忙中有錯，事後必須重做。福萊納乃投入鉅資，預製數百種零部件與卡車型式之排列組合。顧客走進經銷商大廳，即可從一份已經過預先測試的選單中，挑選中意的卡車型式與特殊選配組合。這種預製選單模式，不僅可排除呈波浪狀的在線工作流現象，也無須一再趕進度生產，而且所有零組件文書作業均能有次序地存檔。因此，在訂單尚未進入裝配工廠前，處理時間已大大地縮短。

　　近年來，幾乎所有重型公路卡車製造商，都開始遵循福萊納與帕卡的改革模式。以萬國收割機公司的前身納威司達（Navistar）爲例，該公司雖然起步較福萊納及帕卡晚一些，但改革後之績效一點也不遜色。

　　所有時間壓縮企業均嚴格遵守一條關鍵原則──絕不耽誤主序列之進程。舉例來說，在開發新產品時，如果行銷部門迫切需要用某種新奇技術做廣告訴求，但該技術目前未臻完美的話，

【圖 6-1】重型公路卡車的時間壓縮運送程序

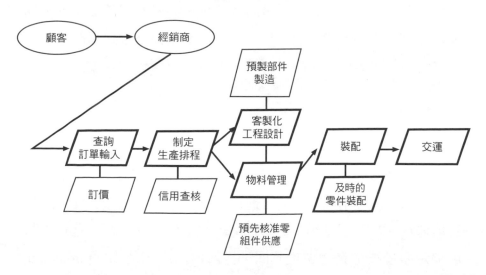

新產品開發專案主事者就絕不能讓開發進程空等。技術完善化（refinement）可歸類為離線作業。相關工程師應設法解決問題，完成特定技術之完善化之後，待新產品開發專案程序進入最後階段，再來採用該技術。在零售業，不需要蒐集已累積好幾週的銷售統計數字，並據以做出下一個階段的銷售預測，再決定追加訂貨（reordering）之數量。追加訂貨之時機點，應取決於店內貨架上特定商品本週數量減少之速度。如果某種商品本週出貨速度快，店經理就應該立刻追加訂貨。在房屋抵押貸款業，銀行不應為了制定關於整體貸款目標與限制之決策，而耽誤了個別貸款申請書之申請進度。這類議題應安排於離線時間來處理。銀行應在數個小時內完成核貸，而非數週內。

從顧客進度觀之，上述做法均言之成理。但許多商家卻完全未做好這方面的準備。事實上，區分在線作業與離線作業將遇到重重障礙，包括許多長久以來的勢力範圍將被打破，許多公認的技能基礎將被打亂，現有控制制度可能更加混淆。凡此種種，都迫使管理階層必須重新思考現有系統之有效性。由於攙雜了這些複雜因素，時基競爭者一開始通常會讓組織處於轉型過渡期，偶爾會遇到動盪不安的情況。時間壓縮需要組織進行大量的改革。僅靠清晰的思路與最新的電腦鏈接，是不會讓組織蛻變為時基競爭者的。

連續流

管理階層一旦確認主序列，並將主序列獨立出來，接下來的重點任務，應為指揮工作流之進行，讓主序列的工作進程暢通無阻地運行。一個更順暢、更符合常規的工作流在主序列運行，將可縮短整體價值遞送週期時間，從而提高產出能力（throughput capacity）。在管理週期時間時，大多數組織都把重心放在最長的週期時間，或營運程序中最顯而易見的部分——「瓶頸」，而忽略了一些不易看見，或一些被埋藏在表面下的部分，例如資訊批量之處理作業，或工程資料庫之取得作業。這些作業往往需花費太多時間。尤有進者，大多數公司均容許決策在階段與階段間堆集，可以暫時擱置不做處理，並且允許回饋迴路持續開放——回饋迴路應在規定時間內關閉——而讓新意見不斷地進來，造成主序列進程一再被延誤。所有這些商業實務，均會對實際工作造成干擾，進而拉長占用時間。也就是浪費時間的同時，成本也增加了。我們對各行各業實務經驗進行過相關統計分析，結果顯示，組織用於供應待遞送物品之總占用時間（total elapsed time）中，通常僅有不及 5% 的占用時間，花在創造附加價值之作業。

　　讓我們回過頭來再深入研究重型卡車的案例。福萊納與帕卡的時間壓縮改革努力，絕非僅限於區隔出可離線處理之支援作業，並且盡量同時處理支援作業與主序列作業。福萊納與帕卡均須重新設計主序列作業與支援作業，進而在主序列的進程軸線上創造出一套連續工作流。這意味著管理階層需在兩個工作階段之間，建立順暢且穩當的界面，讓工作者能夠以非常小量之形式遞送成品，而不會有品質方面的問題。此外，兩家公司的改革任務，尚包括設計出能舒緩下游作業壓力的上游作業。

　　大多數公司的工作從上游源頭進行到下游時，都會出現問題。以新產品開發為例，工作進程來到最後幾個階段（下游）時，各式各樣的工程變更（engineering change）及製造問題不斷浮現，迫使開發任務偏離正軌。所有人都在忙著處理善後或尋求補救措施。究其原因，幾乎全是工作者在開發初期（上游）犯下的錯誤——造成產品與程序不合、產品與物料不合，或物料與程

序不合。產品完成後之運送（shipping）則是另一個例子。每到月底，許多工廠都在瘋狂地趕工生產及裝貨運送，全公司上下亂成一團。實際上，生產及裝貨運送，本來應該是一個持續不間斷的工作，讓製成品順暢穩當地送出工廠大門。月底趕工的真正原因，通常出在上游供應商供貨延誤，或工廠經理於月初或月中時太頻繁地更改零件生產之排程，導致裝配線無法及時獲得所需零件，無法按期完成生產作業。

重型卡車製造商一向難以在工廠內部，建立持續不斷的工作流。每當工廠生產線正準備開始裝配一輛卡車時，總會出現一些類似的狀況——譬如匆忙趕工完成的客製化零件，難以安裝到有限的駕駛室空間，或為了換一家新的供應商，但取得認證時間拖得太久，無法在預定時間內完成採購作業，導致工廠所需之部件一直處於缺料狀態——讓生產工作無法順利進行。一旦卡車生產流中斷，時間不僅停頓了下來，甚至在倒退。出問題的單元處於停滯狀態，其他沒有出問題的單元，卻倉促地被推向前繼續運行，稍後發生問題的機率也不低，幾乎不大可能出現連續的工作流。欠缺連續性工作流的結果，一定是讓間接費成本大增，包括增派人手幫忙解決問題，重做有問題的部分，增聘催料員（expediter）處理缺料問題，以及一攤死水的庫存成本大增等。想要讓工廠下游避免出現上述諸多問題的唯一方法，就是投資改善上游相關環節，尤其是需要重新設計整個系統。

以重型卡車製造商為例，業者根據對市場需求之預測，預製數百種不同款式與構型（configuration）之組合，就是對創造下游持續工作流的一項投資。此一決策無異於對上游的行銷及產品規畫施壓，要求上游做出正確的預測。從福萊納卡車公司身上，我們看見了另一項對上游的投資成效。福萊納的幕僚人員費了一

番工夫才統計出，有極少潛在顧客（prospective customer）未能通過信用查核。爲了等待這些人的信用查核結果，而讓整個主序列暫停，一點也不划算。一般來說，每進一筆訂單，爲了取得信用查核結果，而讓整個主序列暫停所付出的成本，比直接讓所有訂單過關，不必等待信用查核結果，如發生問題，再將卡車訂單抽離排程所需支付的成本還高。福萊納爲了改善下游連續流，而對上游所做的第三項投資，乃爲建立一個在線資料庫。該資料庫鏈接了卡車行銷功能、客製化工程、訂單輸入，以及經銷商。於是乎，主序列系統中的所有參與者（player），都能獲得與預製選單及產品代碼（product code）有關的即時更新資料。如此一來，就不會發生有人不認識資料代碼的狀況，因爲所有參與者都能隨時進入資料庫取得最新資料。

　　所有行業都會發生上游拖累下游的狀況。無論如何，導入任何新系統之前，管理階層都必須審視新系統對下游帶來的潛在影響。例如，藍十字／藍盾（Blue Cross/Blue Shield）醫療保險業者，針對上游工作投入大筆資金，建立了一個中央資料庫，承諾讓下游所有使用者均能共用一個統一的資料庫。管理階層宣稱，該資料庫處理速度極快，可節省不少成本。然而該公司很快就發現，保單代碼（policy code）與資料庫訂戶輸入資料庫的資料，幾乎完全不相容。公司必須將所有保單代碼，轉譯爲與資料庫訂戶相容的資料，導致下游使用者必須等候更長時間。一個虛幻的上游規模經濟效益分析，最後卻鑄成代價高昂的大錯。

　　時基競爭者從整體角度著手，超前投資建立一套明確可靠的工作系統，其做法不同於僅著重於處理瓶頸問題的傳統公司。想要讓公司內各個功能更有效率地攜手合作，第一步工作，就是必須從整體組織與系統的角度，重新設計組織結構與工作流程。時

基競爭者懂得賦予職責，促使承擔者努力創造績效，也知道應如何重新安置員工工作位置，鼓勵他們儘量拉近彼此距離，讓大公司也能像小公司一樣地運作。時基競爭者知道該如何平衡上游與下游的工作流，並為顧客提出可能影響上下游均衡之需求，預留緩衝空間；時基競爭者充分知道所做投資正當，傳統競爭者卻無法理解，因為傳統競爭者不了解公司營運系統各環節之間的關連。預製卡車組合便是一個很好的例子。儘管預製成本高昂，但和節省下來的間接費成本與倉儲成本相比，仍屬有限。更何況在顧客心目中，公司商譽大大增加，無法用金錢來衡量。再者，產品運送速度也加快了許多。

如何創造與分享資訊

時基競爭者不僅創造更多資訊，也主動地分享更多資訊。對資訊技術專家而言，資訊是一種流動資產，是一條資訊流。對資訊技術專家來說，資訊本身就是一個標的，是某種應仔細予以衡量及處理的事物。但對企業主管來說，資訊就不是那麼精確的東西。企業主管也很少把資訊，和創造資訊及傳遞資訊的人分開對待。對於資訊，企業主管是非常挑剔的。而且資訊經常以不同形式出現－了解某個顧客的特殊需要，習得怎麼做才行得通、或行不通的經驗，預判市場未來走向，以及知道該朝哪個方向努力才能解決問題等等。凡能產生更多這類新資訊，並儘可能地與更多員工分享相關資訊的企業，愈有可能成為市場贏家。想要走時間壓縮路線的企業，必須精於此道。

如【表 6-3】所示，處於日常工作環境，在產生、分享及運用資訊時，傳統公司與時基競爭公司的做法到底有哪些主要差

異。如果某公司想要快速回應顧客需要，它必須先在組織內，創
造能快速回應員工需要的資訊分享機制。這裡所說的資訊分享機
制，不論當事人從事的是何種工作，不論當事人的工作地點是在
實驗室，或是在裝卸碼頭，從資訊處理的角度來看，本質都是一
樣的。人們處理資訊或分享資訊的目的，就是要採取行動。接下
來，在看到自己採取行動的結果後，這樣的流程人們會再走一
趟。例如，新產品開發工作的產出，實際上就是一些特定的資
訊──包括產品效能，以及如何製造該產品等的資訊。產品愈快
上市，顧客傳回來的回饋意見就愈快。這些意見對設計人員進行
下一回合的產品改良，大有幫助。此種快速資訊週期的價值，在
財務管理機構特別顯著。組合基金主管與理財專員愈快搞懂市場
行情，愈快下單買進或賣出，愈快完成一筆交易，就愈能幫助委
託客戶賺更多的錢。

　　上述創造資訊，之後根據新資訊採取行動，然後再據以採取
行動，這樣的一個週而復始的週期，乃是經營一個企業的核心。
從安排適當人選、到挑選最適資訊技術，再到決策制定，時基競
爭者無不盡全力讓這個資訊週期縮短再縮短。

OODA 循環

　　本書想要讓讀者牢記在心的一個模型，就是兩架戰鬥機的空
戰場景。已知兩架戰鬥機的性能相當，但為何某些戰鬥機飛行員
總是能夠打贏敵手？美國空軍曾深入研究此一課題，發現這些連
勝飛行員的戰鬥技巧高人一等。研究結論指出，這些連勝飛行員
在空戰進行時，把戰鬥進行週期時間壓縮到最短，並且一再地比
敵人更快重複該週期，直到把敵人逼到挨打局面，再予以擊落。
稱之為 OODA 循環（OODA Loop）：觀察（Observation）、調整

（Orientation）、決策（Decision）與行動（Action）（【圖 6-2】）。面臨遭遇戰時，最佳戰鬥機飛行員首先研判情勢－觀察－然後搜尋該情勢帶來哪些機會與危險因素－調整。接下來，飛行員馬上決定該採取何種行動對付敵機（決策），然後，飛行員立刻根據決策採取調遣行動（行動）。每一次的空戰，都是一系列高度壓縮的 OODA 循環。而每一位飛行員都很努力地想要智取敵人，盡力取得有利位置。電影《捍衛戰士》（*Top Gun*）以戲劇化的方式描述 OODA 循環的細節：在空戰中，男主角藉由研判情勢，想盡辦法搶先採取行動，搶占有利位置，進而控制整個局面。目的就是要讓敵機飛行員變成被動者，最終讓敵人處於無助的挨打局面。

時間壓縮企業也在做戰鬥機飛行員一樣的事情——OODA 循環。在商戰中，戰事拖得較長，而參與者為企業組織。但商戰的本質是相同的。哪個競爭者能夠更快根據資訊採取行動，該競爭者便能搶到有利位置，進而取得勝利。美國波士頓資產管理公司拜特瑞馬曲（Batterymarch），就是一個很好的例子。該公司執行一套投資組合循環——決定何時以何種價格買進與賣出何種投資標的。相較於傳統資產管理公司，雖然拜特瑞馬曲僅雇用五分之一的員工，卻能以快三倍的速度執行下單買賣循環，並讓理財客

【表 6-3 】比一比！傳統 vs. 時基競爭：如何創造與分享資訊

傳統公司	時基競爭公司
• 技術專家創造資訊，然後與使用者分享	• 團隊同時創造及運用資訊
• 主管在全組織搭建資訊橋	• 跨功能群體建立自己的資訊來源，幫助處理他們的日常工作
• 集中處理資訊，回饋較慢	• 在地處理資訊，回饋迅速

【圖 6-2】OODA 循環

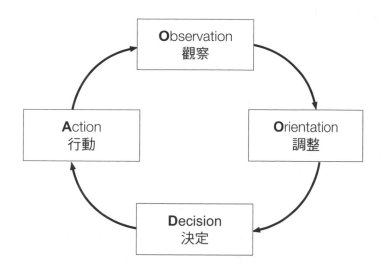

戶獲利頗豐。

　　大多數理財機構的基金主管，均採用相同模式進行理財業務。首先，他們會列印一份書面報告，說明他們想要在某個價格範圍內，進行買進或賣出交易，然後將這份書面報告傳送至交易室，再由交易員打電話給經紀人，委託經紀人出價（bid，或譯為遞價）或報價（offer）。一旦取得對方口頭承諾同意交易，經紀人便會通知理財機構的會計部門。稍後，理財客戶的帳面數字隨之更動。此一處理流程通常需費時 72 小時。拜特瑞馬曲卻能在 24 小時內完成，包括隔夜清算（overnight clearing）。拜特瑞馬曲沒有列印書面報告，也不使用電話，甚至未另外設立會計部門。所有工作均在線上完成。拜特瑞馬曲設計了一套互動式軟體，鏈接基金主管與經紀人。實際買進或賣出之交易為自動化作業。拜特瑞馬曲甚至投資研發另一種理財模式，協助理財客戶計算並評估「如果……會如何」（what ifs）的理財選項，比較不同理財交易選

項的獲利金額。如此可加快買進與賣出的速度，也能加快報價流程。凡此種種，均有助於理財客戶早一點買進上漲股票，早一點賣出下跌股票。

出其不意（surprise）也是 OODA 循環動態中的一部分。時基競爭者傾全組織之力，在最短時間內化新構想為行動，讓競爭對手措手不及，就是出其不意的最佳例子。在空戰中，戰鬥機飛行員連續做了一些高難度飛行技術，超過敵機飛行員的想像，也是出其不意的意思。快動作企業在商場上的行動，就像是戰鬥機在空戰中與敵人纏鬥之過程。蘋果（Apple）推出麥金塔（Macintosh）電腦，以及福特推出金牛座與黑貂（Sable）車款，都曾經給市場帶來很大震撼。因為競爭對手萬萬沒有想到，在這麼短的時間內，蘋果與福特就能夠讓一個新構想開花結果。

一些運用類似 OODA 循環模式經營事業的公司，卻用不同方式描述自己。某資深主管從一家傳統管理導向企業離職後，轉而投效另一家時基競爭導向企業。他說，在中午用餐時，只要請新同事描述公司運作情形，他就能區別兩種企業的差異。他之前任職的那家公司，如有新進員工或有外賓來參觀時，主管都是利用傳統組織圖（涵蓋管理層級，以及功能區別）來介紹公司概況。該公司主管通常會列出各個部門及不同的辦公大樓，這就是傳統企業的組織結構。反之，到了這家新公司，他的同事卻一再強調，公司業務是如何運作的，以及誰與誰一起工作等。新同事隨手拿了一張紙，用筆描繪出公司營運的樣貌。基本上，該公司就是一個個循環的集合。這些循環涵蓋了代表不同功能的方格，由箭頭串連起來。某些循環互相重疊。該資深主管回憶道，在與同事討論的過程中，讓他記憶最深刻的，就是工作程序與人際互動。果不其然，新公司的反應速度比較快。

　　當你的員工清楚了解公司應該生產什麼樣的產品（因為顧客一直不斷地向公司提出同樣的需求），公司也因應此一需要，而去發展一個快速週期組織，這是一回事。亨利・福特在幅員甚廣的紅河廠區，擁有一整座汽車製造廠區。廠區的最前端為卸貨碼頭，每天有源源不斷的鐵礦石（iron ore）及煤礦運進廠區。工廠負責將這些原料煉製成一塊塊的金屬板。廠區的另一端，則是已裝配完成的汽車產品。整個過程耗時大約四天，但僅限於單一產品。然而，要發展與設計出能應付極複雜需求的快速週期組織，又是另一回事。當不同顧客提出不同需求，迫使產品線需要持續變更時，想要成為真正的快速週期組織，困難度自然相對增加。如今，定點式的資訊管道和走一定套路的例行作業，已不大適用於快速變遷的環境了。公司某些功能，特別是一些所處位置離顧客甚遠的功能（例如設計工程師或資料系統專家）已看不到市場變遷現狀。這些功能已無法創造實用資訊，也不再了解從他人傳遞給他們的訊息。

　　一個營運流暢的公司，就如同一個通信網路，每個通信站負責執行特定功能，每個通信站都持續不停地發送及接收訊息。我們用一間負責操作外幣買賣的交易室，其中所有交易員均處於互聯狀況為例，來說明通信網路的運作情形。即便是在生意清淡的時候，這間交易室的整體營業成績，通常優於一般獨立運作的外幣交易員。然而到了快節奏的交易日，特別是包含大量非常複雜的交易案時，這間交易室的營業成績，**總是**勝過一般獨立交易員的業績。原因即在於，這些交易員能夠快速地互相汲取經驗與教訓。當世界不斷地改變時，這些互相鏈接的交易員能看到更多的交易型態，進而幫助他們更快速下決定賣出或買進。面對日益增加的多樣化程度，以及不斷提升的複雜度，在在使得圍繞著交易

員的資訊呈幾何級數增加，連帶造成可能採取的行動選項多到讓人無從選擇起。但在那間交易室內，由於所有交易員均緊密地互相鏈接，如此可以有效地幫助他們釐清狀況，進而做出更多正確決策。和獨立操作的交易員相比，他們的業績自然較佳。

然而，面對日益嚴重的多樣化與複雜度，許多公司不僅未積極建立可加速資訊流的網路，卻反其道而行。這些公司不去想辦法多依賴網路學習，反而試圖增加額外的結構，最後卻造成整個網路短路。舉例來說，新科技興起，這些公司要求工程師專攻這些新興科技。如果產品變得愈來愈複雜，負責處理產品的人愈來愈多時，這些公司便會增設更多井然有序的控制點。又，這些公司試圖讓上市產品增加多樣化，使得訂單組合出現更多變化時，這些公司通常會提高存貨水準，讓剩餘產能（slack capacity）變成常態，才能應付產能超載（overload）。

這樣做不僅耗資甚巨，也會拖累公司反應速度。市場對多樣化確實有需求，且日益殷切。但額外的結構與緩衝機制，並非解決問題之良方。緩衝機制反而會讓 OODA 循環無法連續運作，甚或拖慢 OODA 循環的運作速度。反觀時基組織，通常直接處理多樣化的挑戰。面對多樣化之需求，時基競爭者設法提高創造及分享資訊的彈性與能力。具體言之，時基競爭者乃透過閉環團隊（closed-loop teams），來應付多樣化的挑戰。

閉環團隊

多年來，銀行業者一向採取傳統做法，至少需要花好幾天時間來審核個人貸款申請書。此類申請書須經過不同部門簽署意見，且按照一般公文處理程序進行。經手人包括相關部門之組長、承辦人及信差。時至今日，那些比較想要有所作為的銀行業

者，採用另一種不同的做法。這類銀行將貸款申請書交給一個團隊負責審核。該團隊由幾位搭配良好的成員組成，包括一位信用分析師、一名抵押品鑑定師（collateral appraiser），以及一名資深行員。該團隊專門負責審核貸款申請書，最快 30 分鐘，最慢一天內，就能告知申請人核貸結果。這就是典型的小規模閉環團隊例子。

閉環團隊包含所有能讓待遞送物品往前進的人員，包括所有所需之功能人員及決策者。閉環團隊自行決定工作進度。凡被納入閉環團隊的人，一致追求相同的工作目標──讓待遞送物品準時送往下一站。閉環團隊被公司充分賦權，擁有下相關決策及採取相關行動之權力。閉環團隊納入 OODA 循環的所有四個功能，擁有最通暢的溝通管道。閉環團隊之領導者對整體績效負完全責任，也須確保團隊獲得所需所有能力，包括技術能力與人力資源。閉環團隊的終極目的，就是為了提高彈性。

傳統銀行貸款審核程序屬開放式循環模式。這種程序並無連貫（continuity），也沒有看得見的標準。接任者從卸任者身上學不到太多工作經驗。審核程序進行期間偶爾會有一些回饋。銀行未指派任何人針對此類程序進行改善。在傳統銀行的貸款審核程序中，OODA 循環既漫長且破碎。管理階層必須以待遞送物品為中心，設計出一個能環環相扣的程序組織，善用 OODA 循環，讓該程序儘早完成。而負責執行該程序的核心團隊成員，每天都會碰面攜手合作。並且管理階層應指派一人擔任團隊領導者。

小規模團隊的工作績效自然優於大規模團隊，因為在後者團隊工作的成員，連溝通時都比較困難。因此，工作團隊只需納入必要的功能代表，而排除與待遞送物品僅扯上一點邊的人。例如銀行的貸款小組，便無須納入會計人員與案件登錄人員。然而，

管理階層必須充分賦權，允許工作團隊自主管理並採取行動。否則如果凡事都要請示主管，不僅浪費時間，決策品質也不見得符合現實需要。因此，貸款團隊應指派一名資深行員擔任組長一職。如果該資深行員未擔任此一職務，此人將有可能因為貸款團隊所做的決策而遭致批評。成立伊始，團隊成員最好一次把該問的問題問完，把該回答的話溝通清楚，並充分地彼此交換意見。

　　如前所述，在應付多樣化挑戰時，閉環團隊的處理效率較佳，因為這類團隊比開放式循環團隊能夠產生更多的新資訊，也更有彈性。舉例來說，某客製化噴射客機引擎零件製造商，深入研究後發現，該公司的訂單登錄程序竟然需要耗費 2 到 10 週之久。事實上，訂單處理任務很單純，包括登記訂單，確認客戶所有規格需求正確無誤，然後向供應商下單訂貨，同時安排客戶訂單之生產排程。由於訂單登錄為該公司主序列的第一個階段工作，單單從完成此一階段之時間需求，就衍生許多變異，不僅大大影響下游的生產排程，也難以向客戶承諾實際出貨日期。該公司的訂單流（order flow）非常多樣化，涵蓋低複雜與高複雜程度的各式訂單。該公司決定設法縮短訂單登錄程序，讓它變成一個更可靠的步驟。

　　造成時間變異增加可歸咎於兩個核心問題。第一個問題是，客戶訂單必須經由六個部門簽署審核意見，然而這六個部門的例行工作繁重，客戶訂單僅為它們待處理事項的一部分，而且不會被安排優先處理，因此客戶訂單常被擱置在一旁等候。事實上，新訂單若涉及高複雜程度的規格，負責審查的人必須花很多時間，因此通常會被這些部門排到最後再來處理。更進一步分析，客戶訂單在不同部門的等候時間，需視各部門日常工作量而定。因此，沒有人能準確預測客戶訂單走完六個部門，總共需要等候

多久時間。第二個問題是，各部門都有自己專屬的產品代碼，因此客戶訂單從某個部門傳送至下一個部門，尚需經過一道代碼轉換手續。如果是很複雜的訂單，再加上這個手續，整個過程又拖得更長。

很明顯地，這家公司想要縮短訂單處理時間，勢須從這兩個方向著手：避免在六個部門等候，以及訂定出一套各部門均通用的產品代碼。於是，六名來自六個部門的代表，組成了一個閉環團隊。該團隊的首要任務，便是訂定一套適用於全公司的產品代碼。此一任務便花了該小組三個月時間。附帶提一件事，該公司資訊系統部門曾經接下同樣的任務，卻因未得到跨功能的強力支持，案子在資訊系統部門躺了一年，最後胎死腹中。如今該公司成立了一個小組，由具備相關專業知識背景，且被賦予全權的多位專才，主動出擊，才能克盡全功。

下一個步驟為，小組成員必須每週騰出兩天時間，負責為所代表的部門全程處理新訂單的登錄事宜。各代表成員對小組盡心盡力地付出，讓小組成為高工作效率的單位，卻不影響原有部門的工作效能。另外，為解決多樣化問題，這家飛機引擎供應商重新修訂處理複雜訂單的步驟，讓此一任務的工作量平均分配給六個部門。在這之前，一遇到複雜訂單，某些部門必須負擔過重的工作量，其餘部門則較為輕鬆。最後，該小組試著搭配複雜訂單與單純訂單，目的也是要讓每次訂單登錄的工作量更平均。凡此種種，均讓涉及複雜訂單的工作量平均分配到各個部門。各部門不再感受到複雜訂單到來的龐大壓力。

新的處理程序一旦建立，且隨著時間演進，小組成員對此一工作愈來愈得心應手後，這些小組成員回到所屬部門，便開始積極訓練兩位同事。因此，爾後每個部門均有不只一位員工能派上

用場,參與該項專門任務。如果客戶訂單激增,該公司仍然能夠很有效率地進行登錄工作,不會有任何延誤。具體言之,該公司已能在 1 到 2 週內完成訂單登錄作業,遠低於過去的 2 到 10 週。登錄時間有效縮短後,下游的生產排程獲得大幅改善,公司承諾客戶的交貨日期也變得更為可靠。至 6 個部門投入訂單登錄工作的勞動時間(labor time),不增反減——由於訂定通用產品代碼,以及平衡複雜訂單與單純訂單之工作量。

有趣的是,其實這家公司多年前就已試圖改善這個問題。例如該公司曾嘗試以信差遞送客戶訂單文件,也開發應用於個人電腦的軟體來追蹤訂單進程,甚至用過高壓手段,結果無一成功。原因在於,此一問題已複雜到難以透過問題**以外的**傳統管理工具來應付。這個問題必須由代表不同部門的人員被管理階層賦權,組成一個跨功能團隊,將問題拆解開來,再重新組合起來。解決問題的關鍵在於,該團隊能否取得所有所需資訊,並在團隊內部處理所有事務。惟有如此,該團隊才有可能研擬出提高彈性的對策,進而完成整個循環流程。

閉環團隊適用於生產作業,亦適用於新產品開發作業。美國電話電報公司即師法自我管理團隊模式,研發出另一種團隊作業模式,用於開發新款電話機產品。迪爾公司也運用類似模式,應用於新型營建設備的設計任務。在開發新產品的整個過程中,這兩家公司要求來自產品工程、製造、行銷及採購部門的人攜手合作,同時賦予他們足夠權力,制定與技術性及市場營運有關的實質決策。兩家公司的新產品上市時間均因此大幅縮短,開發成本也遽減。

值得注意的是,在一般公司組織裡,只靠成立前述的團隊,並不足以完成壓縮時間的任務。現今在大多數的公司行號,所謂

的團隊合作，指的並不是前述那種嚴謹的工作關係。一般公司所稱的團隊合作，僅意味著**相關人員有更緊密的工作關係、人際互動更佳、對共同目標有更清楚的認知**，卻不見得意味著成立一個與傳統公司不同的功能型結構。許多公司成立負有特殊任務的跨功能專案小組（task force），認為這樣做就算是在遂行跨功能群體之工作模式。他們鼓勵主管非正式地四處走動，並分享他們的觀察所得。這種做法當然有其實用價值，效果卻非常有限。如果公司僅僅成立團隊，卻未改變根深蒂固的日常工作程序及管理實務，是無法壓縮時間的。時間壓縮要求徹底改變固有習慣。舉例來說，許多傳統公司均認定，功能主管負有日常營運之主要職責。這樣的公司便很難賦權成立自我管理的跨功能團隊。即便成立了跨功能團隊，功能主管也很難忍住不去參與或干涉團隊的決策。再者，許多公司總是想要進行每三年一次的職位輪調，讓專案小組負責人無法累積足夠經驗，去管理一個獲得賦權的閉環團隊。閉環團隊領導者為所屬團隊的主要貢獻者，並非只是一位行政管理者。最後，聰明的人一點就通：習慣在大型會議室召開冗長會議，討論專案內容細節的公司，對壓縮時間一點幫助也沒有。

最後，閉環觀念能否行得通，完全取決於資深主管的心態與作為。資深主管常能提供團隊優質的構想，但應透過有效的方式進行。譬如，在專案正進行到一個尷尬階段，資深主管的介入，往往會給專案團隊帶來無形的壓力。有時由於資深主管每天的行程都很緊湊，資深主管參與專案程度愈深，專案團隊愈難安排會議時程，也愈難下必要的決策。快速週期公司的資深主管都了解問題的嚴重程度，也了解他們本身可能就是團隊進度的瓶頸，甚至會打擊基層人員的工作士氣。

臭鼬工廠就是此類特設的閉環結構實驗，卻無法幫助公司蛻

變為時間基礎競爭者的例子。臭鼬工廠或能縮短某種開發專案的週期時間，卻越過組織常規運作實務。臭鼬工廠規避現有工作規則，而非重新修訂它們，因此對組織其他部分並無多大貢獻。事實上，由於臭鼬工廠吸納了公司大部分的菁英，導致剩下來的組織運行速度比以前更慢。此外，因為臭鼬工廠的成功率有限，大多數開發專案最後均以失敗收場，導致許多參與成員歸建原屬部門時，均承受無比沈重之壓力。基本上，臭鼬工廠並非可永續經營的組織結構。因此，時基競爭者必須努力提升整個系統的能力，讓所有人員適才適所，方能督促他們持續自我改進。

閉環觀念不僅適用於重組例行業務運作結構，例如訂單處理及產品開發，亦適用於解決擴散更廣的長期問題。這類問題常以延長程序時間週期（process-time cycle）之形式出現。舉例來說，所有汽車公司都會面臨，新款汽車之生產流程被迫叫停的窘境──因為新車被發現原始設計有瑕疵。如果發生問題的是煞車或懸吊系統等比較昂貴的部件，未來產品保固費用將大幅提高。但如果汽車製造商不理會問題車型的瑕疵，不僅公司營收將遭受嚴重打擊，公司商譽也將受損。因此，汽車製造商散布於各處，與問題車款相關的所有部門，都應該齊心協力，為解決問題而攜手合作。經銷商應蒐集各種資料，集中後傳遞給製造商的分區辦公室，再由分區辦公室轉給公司總部。接到與瑕疵有關的訊息後，產品工程師立刻著手研究對策，並發工程變更通知給工廠的工具準備作業人員，請他們開始製造業經重新設計的零件。最後，零件倉庫收到新零件後，分批將它們裝進倉庫貨架上，同時將瑕疵零件全部報廢處理。

從開始偵測到產品有瑕疵，到最後倉庫完成汰換步驟，此一週期所花時間長短，將決定公司未來支付總成本之高低。週期時

間愈長，愈多裝有問題零件的新車將完成製造，進而產生更多心生不滿的車主。儘管所有汽車製造商都了解快速反應所帶來的好處，但許多業者卻一直想不出好方法來處理此一問題。困難點非常多。首先，與此一問題有關的參與者（現場負責人、工程師、工廠工具準備作業人員，以及服務人員）不僅分散四處，且分屬不同的組織。其次，工程部門與服務部門使用的零件，名稱與編號並不相同。再來，整個公司沒有特定的人負起縮短此一週期之責任。這個責任僅僅很不明確地落在組織原有垂直責任線上。許多功能均有分於此一週期，但沒有一個功能可以清楚看到完整的週期流程。正因為如此，這些功能並未察覺到，它們所制定的政策及採取的行動，對其他功能造成何種影響。這裡有一個最大的問題，那就是整個週期拖得很長（有時長達 18 個月）參與者既收不到任何回饋訊息，也無從意識到任何特定零組件已修理完成之週期。不同零組件的週期經常重疊在一起，導致處於此一循環的參與者，可能同時處理更換零件的工作與處理分內的工作。整個問題已演變為一系列公開式循環。

　　某家公司決定關閉此一循環。第一步為跟著某個零組件的行進路線前進，試圖掌握掌握整個固定週期的面貌，並將觀察所得告知所有參與者，讓他們了解實際狀況為何，以及各步驟分別花了多少時間。該公司並未正式成立一個新組織，但指派一名幹練的中階主管負責週期改善任務。在該主管的領導下，每一位參與者均被責成須達成縮短所屬環節時間之目標。該主管終於成功地把該程序中出現重大縫隙（例如從現場辦公室確認到採取工程行動之間的延誤）的問題給解決了。之後，該公司又開發了一套電腦軟體，幫助工作人員鏈接不同的產品編號系統。而透過閉環分享關於零組件效能的回饋資訊，所有參與者都能夠掌握程序中各

環節的工作進度。

這一切作為，讓所有參與者都能深刻了解，他們有分的那個系統是如何運作的。於是，有了歸屬感的參與者，開始產生及分享更多關於工作實務及問題解決方法等議題之實用資訊。該工作循環已變得愈來愈緊湊。最後，顧客也被納入此一工作週期——車主被告知何時可將車駛來保養廠維修，以及更換問題零件的好處為何等。該公司已成功地將修理週期平均時間，從18個月縮短為6個月。

時至今日，藉由更審慎地定義，並努力縮短循環時間，進而壓縮整個循環週期的核心觀念，實隱藏在時基競爭者所採取一連串新方法中。例如，某些年代久遠的大型製造工廠，逐漸興起聚焦工廠之新製造模式，各自負責生產不同產品線。這些大型製造商以特定產品家族或一組製程為中心，在工廠內打造多個可獨立運作的聚焦工廠，並指派資深主管管理聚焦工廠，指揮所有支援功能及實際生產工作。如此做的目的，是要在大型複合式製造工廠內部，創造出多個閉環，以簡化管理任務。果不其然，聚焦工廠確實能夠改善工廠週期時間。全球化企業也找到了新方法，讓它們能夠更快地把成功的產品創新，從一國轉移到另一國。不同國家的市場條件與公司文化差異，讓產品創新移植（transplant）變得非常困難，連再好的事業構想也不例外。某些全球化企業已採用更多閉環方法——由移植國與被移植國組織先指派人員，共同參與特定事務，然後再進行產品轉移——實務上已證明比傳統「傳教」（missionary）方法更有效。

然而閉環並非一蹴可幾。有些公司用心耕耘很長一段時間才開花結果。有些公司則預先做好結構準備，接下來才正式創造閉環。一般來說，日本企業高度重視組織內部，與不同公司之間的

連結（networking），以及維持多元化溝通管道。此種做法有助於建立閉環，用於發現過去未能察覺到的問題與機會。而日本企業近年來在商場上大有斬獲，此種做法亦功不可沒。源於日本固有商業文化，供應商之間、街坊鄰里之間、產業協會會員之間，以及想當然耳的顧客口碑流傳，人與人之間一直存在著非正式、半結構式的管道。舉例來說，我們可以來做一個很有趣的比較，看看日本公司如何決定在哪裡建造公司總部。過去 15 年，由於都會區房產價格飛漲，迫使許多美國企業都把公司總部移往市郊，或遷往南部。市郊與南部的辦公大樓租金的確比較低，但資訊密度（information density）較低，網路連結機會也少得多。反觀日本，大企業無一例外，全部選擇在東京或大阪設立公司總部。日本企業重視時間節省，更甚於重視成本撙節。由於溝通管道均已到位，資訊的創造與流通速度自然更快。

如何衡量績效

如【表 6-4】所示，當時基競爭者決定該如何保持高競爭績效水準時，總是會回歸基本面去思考對策。企業界已開始廣泛地使用時間來衡量經營績效。在描述一家公司如何有效服務顧

【表 6-4】比一比！傳統 vs. 時基競爭：如何衡量績效

傳統公司	時基競爭公司
成本為衡量指標	時間為衡量指標
檢視財務績效	首先檢視實質成效
效用導向衡量	產出導向衡量
個人績效或部門績效	團隊績效

客時，許多主管幾乎直覺地使用前置時間、準時交貨（on-time delivery），以及反應時間等專門術語。但時基競爭者的做法比這還要更進一步。它們用時間基礎指標做為診斷工具，用於診斷全公司的經營績效，同時以時間基礎指標訂定公司營運之基本目標。事實上，時基競爭者運用時間，來幫助它們設計最有效率的營運模式。時基競爭者經常以時間為指標，和業界最佳競爭者的績效做比較，或和業界最佳實務做比較。在審視經營績效時，時基競爭者最關心的不外乎：時間是診斷經營績效的最佳方法，也是在設計績效參數時的最佳參考根據。時基競爭者會自問，如果我們有辦法提供顧客所需的產品，同時還能夠壓縮時間，那麼，我們應該還能進一步在價值遞送系統中，解決成本與品質的問題。那些未能創造附加價值的作業，不僅讓成本增加，也占用了價值遞送系統中大部分的時間。

時基競爭者如何衡量時間呢？時基競爭者乃遵循以下兩個原則：儘量訂定有形的衡量指標，以及儘量選擇離顧客更近的衡量指標。【表 6-5】綜合了四個績效領域：新產品開發、決策制定、主序列之工作程序，以及服務顧客，與時間壓縮有關的主流指標。

想師法時基競爭者的企業，不妨從新產品上市時間，或交貨前置時間（特別是商場上正好有同業的績效可做為比較基礎，或可取得最佳實務標準）之類的整體績效標準，做為建立時間基礎事業之起始點。事實上，同業績效與最佳實務標準並不難取得。我們常從顧客口中得知關於競爭者的時間績效指標。但某些衡量指標，有賴主管深入探究營運過程之細節，才能正確了解時間在其中扮演的角色。想要得知，為了等候決策而浪費掉多少時間，必須靠主管努力自行拼湊出真相。這絕非普通常識。事實上，除了存貨週轉率以外，大多數的程序績效指標與生產衡量指標，都

【表 6-5】　以時間為基礎的績效衡量

新產品開發	決策制定
從構想到上市的時間	決策週期時間
新產品導入頻率	等候決策損失之時間
率先上市百分比	

處理及生產	顧客服務
附加價值占總占用時間之百分比	反應時間
稼動率 X 產出率	公告前置時間
存貨週轉率	準時交貨百分比
週期時間（主序列之主要階段）	從顧客確認需要到完成交運的時間

需要花一番工夫才能得知眞相。

　　許多公司從這類時間指標得知目前營運的現況時，通常會大吃一驚。舉例來說，主管通常會高估，顧客認可之附加價值創造時間占總占用時間之百分比。另一個常讓主管吃驚的衡量指標，爲稼動率（uptime）乘以產出率（yield）。此一指標讓我們曉得任何多重程序之實際首次產出時間，並可以拿來和潛在產出時間作比較。在任何一個加工順序中，加工物品從工作站移動至下一個工作站，實際的加工物品產出，取決於每個加工站之營運頻率與配置人力（稼動率百分比），乘以該工作站首次正確完成任務之百分比（產出率）。所有工作站都應計算稼動率百分比與產出率，這兩個數字可以讓我們得知首次正確完成任務之實際產出。舉例來說，如果公司總共設立三個工作站，每個工作站之稼動率爲 99%，工作正確率爲 99%，那麼整體產出爲 94%（99%乘以 6 次）。對於像理賠申請案件處理、生產線作業等，由數人在線上處理業務之類的工作，這類衡量指標便非常實用。許多公司詳細計算後才驚訝地發現，其首次正確產出率（first-time

throughput）離 100% 非常遠。當工作物品在主序列運行時，一定
會受到停工（downtime）、中斷（interruption）及錯誤（error）等
因素之干擾，問題會變得更加複雜，使得公司必須花更長時間，
才能生產出預期數量，且品質符合要求之產品。經過一番努力改
善，公司的產出效率（throughput efficiency）可以提升二到三倍。
（此一衡量指標將於本書第七章詳述）

另一個衡量指標，將會揭露等候決策（任何形式的決策，從
高階主管制定的決策，到最單純的存貨補充決策）的時間損失。
結果揭曉後，常出乎一般人的預期。大多當事人應能在所有所需
資訊被正確提供的當下，據以做出更快、更好的決策。但實務
上，正確的資訊管道尚未被建立。當顧客發現某種貨品需要補
充，一直到商家察覺到，這不只是單純的時間浪費，更可能是系
統另一端所犯銷售預測錯誤的擴大，這中間的差距，實不可以道
里計。也就是顧客與供應商之間，欠缺了一條重要的資訊傳遞管
道。這和主管在決定是否要為產品增加某個新功能時，情況也很
類似。正確的資訊總是未能迅速被提供至正確的地方；這也是時
基競爭者為何必須設計閉環組織的原因。

時間壓縮公司衡量所有重要作業的週期時間與前置時間。週
期時間是時基競爭者用來衡量績效好壞的主要指標。時基競爭者
通常先從一些重要的作業開始，衡量這些作業的週期時間，例如
開發新產品的時程，或工廠內部物料的運送過程。首先，管理階
層綜觀全局，再將它們拆解為較小片斷，分配相對應之時間指標。

和成本相比，時間乃為更加實用的管理工具。總體而言，
成本其實是一種落後指標，也是一種以事實為依歸的一組控制
帳（control accounts）。主管透過一組控制帳，追蹤金錢在各個
帳戶項下的花費薪資、固定資產之攤銷（amortization）、庫存

持有（holding inventory）。成本屬於一種財務計算（financial calculation），其中包含某些任意分攤（arbitrary allocation）之金額，也有遞延（referrals）收益的部分。至於和成本有緊密關連的價格，則常常出現價格水準之波動或調整，甚或衍生出多種價格差異（variance）的狀況。有時，主管真的很難判斷特定成本所代表的含意──真的代表更好的績效，還是善加利用了沉沒成本（sunk cost）？

再者，某些成本的產生並非壞事，因為它們可為顧客創造附加價值；某些成本的產生，卻會減損（detract）顧客所需的價值。舉例來說，購進品質更佳的原物料，或改為用手工精整（hand-finishing）方式完成產品最後階段等，均會導致成本上升，卻能為顧客創造附加價值。但許多間接費成本項目，例如工廠內發生產品重做的成本，或閒置資產（idle assets）成本等，只有讓增加成本，卻無法創造任何附加價值。事實上，組織內部相關環節之運作若不同步（out of sync），將會大幅增加成本。大多數公司在做成本分析時，主管很難得出結論說，某些項目節省成本可增加對顧客的價值，某些項目節省成本則減損顧客重視的價值。

反之，若以時間做為管理工具，往往有助於公司做進一步的分析，藉以找出真相。時間是一種客觀的，可以準確衡量工作流的指標，而非一種被僵化會計制度型塑出來的數字。主管可以直接衡量並量化作業流，並分析作業流各個環節是否創造出真正的附加價值。舉例來說，如同被置於文件籃裡的閒置資訊一樣，存貨也是閒置的物料。重做（reworking）就是一件事做兩遍的意思。因為資料蒐集不齊全，導致決策無法制定，所代表的意義就是反應時間的損失。時間是一種直接了當的，放之四海而皆準的衡量指標。

　　時間做爲管理工具的最大優點，就是時間指標會迫使主管，將工作效率分析深入到實體層次（physical level）的地步。主管把所有相關作業──利用一張圖表清楚說明，一個客戶訂單被登錄之後，或特定專案成立之後，或任何主管想要追蹤的工作流開始之後，相關作業站每一小時或每一天之進程爲何──置於同一條時間線上，可以讓所有相關人員清楚了解，特定工作在組織內部到底是如何進行的。一旦實體作業被揭露，主管就可以提出一連串正確的問題：這個步驟爲什麼需要做兩遍？這些工作爲什麼需要按順序（serially）執行，爲何不能以並行（parallel）方式同時進行？爲什麼這個工作步驟僅運轉了一半時間？我們爲什麼要花錢投資，加快生產速度，卻讓產出在原地空等，是因爲下一個步驟尚未準備停當嗎？如果能正確回答這些問題，當能讓主管清楚了解，一家公司眞正的成本與品質問題到底出在哪裡。

　　相較於成本分析模式，這種從實體層面探索企業經營問題的途徑，更有助於主管洞察問題癥結，進而尋求確切可行的績效改進之道。舉例來說，某銀行用上述方法，將一個很單純的信用貸款申請單流程拆解開來，試圖找出爲何該銀行需要花三個星期才能核准的原因。該銀行立刻就知道該如何改善了。又，某重型卡車製造商主管持續察覺到一個現象：該公司所接客製化工程之卡車訂單，許多客製化的部分經常被退回重做，迫使工廠生產進度一再延誤。該主管遂利用上述方法尋求解決之道，例如在上游花錢投資，增加預製項目之百分比。此法終於大幅降低下游的時間損失，從而剔除間接費成本的浪費。主管一旦看清工作流程中時間的配置情形，就能進一步發現降低成本的機會。單靠成本分析方法，較難幫助主管節省時間。

　　儘管如此，在產品開發流程中，時間與成本乃有非常緊密

的關連。時間基礎公司一再強調，一個計畫表導向（schedule-driven）的開發專案，其成本將下降，卻不會有任何東西被犧牲。某專案主管這樣解釋道：「不論再怎麼精心策畫，支援系統與服務機制費時兩年，提供設計團隊所需之服務與支援，其開發成本絕不可能和費時四年的開發成本相同。這是再簡單不過的道理了。即便是進度非常緊湊的計畫表，只要大家齊心協力去完成，就沒有理由去擔心預算超支的問題了。」[2]

　　【圖 6-3】為波士頓顧問公司與《華爾街日報》合作，於 1988 年間，針對美國企業的研發政策及成果，所做的一份問卷調查結果之摘要說明。受訪主管一致認為，公司對研究發展預算的編列已到了浮濫的地步。他們也承認，公司推出新產品上市速度不如預期。由此得知，在研發主管的心目中，時間與成本有相當緊密的關連。想要壓低研發成本，最好的方法就是納入與時間有關之

【圖 6-3】上市時間與研發浪費
70 家美國公司的浪費調查報告（1988 年）

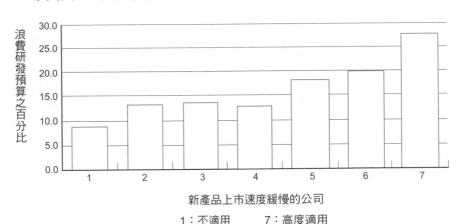

新產品上市速度緩慢的公司
1：不適用　　7：高度適用

資料來源：波士頓顧問公司與《華爾街日報》所做之研發實務問卷調查，〈錯失良機：在研究領域領先的美國人，卻讓外國人在產品開發領域迎頭趕上〉，《華爾街日報》，1988 年 11 月 14 日，R-21 頁。

衡量指標。

身為消費者，我們早已習於支付價格溢價，才能更快獲取所需產品或服務。譬如說，我們會為所下緊急訂單支付更高價格，或多付一些費用請旅館儘快送回乾洗衣物等。然而，對大多數企業而言，占用時間愈少的作業，所花成本理應更低。明確地說，時間基礎公司乃透過壓縮時間來間接降低成本。時間基礎公司通常先從縮短週期時間，或加快存貨週轉率（inventory turns）開始，與時間做正面對決，而且很快就能看到改善成效。週期時間縮短與存貨週轉週轉率的改善，表示生產線被迫停工與生產進度延誤的狀況大幅降低，也意味著公司必須應付這類狀況的頻率大減。凡此種種，均促使間接費成本持續降低。因此，若一家公司用正確方法壓縮時間，非常有機會同時改善時間與成本指標。

反向操作卻不見得盡如人意，許多公司專注於降低成本，卻往往引發時間延誤情事。舉例來說，某些公司致力於降低在製品存貨水準，直到存貨剩餘部分消除為止。之後這些公司卻出現存貨短缺現象，進而導致出貨進度被耽誤。如果公司選錯了地方進行縮減規模，反而會在組織某處造成瓶頸。再來，如果管理階層嫌召開大型專案審查會議耗費太高成本而決定取消，不見得是一個好主意，因為此類會議是唯一幫助公司發掘相關問題的場合。某些公司額外聘用許多專家，參與公司召開審查會議，幫助公司營運步入正軌，不能為了省錢而說刪就刪。那些選擇先改變業務運作方式的公司，反而能先嘗到成本降低的甜頭。

當然，所有時間基礎公司均同時採用成本與時間兩種衡量指標。透過成本指標，主管可以掌握進而控制重要資源的財務績效與花費。但值得注意的是，主管必須非常謹慎，不能僅在既有成本基礎指標上附加時間基礎指標，進而控制那些已存在的績效項

目。如此做可能會讓兩種指標互相衝突，同時會傳遞讓人誤解的訊息。舉例來說，某公司管理階層相信，供應顧客的前置時間流程（即從訂單到交貨的天數）應設法縮短。經過一番努力，該公司做到了，然而積壓待配訂貨（backlogs，或譯為待完成量）也跟著增加了。前置時間縮短後，積壓待配訂貨在遞送系統停留的天數自動跟著降低。此外，前置時間縮短後，由於前置時間太長，使得顧客取消訂單而造成的錯誤積壓待配訂貨，也會跟著自動減少。過去，保持一定數量的積壓待配訂貨，總是讓主管比較放心。一旦積壓待配訂貨水準降低，某些主管開始覺得不安。於是乎，財務長說服資深管理階層另外訂定一個目標，也就是維持較高的積壓待配訂貨水準，同時責成行銷部門全力支援達成該目標。結果這兩種互斥的目標，讓相關部門及人員無所適從。另一個例子為，某公司高層要求工廠主管，縮短週期時間及提高存貨週轉率，同時還要該主管提高設備使用效率，並將直接人工成本降至最低。但為了達成後兩個目標，讓該主管無法縮短生產運行時間，也無法將現有間接人工功能移轉給直接人工。總之，該主管根本沒有辦法大幅縮短週期時間。

　　不像時間指標與成本指標有時會互斥，時間指標與品質指標不僅不會互斥，往往能相輔相成。例如像錯誤率（error rate）、產出率、重做等純品質指標，乃直接影響整體週期時間。透過時間指標，主管得以再次準確地定位品質問題──更接近價值遞送系統中心，以及更接近營運程序要徑（critical path）的品質問題，愈有可能拖慢價值遞送程序的速度。在某些主管的眼中，時間指標比整體品質稽核（quality audit）更有效，因為透過時間指標，主管可以更迅速地確認最關鍵的品質議題，進而有效地處理這些品質議題。所有品質改善方案都必須從產生問題的最基層做起。

可惜某些品質改善方案啓動太慢，改善進度也太緩慢，以致錯失早期發現、早期改善的良機，也等同於錯失獲取重大改進績效的良機。時間基礎診斷（確認時間在何處浪費的診斷），幾乎總能更快揭露品質問題。

第七章

蛻變為時間基礎組織

　　想要蛻變為時間基礎組織的公司，一定會經歷一段艱苦歷程，必須持續且專心投入努力。那些在世人面前展現卓越績效的優質企業，外人實難想像，它們到底費了多大工夫，才把產品或服務遞送出門。你能叫得出名字的課題或願景（品質、全球化、創新）它們都想要得到主管給予多一分的關注。特別是對執行長來說，某些課題似乎比時間壓縮更加具體或更易於管理。再者，從字面上看，管理階層似乎應該授權營運主管去執行時間壓縮的任務。

　　然而，即便身為營運部門之主管，也常對時間指標視而不見——不僅僅是忽視，更確切的說，是管理不善。每一天，主管用一種鬆散的態度去處理與時間有關的業務，例如交貨日期、前置時間、提前舉辦產品發表會等。但他們幾乎未曾退一步，從系統層面去思考時間的課題，也不曾試著去思考能否運用時間，幫助公司創造競爭優勢。我們舉兩個在職場常見的情境來說明，人們為何會輕易地忽略時間因素，或對時間管理不善。

　　第一個情境為，屬下為主管準備的決策備選方案中，幾乎從未包含從時間角度（時間對所做決策的影響）進行深入分析之選項。例如，一份關於新生產程序之企畫書，其中標註的重點包括成本撙節與產能效率提升，卻未說明改為規模更大的生產批量，

可能會拖垮整體價值遞送流程時間。支持公司遷往辦公大樓新址的人，不斷地談論新大樓空間寬敞、便利設施多麼貼心，卻未能指出，從辦公大樓平面圖中即可看出，行銷功能與工程功能被明顯隔開，未來極可能會拉長新產品開發程序的時間。因此，各級主管必須特別學習一件事：例行且專注於系統時間課題，並視時間爲可管理的績效指標。

第二個也是問題最大的情境是，包括資深主管在內，職場中大多數人都習慣待在穩定的工作流程（working procedure），與社會模式（social pattern）中。一旦公司決定要大費周章地處理週期時間課題，無疑將破壞前述工作程序與社會模式之穩定。跨功能團隊（multifunctional team）的成立，將破壞行之有年的部門關係與行事慣例。壓縮週期時間將掃除長久以來的舊習，例如品質檢查（quality inspection）與冗餘數據（redundant data）登錄等工作。這類舊習之所以存在，完全是因爲設計不良，或執行不力，導致工作者無法於第一次執行工作時順利完成任務。某些被公司高薪禮聘來的專家，反而導致工作出現瓶頸，且讓其他人變得完全是多餘的。舉例來說，如果一家公司能夠立即反應需求水準的變動，就不需要針對市場預測進行繁複的短期調整。

即便管理階層終於興高采烈地認同，時間壓縮可當成一項競爭優勢的來源，而且是一個能加以管理的績效指標，將來仍有很長的一段路要走。因爲要讓全公司上下專心追求時間壓縮，很難不會中途鬆懈的。在美國企業界，與管理有關的熱門課題，常常流行一陣子就換一個新課題了。除非資深主管持續努力推行，長期堅持初衷，否則組織成員將抱著一種「再過一陣子它就退場」的心態。當主管交辦某個強勢課題，員工卻發現很難找到該課題和本身工作的直接關連，在執行該課題任務時，員工將自動打折

處理。以策略規畫（strategic planning）與價值基礎採購（value-based purchasing）等管理觀念為例，它們在許多公司早已胎死腹中，就是因為管理階層在宣傳這些新觀念時，似乎言不由衷。

如前所述，組織內部的確存在著許多抑制管理階層推行時間管理的力量。但外部事實（不加快速度，組織就無法生存）帶來的壓力，足以壓過所有反對聲浪。速度是非常明確的標的。而且，員工也很容易找到時間壓縮和他們所關切事物（例如成本與品質）之間的關連。當員工開始分析時間在何處被浪費時，將有助於他們找到公司裡品質與成本問題的源頭。尤有進者，當全公司齊心努力讓新產品早一點上市時，常讓許多員工感受到這件事與他們有切身關係。例如，對一名產品工程師來說，這可能意味著管理階層真的想要排除非必要的，常延誤他們工作進度的審查手續。對某個市場研究人員來說，他很有可能被邀請加入新產品開發團隊，變成該團隊的核心成員。此人可以直接看到自己對於市場趨勢的觀察所得，如何影響決策的形成，而不是像以前那樣，花了很多工夫撰寫一份市調報告，經過層層過濾送往主管，然後再等待下一個工作指令。對一名抵押貸款行員來說，這可能意味著在貸款申請者已等得不耐煩，準備換另一家銀行遞送申請書之前，就取得核貸同意的回覆了。

一個組織將通過三個階段，才有可能蛻變為真正的時基競爭者。首先，該組織發現蛻變為時基競爭者的大好機會，而決定追求達成此一目標。我們稱此一階段為**願景與決策**。到了第二個階段，組織開始改變公司運作的基本方式。此時，人們懷著既期待，又怕受傷害的心情，迎接新的解決方案與工作實務的到來。此一階段被稱為**進行變革**，是很容易理解的。第三個階段是無限期的**持續改進**。和任何其他真正有價值的管理觀念一樣，時間壓

縮是一個旅程，而非一個專案計畫。這個旅程一路上既艱辛又遙遠，因爲每一次組織在反應與速度指標上取得重大進展，都意味著某些公認可行的假設或工作實務被徹底推翻。而且，當愈來愈多競爭者也開始加入壓縮時間的戰局時，必然將迫使組織進一步調整預計改善的速度目標。

　　沒有任何兩家公司的三階段歷程完全相同。某些公司可能甚快就經歷過第一階段，立刻就能成功地導入根本變革。某些公司卻在第一階段就遇到困難而栽了觔斗，甚至必須重頭來過好幾次。如果一家公司僅對時間壓縮有了一些粗淺的認識，並未深入了解未來必須花很大工夫打破固有舊習，便倉促決定要追求時間壓縮目標，到了第二階段，該公司勢必發現改革之路早已偏離正軌。還有一些公司一開始改革氣勢甚旺，前半年就獲得不錯改善績效，卻因後勁不足而難以爲繼。但大體而言，凡致力於改進時間指標的公司，大多發現事在人爲。只要方向正確，再加上努力不懈，確實有機會大幅改善週期時間。下文所介紹的實際案例，將詳細說明一些公司從追求改革的經驗中習得的教訓。

願景與決策

　　第一階段其實就是一個從覺察（awareness）走到承諾（commitment）的歷程。在此一歷程中，關鍵主管實爲關鍵人物，因爲他們必須做好各種相關準備，俾推動全體組織從事改革。關鍵主管在第一階段的目的，是要說服主要人員相信，擺在組織面前的是一個絕佳機會──或一個已逐漸迫近的問題──爲了掌握此一良機，組織應接受一個打破固有思惟的新典範（paradigm），俾進行必要的改革。一家公司在此一階段所做的一切──推算公

司目前在時間基礎績效方面之競爭地位、擘畫公司未來願景，並決定未來該如何進行改革──都是為了進入下一個階段預做準備。某些公司在此一階段，很自然地產生該如何改進工作方式之構想──正確的分析往往有助於公司較早訂出正確的改進步驟。但此一階段的真正目的，乃是要建立一種承諾，確保大家今後能用新的思惟去看待競爭賽局，以及主管必須採行的方法。

推算（reckoning）公司目前的競爭地位，乃意味著管理階層必須以業界最佳企業的績效為基準，誠實檢視公司現有績效水準，同時推估公司未來可能的績效成長趨勢。也就是說，管理階層必須同時進行內部與外部分析。內部分析指的是，管理階層應設法將一些重要工作──資訊處理、專案管理、物料運送，以及接待顧客等──的處理時間之移動圖像（moving pictures），拼湊出一個完整面貌，以及公司的信念、實務、政策及制度對這些工作的影響為何。外部分析指的是，管理階層必須清楚描述，顧客現今的真實需要為何，以及他們最希望公司以何種方式滿足他們的需要，最後再將業界最佳時間基礎競爭者如何營運的移動圖像，拼湊出來。綜合以上兩種自我發現的分析之結果，將帶給管理階層真實的時間基礎典範及其能力之具體樣貌，好做為公司未來追求達成之目標。

繪製策略地圖

如果主管能先確認關鍵附加價值工作的週期，進而分別分析該週期各環節之運行現況，當有助於提升組織內部重要元件之運轉效能。這類關鍵附加價值工作週期，常見於新產品開發、客戶訂單處理、在施工現場進行工程變更，以及將一個成功的新產品移植到海外等工作領域。想要了解全系統協調的需求如何施加於

員工身上，跨功能策略地圖（cross-functional map）能派上用場。
【圖 7-1】為一新產品開發簡圖，這張圖告訴我們，駐地辦公室
（field office）、行銷、工程及製造等功能，如何長時間的互動，
帶領公司從最初顧客對現有產品的回饋開始，經過一連串工作
站，一路走到最後定案之設計，再到新產品完成生產作業為止。

　　一旦找出了全系統的功能關係，主管便能以關鍵要角（key
player）為縱軸，以時間為橫軸，繪製出新產品開發程序之走向
圖。此時，主管應逐一尋求下列問題之正確答案：在此一開發程
序中，各關鍵要角參與了哪些事務，參與頻率為何？每一要角應
該知道其他要角執行哪些工作？這些要角在何處制定決策？這些
決策者需要其他要角提供哪些東西，好幫助他們提升決策品質？
程序中發生哪些時間損失，包括時間延誤的直接損失，以及因為
思慮不周或資料欠缺，導致出現意外狀況而迫使進度落後之間接
時間損失？

【圖 7-1】新產品開發程序中的跨功能工作

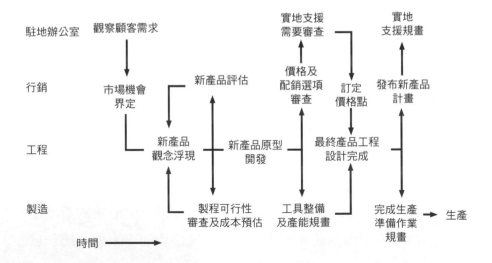

　　在探究複雜工作週期的過程中，某些大企業已能逐漸看清楚一些重要事實。首先，甚少主管知道，公司還能繪製出組織內部的互動圖。他們都知道公司組織圖是怎麼一回事，也曉得專案的要徑，特別是審查日期。換言之，他們知道特定程序需要花多少時間，也知道哪些人參與該程序，但不知道如何處理時間損失的問題，更不知道該從何處下手。對主管來說，組織內部的互動就像是一座迷宮，等到偶發危機出現時，他們才有機會對此一互動關係有初步的認識。第二，即便主管請幕僚人員想辦法繪製出一張互動圖，此一迷宮依舊無解。這些幕僚人員回去以後，通常會翻箱倒櫃找出一張工程流程圖（flow chart），內含數百個存料（stock）、流（flow）及決策點（decision point）。這種工程流程圖可掛滿一整面牆。管理階層不需要這種東西。相反地，管理階層需要幕僚人員運用圖文說明的方式，把少數必需的、敏感的，不成則敗（make it or break it）的互動關係，濃縮為一種簡化的互動程序示意圖，方便他們吸收，並進一步加以詮釋。第三，想要繪製出一張有實用價值的系統圖，該圖必須強調系統內的實際行為，而非要角扮演的個人角色。組織並非營造機器，組織其實就是一個社會縮影。關鍵環節（critical link）多半是跨功能的環節，但各功能亦有其專屬的價值、規定、實務及忠誠。一張有實用價值，能顯示各功能彼此互動的系統圖，必須能突顯出那些足以影響工作成敗的關鍵因素。想要讓所屬組織蛻變為真正的時基競爭者，主管勢須確切了解本身到底需要了解哪些知識。

　　【圖 7-2】是另一張示意圖。該示意圖不僅有助於主管了解系統運作方式，也能告知系統如此運作之背後原因。該示意圖係一家接單製造之主要製造商的簡化示意圖。該製造商專門生產，應用於客戶生產程序中之高單價客製化工業部件（industrial component）。從該示意圖中，我們可以看出一個從顧客訂單到完成交運的營業週期。儘管過度簡化，我們仍可從圖中看出一些端倪。

該公司一直無法解決前置時間不確定的老問題。因此每到了需要對客戶承諾交貨日期時，主管都很苦惱。該公司前置時間有時很短，四週即可完成，有時卻需拖到 36 週。平均約為 24 週。更糟的是，裝運時間往往都會延遲。該公司所生產的客製化工業部件，在客戶中享有非常高的評價。可惜的是，漫長且不可靠的前置時間，讓該公司的信譽被大打折扣。如果該公司能善加控制週期時間，很有機會在此一總值四億美元的客製化工業部件市場，予取予求。從銷售人員向客戶爭取簽到訂單，再到最終產品完成交運，這期間實際創造附加價值的工作時間，總共不過 1 至 2 週左右。因此，主管決定找出問題癥結：到底時間花在哪些地方，以及工作流程在何處陷入困境。

【圖 7-2】說明了基本資訊流（information flow）之路線圖。顧客和銷售人員談論訂單細節。銷售人員登錄訂單內容，並詳細記載產品之技術規格，然後傳送給訂單處理人員、客製化設計工程師，及生產排程人員。銷售人員同時在訂單上註記，說明該訂單之處理優先順位。生產排程釋出訂單至生產控制人員，由後者協調 3 座工廠的生產作業──製造、完工及運送。該公司先將成品送至地區性倉庫，再運送給客戶，同時知會銷售人員。整個流程可以具象化地分割為兩個連續的週期──平均花費四週的訂單處理週期，以及平均花費 20 週的生產週期。

本案例所繪製路線圖，有助於解釋造成該公司被拖長且常變動之週期的原因。【圖 7-2】突顯出該公司的結構與政策，如何影響下述特定之系統行為：

【圖 7-2 】繪製作業系統路線圖
　　　　主要問題之成因

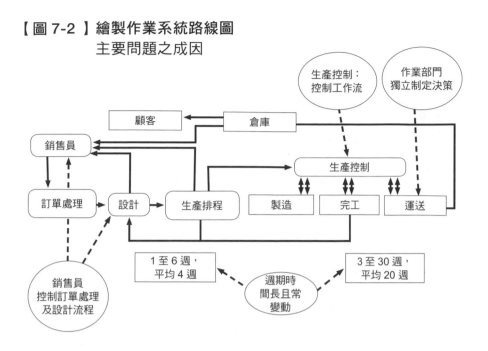

　　　銷售人員根據公司政策下單（place orders），同時註記排程之優先順位。他們密切監視現有工廠前置時間，以決定何時下單，並決定如何註記優先順位。銷售人員如此行事，目的是要提供大客戶最好的服務。然而，現行政策必然產生系統效應（system effect）：位於下游的生產功能會心生困惑，而把未註記優先處理的訂單擱置一旁。再者，由於該公司現行前置時間過長，等於變相鼓勵銷售人員用賭一把的心態下單，想辦法「插隊」。否則按照正常程序排隊處理，銷售人員將很難向客戶交待。如此一來，這些插隊訂單又會進一步拉長前置時間。

　　　客戶下單後，銷售人員把初步的產品規格傳送給設計部門。但之後，銷售人員一接獲新增的技術資訊，便立刻轉傳給設計部門。該公司施行此一政策的目的，乃是希望公司能夠早一點掌握訂單規格的輪廓，等到客戶最後交付定案的技術規格時，設計部

門就可以馬上完成相關的設計工作。然而，設計部門因此一結構承受了極大的資訊流壓力。在實務上，此一政策也讓設計與生產排程均喪失了對週期的控制。當所有資訊完備——包括如何進行最後加工與集材，之後再送往工廠之步驟——時，設計部門將開始進行任務。但和某個必須優先處理的訂單有關的片斷資訊，不定時的會被送進來，不斷地干擾資訊流。這類片斷資訊就像是斷斷續續流出的水滴，迫使工作難以持續進行。有時就連高優先順位的大訂單，也會被嚴重的拖累。工作進程每天都會更改，銷售與生產排程之間的協商，變得難以想像地困難與費時費力。公司承諾客戶的交貨日期一改再改，早已變得毫無意義。設計部門的工作流程經常被干擾，可能意味著，某些低優先順位的訂單進行了不只一次的設計工作。

- 生產控制把每一張訂單分別交給三個獨立部門（製造、精加工及運送）去執行任務，方便它分別控制每一部門，並在必要時，安排進度落後或高優先順位的訂單，在這三個工作階段當中，以插隊方式優先處理。下游部門無法預測未來的工作負荷（workload，或譯為工作量）。工廠方面也難以做產能規畫，遑論控制批量大小了。沒有人能夠預測任何一張訂單的總工廠週期時間（total factory cycle time）。凡此種種，均造成交貨日期屢屢延後，而且銷售人員幾乎不可能事先告知客戶確切的前置時間。系統失調讓組織進退失據。

- 繪製上述系統路線圖突顯出該公司多處矛盾點。這些矛盾點持續不斷地困擾管理階層。第一，公司明訂應提供更好的顧客服務的政策，該政策本身卻在扯顧客服務的後腿。明明根據公司政策與結構採行的做法，其效果適得其反，

而讓所有進度變得像牛步化。第二，該公司想要做更好的微觀管理（microcontrol；俗稱微管理），特別是想要透過銷售人員與生產控制進行，其效果同樣適得其反。連高優先順位的訂單亦不例外。第三，試圖透過剔除特定步驟──例如補送臨時訂單狀態（interim order status）報告──來壓縮時間，反而會造成反效果，因為公司所需與重新安排生產排程有關的資訊不足。一個已失控的系統，不斷地需要更多的資訊補充，以防止它崩潰。

在沒有進行上述探索並找出問題癥結之前，該公司各級主管對改善現狀並無任何共識。功能主管的視角有限，而且他們為了控制所屬功能所採取的行動，常造成組織其他功能的困擾。舉例來說，設計功能決定彙集一定程度之規格資料後，再傳送訂單給生產排程功能。但這樣做反而讓系統中高優先順位訂單的能見度降低，稍後一定會出現更多不同訂單搶奪資源的混亂情境。如果在設計與修改階段，未邀請功能主管對特定系統提供助力，管理階層就不能期待他們了解，進而投身於該系統的工作。然而位階比功能主管更高的管理階層，每天不是忙著探索關鍵技術，就是忙於處理人事問題。管理階層總認為，業務運作應該是功能主管的職責。在系統路線圖繪製成功之前，組織所有成員都認為，研發出最新進的技術，才是創造競爭優勢的唯一途徑，而且是高階管理階層的主要責任。有了系統路線圖之後，解決時間壓縮的問題變成各級管理幹部的職責了。

一家公司能否繪製出一幅讓人一目了然的系統路線圖，與該公司計畫從哪些待診斷的問題著手有直接的關係。上述那家工業部件製造商，至少能確認該公司的主序列為何。該主序列算是相對直接了當的路線。其他組織便沒有那麼幸運了。以大型保險公

司爲例，這類組織通常都會販售種類繁多的各類保單。因此，保險公司連繪製系統路線圖都覺得非常困難。保險公司的例行性業務繁雜，從訂定新保單的價格，到處理保險理賠案件，不同任務在組織內部的工作流程路線也大不相同，完全取決於保單的特質。一家保險公司的主要互動型態與週期時間，通常看起來毫無章法。儘管如此，我們仍然應該試著從雜亂中理出一個頭緒來。首先，我們可做初步的分類，把保險員每日處理的交易，大致分爲高強度（high intensity）交易及低強度（low intensity）交易二類，然後再蒐集大量的交易，用統計分析技術，依性質相似度歸類爲不同的叢集（cluster）。此時，一連串的主序列開始逐漸成型，有助於主管正確描述例常業務的運作。而這也是一個幫助主管去思考，應如何壓縮時間的正確起始點。

再舉另一個消費品（consumer product）製造商的例子。該公司發現，繪製出一幅關於決策制定機制的資訊路線圖，對評估品牌主管系統的競爭效用（competitive effectiveness）尤其實用。該公司經常研發出非常優秀的產品，和零售商也維持穩固的生意往來關係。然而，該公司近來新產品上市速度愈來愈慢，新產品促銷步調也常趕不上市場競爭腳步。自從該公司繪製出管理互動型態之路線圖後，主管發現，品牌經理想要加快決策腳步時，總會被兩個因素拖慢速度。這兩個因素分別爲，該公司新聘了一位專家——管理矩陣（management matrix）組織圖中新增的一個層面——以及公司新增加一回合的市場試驗（market test）。過去，品牌經理和產品開發，以及現場作業（field operation）人員之間，一向保持直接且快速的溝通效率，現在的溝通卻變得間接迂迴。該公司新增這些作爲，或許從技術面看立意良好，但從市場競爭角度來看，卻糟糕透頂：品牌經理再也不能快速行動，爭取市場

時效。

測度

　　一旦管理階層決定用時間，來衡量組織內部的相關績效時，是因為他們相信，時間才是相對直接且客觀的評量指標。在衡量占用時間的績效指標——前置時間、週期時間等——時間乃是明確的（explicitly）數據；然而，時間也隱含於（implicitly）衡量工程與財務——機器稼動率（machine uptime）、產品產出率（product yield）、存貨週轉率（inventory turnover）等——的績效指標中。當我們把這類與時間相關的指標，全部集中於一張資訊流路線圖中，就能顯示一個組織的主要工作流程及互動型態，且能輕易找出問題癥結及潛在機會。

　　茲再舉前文提及的那家客製化工業部件製造商為例。與高層主管討論為何應改採更佳的企業經營模式時，以下兩個測度（metrics）顯得特別有說服力。第一個測度，是銷售人員花時間的方式。管理階層總認為，銷售人員大部分時間都花在和顧客談事情上面。但事實上，為了讓工作流程更順暢，銷售人員經常花更多時間，和生產排程與設計部門溝通或協商事情。另一個測度，為比較工廠裡，每一生產批量（production lot，或譯為生產批）的實際時間和標準時間。【圖 7-3】顯示，該公司某工廠所生產「價值一年生產批量」的三種產品，其實際時間與標準時間之比較。產品 A 的標準工廠週期時間為三天，也是產品 A 的實際平均值；但產品 A 的實際工廠週期時間從 1 到 7 天不等。產品 B 的標準時間為七天，但實際上，16 個批量中，僅有一個批量達到標準。大多數產品 B 在工廠的週期時間至少為 10 天或更久，其中一個批量花了 20 天才出門。產品 C 的情況也很類似。在任何一個系統，

【圖 7-3】每批量產品在工廠內的流程時間：實際值 vs. 標準值

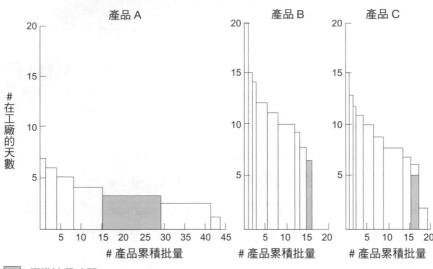

如果實際數字遠超過標準，或變異性太高，即表示該系統已屬失控。在這樣的公司，主管絕不可能訂定可靠的排程或產能規畫。

值得注意的是，高層主管通常會特別關切報價單中的前置時間、待完成量，及遲運率（percent late shipment）。但問題是，前置時間及待完成量係取決於兩個要素：需求面訂單流（order flow，或譯為訂單流程）的強度，和供給面實際平均週期時間長短。對資深管理階層來說，待完成量增加即意味著需求提升。尤有進者，遲運率未能反映個別批量的實際週期時間長短，因為生產排程經常在調控（juggle）訂單，而且銷售人員也常在報價單中提報較長的前置時間。本案例乃強調應儘早處理問題點──管理階層必須從實體角度去衡量營運績效好壞。

主管可試著繪出累積占用時間長條圖（cumulative elapsed time bar），這是一種效果頗佳的時間壓縮綜合指標。一開始，主管可將此一長條圖從左到右平鋪開來，其長度即代表整體週期時

間。若為新產品測試計畫，週期時間可設為二個月。每一天可視為該長條的一小片。每片的顏色則視該日是否有附加價值而定。綠色表示該段時間工作者有在創造附加價值，白色則表示延期、等候、重做，以及其他可避免的停工等狀況。一般公司繪製出來的長條圖，其中大部分區塊都是白色的，僅有一小部分是綠色的。茲舉一個實際案例。某公司市場試驗中心總是依照慣例，安排兩個月時間執行新產品試驗計畫。新產品專案經理也依照慣例，將兩個月的試驗計畫擺進專案進度時程表中。但進一步的分析顯示，此一週期時間的三分之二都是可以避免的——未事先妥善規畫同時備妥所有必要的資訊；相關試驗步驟各自獨立進行，未依照既定順序進行；該公司擁有職位頂替權（bumping rights）之某部門，要求新產品上市日期延期，因為該部門認為，預定日期影響該部門工作。仔細檢視過長條圖大片白色區塊的主管，可立即採取行動加以改善。如今，市場試驗計畫僅需三週時間。資料未備妥的話，週期時間一定會拖延。爾後也不會有人再端出什麼職位頂替權，因為三週時間可滿足所有人與相關部門的需要。職位頂替權的出現，完全是因為週期時間未事先妥善規畫。這家公司還有很多週期時間需要逐一加以檢視。

　　用累計稼動率（cumulative uptime）乘以產出率做為指標，來衡量某些，包含數個彼此有緊密連接關係之序列步階（sequential steps）的程序，可精準得知這些程序的時間壓縮績效。一組作業序列集（sequential set）中每個工作站——不論它們是在處理材料加工（processing material）的工廠，或是在處理資訊的辦公室——它們或在執行作業（亦即，稼動率的百分比〔percent uptime〕），或未在執行作業；而執行作業之工作站或首次產出良品（good product），或未首次產出良品（亦即，產出率的百分比）。

如果每一工作站之稼動率均爲 100%，也能創造 100% 產出率，那麼此一程序便達成了最完美的週期時間。但在實務上，大多數程序中的某些工作站，或處於停工狀態，或做出的成品與規格不符，而造成整個產品線停止運作（shut down），或各工作站之間充斥著緩衝存貨（buffer inventory）與佇列（queue）。凡此種種，均讓所有產品的週期時間拉長。

【圖 7-4】列出與照明燈具製程有關的 19 個步驟。該照明燈具製造商幾乎從未嘗試過用製程週期時間來分析該公司的營運績效。該公司業績蒸蒸日上。管理階層想要在不增加等比例設備及人力的條件下，一方面擴充產能，另一方面增加產品多樣化。於是乎，主管繪製出整個程序，並計算各個工作站稼動率乘以產出率之數字，再將 19 個工作站的數字加總，得到累計稼動率乘以產出率的結果。主管算出該結果後，令人大吃一驚。每一工作站的稼動率乘以產出率的結果均不理想。每個工作站或多或少都有一些問題。每一工作站的稼動率或產出率，都未達到 100%。透過本章介紹，針對程序製圖，進而測度（衡量）該系統的效率，讓主管得知，如果每一工作站的產出率與稼動率，只要比現有績效各提升 1%，就能讓整個程序的有效產能提升三分之一（請記住，1% 的稼動率改良幅度可連續乘以 19 次，再加上產出率也可連續乘以 19 次，總共可乘以 38 次）。換言之，一家公司想要同時提升產能並增加生產彈性，乃意味著該公司必須用更嚴格方式控制現有程序。如此做可將現有產品數量之生產週期時間縮短。而多出來的時間，可用於生產更多其他種類的產品，從而提升整體產出。如此做尚有助於降低產品多樣化的成本。原因即在於，週期時間愈短，工廠便能愈快爲新產品變異品項準備妥當，俾安排生產作業，最後將成品運送至客戶處。

　　對這家公司來說，能發揮最大槓桿作用（leverage）的投資，不是投入更多資金增購設備，亦非增聘更多人手，而是想辦法做到更完善的程序控制。一個序列處理程序（sequential process，或譯為序列進程），同時且強有力地匯集了時間壓縮、品質與成本這三個要素。產品品質在此處出現破口，停工則會讓維修與重新啟動（resetup）等間接費成本大增。想要有效進行程序控制，這家公司最好先深入了解各處理程序週期內容，進而設法加強對各步驟的控制。如果現實條件需要，我們建議最好重新設計相關處理程序。完成批量（finished lot）的週期時間——其實此一數字就是稼動率乘以產出率的反數（inverse）——是衡量作業運轉效率的最佳單一指標。

　　一如衡量工廠作業效率，稼動率乘以產出率的觀點，亦適用於衡量辦公室的工作效率。許多大型資訊處理組織——保險

【圖7-4】週期時間與程序信度（process reliability）
某照明燈具製造商之累計稼動率與產出率

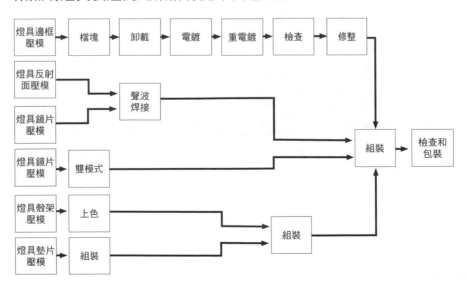

公司、銀行、政府核發證照局處（government licensing bureau）等——均擁有一個業務處理主序列。但這類組織擔心業務量龐大，或擔心某些步驟處理起來太過繁複，因此通常將主序列的業務拆解，交給不同部門去處理。這類組織認為，將作業流程設計為連續不斷的直線程序，風險太高。以核發證照之政府機構為例，處理證照核發之申請作業流程，可能包含詳閱申請書內容、給予申請書編號、核對參考附件資料、同事複審、批價、選擇限制條件、建檔，以及和申請者核對內容等步驟。當組織拆解這類重複序列，再將工作分別交給不同部門去執行，週期時間一定會被拉長。各部門及其工作者將無法看到主序列工作之全貌。既然看不到全貌，組織勢須在程序路線途中建立直接連接點，迫使組織必須管理稼動率與產出率。主序列一旦被分解，各部門一定各行其是，包括自行訂定工作規則，採購所需硬體設備，以及設計僅適用於所屬部門之規格等。各部門主管對規模與專業化（specialization）短視的迷戀（fascination），極有可能會破壞工作的自然連續性，並且讓累計稼動率和產出率兩者之間，強有力的可相乘（multiplicative）關係——快速週期的關鍵——被各部門的本位主義給淹沒掉了。

時間基礎績效該用哪些時間指標來衡量，實務上並無一套放之四海而皆準的指標。一個組織該採用前文介紹數種方法中的哪一個——比較標準週期時間與實際週期時間、繪製占用時間長條圖，以及稼動率乘以產出率——需視組織從事何種事業而定。【圖 7-3】列出一個一般性的指標分類，可以幫助主管找到正確的思考方向。

外部競爭標竿管理法

　　管理階層不妨深入分析，業界最佳時基競爭者的營運模式與管控措施，俾藉此讓組織內部各主要幹部，把注意力放在時間因素上。時至今日，幾乎所有產業都至少有一個以上的時間壓縮企業模範生。這些模範企業在時間壓縮課題上，能提供有寶貴價值的數據點（data point）──這些企業反應速度特快，賺錢能力超強，在營運方面一定有過人之處。管理階層師法的對象，不見得非要選競爭同業。任何一個在時間壓縮方面有卓越績效的企業，它們的營運模式、顧客群體、資訊流，乃至於決策週期，都有甚多可資借鏡之處。在學習過程中，主管不僅應記錄這些卓越企業的績效數據，更應觀察、模仿，或至少應學習欲師法的企業，它們到底是如何辦到的。

　　有時，研究競爭同業比研究自己公司更容易，因為研究他人會比較客觀。但須注意的是，競爭同業和你一樣，某些屬於商業機密的領域，競爭同業不可能洩露。事實上，你最好這樣假設，你的競爭同業不會迫使你去想像，它們是用不同途徑達成現有境界的。想要一探競爭同業達成卓越績效的究竟，如同想要解開拼圖遊戲之謎，或是像福爾摩斯（Sherlock Holmes）試圖揭露一樁犯罪案件之真相，一樣的困難。只要你存著一顆開放的心，不先入為主，不想當然耳地遽下結論，那麼，你努力想要尋求遺失的碎片（missing pieces）或線索，進而找到問題癥結的機會，總是存在的。探索真相的目的，不是要蒐集真相的碎片，而是要理出一個頭緒，找到最關鍵的那個整合型態（integrating pattern）。時基競爭者做事的方法很多都與眾不同。重要的是，你要想辦法從眾多方法中歸納出一個新典範，或一個新洞見（insight，或譯為洞察力）。這個新典範或洞見，才是將所有碎片拼湊為時基競爭

眞相的主導力量。但，一個只懂得從傳統假設（assumption）角度看事情的人，永遠也找不到新典範。

有效競爭標竿學習的關鍵

- 找出不尋常的工作實務。探究這些成功實務背後的合理性。要假設這些成功實務是遺環（missing links），而非異常（anomalies）。

- 詢問顧客，爲何競爭同業能夠銷售一空，你卻辦不到。

- 想像一下，此一競爭同業的規模是你公司的十分之一。那麼如此規模的公司，應如何設計結構並治理呢？

- 想像一下，此一競爭同業的理想資訊流爲何。再估計有多少與物料流程（material flow）有關的問題將消失不見。

- 研究該競爭同業的配送作業——頻率、批量組成、通路、顧客選擇等等——並視之爲工作流程內部的重要線索。

一個好的時基競爭分析，應包含對競爭同業採行的行銷觀念、行爲模式、現行制度，乃至於對績效指標等，進行徹底的研究。以下便使用兩張動態觀點圖（【圖7-5】與【圖7-6】）也就是豐田的核心汽車製造作業，來清楚說明，一家時基競爭者如何將上述所有因素（行銷觀念、行爲模式、現行制度，以及績效指標）串連起來，以創造出一個能促進學習，甚具說服力的圖像。不久之前，豐田才被世人公認爲一家偉大的行銷企業，一家實行及時生產制度的製造商，一家嚴格要求供應商創造附加價值的統籌者（organizer），以及一家實施共識管理（consensus management）的模範生。然而，這些給世人的個別印象，並未能揭露豐田公司的整體營運全貌。【圖7-5】是一家歐美的汽車公司從一個整合全

【圖 7-5】豐田用更快的速度執行主要作業……

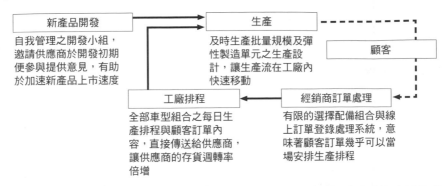

資料來源：約瑟夫‧鮑爾（Joseph Bower）及湯瑪士‧郝特,〈運用快速週期能力創造競爭力〉（Fast Cycle Capability for Competitive Power）,《哈佛商業評論》,11-12 月號,1988 年,112 頁。版權所有 ©1988,哈佛學院（Harvard College）的校長與教職員。

【圖 7-6 】……因此豐田得以縮短每個週期時間

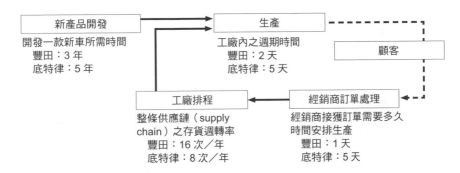

資料來源：約瑟夫‧鮑爾及湯瑪士‧郝特,〈運用快速週期能力創造競爭力〉,《哈佛商業評論》,11-12 月號,1988 年,113 頁。版權所有　©1988,哈佛學院的校長與教職員。

系統的觀點,徹底檢視豐田營運全貌之嘗試。

　　該歐美的汽車公司給【圖 7-5】取名為「豐田賽道」（Toyota Racetrack）。該公司用來建構【圖 7-5】的資料,全部取材自公共來源（public source）,以及任何大型汽車公司均可從其供應商處取得的資料。該圖之所以引起管理階層的關注,不是一幅拼圖

的部分碎片，而是該圖可以幫助人們從一個全新典範之角度，看清楚豐田如何運用一系列互連的（interconnected）時間週期，建構出豐田的全貌。在豐田公司，產品開發任務，特別是特定系列車型之開發任務，管理階層乃交由自我管理的跨功能小組全權負責。為快速反應市場需求之變動，新產品開發小組採同時開發產品及設計製程之模式，既能壓縮週期時間，也能確保下游工廠擁有更佳的「可製造性」（manufacturability）。新產品開發小組不僅負責特定車型系列的款式變更、車款性能，以及成本決策，甚至自行管控小組開發進程與績效考核。開發小組尚需自行挑選及管理合格供應商，並於設計階段初期即邀請供應商參與。凡此種種作為，讓豐田達到了前所未有的快速開發週期水準（平均三年左右）更高的新產品導入頻率，以及讓現有車款持續導入創新——大改款或小改款。

生產週期始於某顧客在經銷商處下訂單的那一刻起。日本的汽車經銷商均與工廠排程系統連線作業。因此，當某個汽車訂單完成規格確認，以及車主選妥全部選擇配備後，汽車經銷商立刻將相關資料輸入電腦系統，並傳送至工廠排程單位。豐田的排程原則，乃是儘量均勻分配工廠每日工作量，從而將劇烈波動情況減至最低，並讓每日都能生產出全部車型組合。顧客在經銷商處幾乎當場就能得到可靠的交車答覆。供應商可從電腦系統自動取得新訂單資料，以及穩妥的生產進度。因此，供應商絕不會在最後組裝（final assembly）日送錯零組件。

豐田汽車的實際生產作業，乃是透過彈性製造單元（flexible manufacturing cells），每次以較小的批量規模來執行。豐田做如此的安排，好讓工廠能應付生產不同車型之混流（mixed flow），並將生產線轉換時間降至最低。工廠主管的管理重心，就是要維

持高稼動率與高產出率。一間擁有高稼動率與高產出率的工廠，其生產週期必定維持著快節奏，也必定會榨乾所有非必要的間接費成本。而豐田工廠透過一個可靠的、持續不斷的製程，努力達成第一次就做對工作之目標，當然會增加必要的間接費成本開支。

豐田每個作業環節，都追求一個共同的典範或願景。但各作業環節現有的工作實務，在不同時期可能會有不同面貌，而且會隨著時間的推移持續變更。因此，競爭分析的重點，不應擷取一個靜止的畫面，認定它就是「我們要找的答案」。競爭分析應著重於，找出一張一群要素圍繞著共同主題之圖樣，但這群要素本身是變動的。舉例來說，當豐田設法讓公司資料系統升級後，現在已允許顧客從更多選擇配備組合中，挑選自己喜歡的選項。但豐田的核心競爭重心仍維持不變。藉著用更快速度推出新產品，迫使競爭同業在行銷時僅能採取守勢。另外，當豐田能夠把顧客訂單快速轉換為一輛新車，並送交到車主手中時，自然能吸引非常多的時間敏感買主，同時將成本與存貨壓力丟給競爭同業。再者，當豐田能夠持續不斷地導入多樣化且有新鮮感的車型，同時密切觀察顧客的喜好與厭惡時，即表示該公司跟得上市場需要的變動。這意味著豐田的產品開發擁有一定優勢，非傳統市場研究所能比擬。

一個有效的競爭標竿學習，除了能讓主管取得競爭同業的績效數據，了解競爭同業採行何種方法達成目標外，還要能明確說出競爭同業的成功故事（story）。績效數據應包含時間、成本及品質。這三大核心組織品質（organizational qualities），彼此之間密切相關。一個成功的故事，如前述的豐田，應能揭露主角公司如何運用槓桿作用，以有效維持其企業運作。一家公司實行競爭標竿學習的目的，是要發掘並確認競爭同業的成功典範，不一

定非要擬定本身公司的績效目標。選擇進行競爭標竿學習的公
司，或許會發現，它們欲學習對象的績效水準可能偏低，無參考
價值；或偏高——在可預見的未來，公司絕不可能達成那樣的水
準。實行競爭標竿學習的主要目的，其實是要強迫主管從公司既
有假設與習慣的框框跳脫出來，到外面的世界來看看，一個遍及
全系統的時間壓縮在現實世界是如何運作的。

願景與承諾

麥基爾大學（McGill University）管理學教授，也是長期研
習策略課題的亨利‧明茲柏格（Henry Mintzberg），曾提出他的
觀察所得：推行重大變革的最大問題，不是推行何種變革，而是
何時去做。為了推動大型改革，管理階層費盡心力，終於讓組織
所有成員認識並接受一個新典範，卻發現為時已晚，改革良機已
過；或，在資深管理階層未做好心理準備，或未表態願意大力支
持之前，卻想要推動改革，是謂時機未成熟。想要推動本書所說
與時間壓縮有關的改革，高層主管必須要做好所有的準備。

在做出重大承諾（commitment）之前，一個組織必須要先
提出一個能令人信服的願景。願景不僅僅是一個標的；它還要能
說出一個故事。清楚說明一個以時間基礎為目標的良好願景對
公司現況有何影響——公司對顧客的服務績效、公司的營運能力
（capabilities）、公司遭遇的問題等等。接下來還要明確描述公司
應從何處著手，以取得（或重拾）競爭優勢。該願景應包含與時
間競爭有關的績效指標，例如公司開發新產品的速度及頻率，公
司需要的產品多樣化程度，公司完成訂單生產後交貨給顧客的速
度，以及如果公司某個產品在歐洲熱銷，應多快將該產品移植到
美國市場等等。舉凡公司應努力追求建立的特質（characteristics）

及能力，達成那些和時間基礎有關的績效目標，以及它們之間的關連，願景都應勾勒出一個清楚的輪廓。主管應嘗試用前幾章介紹的觀念和語言，來描述公司應建立的特質，包括公司應如何設計工作組織，資訊應如何產生及分享、組織應如何管理專案計畫，以及公司應如何與顧客溝通等等。使用連續工作流（continuous flow of work）、閉環群體（closed-loop group）等術語是合適的。管理階層應嘗試用和前述豐田相去不遠的水準，來描述所屬公司的能力（該公司實際上能為顧客提供何種產品或服務）。管理階層所描繪的願景必須夠具體，足以燃起員工的鬥志，但也無須太過詳細地描述公司的營運能力——那是下一階段的任務，也就是推動變革（making the change）——無論如何，資深管理階層都不應嘗試去做這件事。資深管理階層對細節的事所知有限，無法做到盡善盡美的地步。此一任務應交由中階主管及重要幹部全權負責。

　　一般來說，管理階層在策略規畫程序中提出的願景藍圖，通常還不夠成熟，背後理由可能略顯單薄。想要提出一個堅實、合時宜的願景，應以對自身績效的評估結果為基礎，例如前述的幾種做法——內部製圖與績效衡量，外部競爭標竿學習。資深管理階層必須深入了解，組織的變革程序需要涉及哪些人事物，方能做出正確的決定。資深管理階層必須評估組織成員的短期能耐與長期能耐，俾訂出員工有辦法達成的長期目標與達成期限。資深管理階層尚需評估，目前在位的關鍵主管，是否為帶領組織執行新策略的正確人選。資深管理階層還要估計，未來推行變革總共需要多少資金與時間；未來需要導入多少不同的價值觀、衡量指標及管理方式。凡此種種，均為組織推動從根本開始的變革之前，領導者需要省思的一些問題。

　　整個學習過程中第一個主要步驟，就是在描繪願景之前須完成內外部分析，而且內外部分析必須交由關鍵直屬主管與功能主管帶領及管理。大型企業常在這個步驟犯錯。具體言之，這些大型企業允許主要直線與功能主管授權專案小組（task force；由資深幕僚人員和中階主管組成）去執行內外部分析。由於這些主要直線與功能主管只審核，而未實際領導及親自從事內外部分析，極有可能難以發現問題癥結，因此無法帶領組織跨越障礙繼續前進。再者，因著未親身參與，他們沒有趁機和同僚建立深厚的共事情誼。我們建議資深主管參與的部分原因為，在進行內外部分析時，他們比較容易發現哪些同事能夠掌握新典範的精髓，對未來組織使用新模式時將成為一大助力。在沒有幕僚人員的幫助下，許多資深主管已無法自行執行任務。愈來愈多的大型企業已不再讓這類情境發生了。

　　這裡有一個要求關鍵主管，親自參與內外部分析更實際的原因：他們終將需要領導整個組織進行改革大業。如果他們不相信願景，底下的人更不可能相信了。根據我們多年的經驗，一個組織提出一個新願景，並衍生出相關的執行計畫，之後必須一再地提醒員工，讓他們不斷地聽到、看到該願景與計畫。此一過程需經過難以計數的溝通。如果管理階層傳遞的訊息，未能明確陳述公司目前的經營困境，及未來需面臨特定的挑戰，那麼該訊息所宣傳的「大好機會」，一定會被大打折扣。因此，一家公司的重要主管必須做好自己的功課。

推動變革

當高層主管與主要主管發展出一個願景，同時決定要帶領公司蛻變爲一個時基競爭者時，立刻面臨兩個課題：（1）我們該如何克服組織本能會抗拒變革的障礙呢？（2）我們該如何激起組織成員的鬥志，致力於研擬出我們所要的解決方案（新的工作模式）呢？根本的變革當然能振奮人心，但也困難重重。重大變革當前，某些人躍躍欲試，某些人卻覺得備受威脅。倘若管理階層坦誠和員工持續進行溝通，告知組織面臨哪些問題，以及市場機會在何處，仍有很大機會克服組織本能的抗拒心態。接下來討論人們抗拒變革的課題：人們抗拒變革的障礙大致可分爲兩大類，但這些抗拒心理的障礙都是可以克服的。

第一類障礙，和想要蛻變爲時基競爭者的資深管理階層，採取的行動和施行之政策有關。在推行時基競爭變革的一開始，高層主管可能欠缺一些想像力。組織現有結構本來就不利於時間壓縮 —— 太多會讓主序列中斷的部門，或功能性直線職權（functional line authority）的權力太大等。現行績效考核與獎懲制度可能互斥。某些公司舊思惟 —— 例如我們的產品優於競爭同業，因此值得顧客花時間等待 —— 會讓員工感到困惑，除非管理階層願意徹底打破它們。還有就是，不適切的領導力，尤指某些尸位素餐的主管，組織成員不認爲這些人能解決問題，或帶領組織推動這些人口中宣稱的變革。這類主管一定會讓時基競爭努力遇到阻撓。以上所述種種障礙，高層主管都必須逐一克服。換言之，管理階層不能視而不見，認爲只要宣傳團隊合作與快速週期的好處，就能看到改革成效。

從成本基礎競爭轉變爲時間基礎競爭，是一種從根本開始的

變革。這類變革將對主管帶來新的要求,有時,這些新要求還會讓主管感到矛盾。某些高層主管可能一開始會低估此種問題的嚴重程度。舉例來說,利潤中心主管可能很受時間基礎訊息的吸引,然而當他們看到待完成量增加,或固定資產使用量增加時,仍然會不自覺地感到寬心。當功能主管被擢升為跨功能小組負責人,以防止公司鑄下難以彌補損失的大錯時,該負責人卻無法接受跨功能之運作模式。再來,資料處理主管可能對維持舊系統之運作業務非常嫻熟,卻將個人電腦中心網絡,以及建立能夠和供應商交換資訊的電子資料系統,視為對公司資料完整性(data integrity)的一大威脅。因此,高層主管必須明確定義組織未來的展望,同時應幫助各級主管一同度過變革轉換期。

在推動變革的初期,資深管理階層首要採取的步驟,就是要評估往下算起三級主管的能力等級。能力最強的主管應被賦予專責,帶領專案小組推動變革,一方面排除組織本能抗拒變革的障礙,另一方面研擬新的解決方法。而能力平平的主管,管理階層應勸導他們(或至少在變革初期)離開要徑。至於能力最差的主管,管理階層應儘快安排他們離開現職。以上所述各種障礙,資深管理階層均須快刀斬亂麻,予以處理,不能讓變革進程有絲毫拖延。

第二類抗拒變革的障礙,可歸屬於員工本身的信念、習慣及擔心。面對重大變革,員工出現各式各樣的問題是很合理的。許多員工都會憂慮,一旦組織推動重大改革,現有營運模式將會瓦解。某些員工僅看到抽象的概念,未看到預期的回報。大多數員工根本不知道該如何推動變革,或在新規則下該如何工作。新典範讓他們被嚇到不知所措。還有一些員工認為,新規則會讓他們失去既有地盤或地位,或讓他們覺得,本身工作技能已不符時代

所需了。最後，還有一些員工，因為再也無法與合作愉快的同僚共事，而一直走不出悲傷的心情。

　　儘管公司需要花一些時間去應付上述問題，或提供個別員工心理輔導，但原則上，大多數員工都將正面參與變革程序，同時明顯表態支持他們認同的領導者，並與領導者維持明確、持續的溝通。那些懼怕變革，對變革持懷疑或不信任態度的員工，多半是因為他們未「看見」一種不一樣的實務方法，或是因為他們未曾獲知，他們的直屬上司已表態擁護該方法。管理階層甚易忽略一件事：公司應不厭其煩地宣導關於願景的新訊息，同時也要加強宣傳初期試驗成功的好消息。原因是，公司推動變革時，組織內部一定會充斥著各種負面訊息——老方法已行之有年，短視者強調這樣做不值得，以及，某些員工或專家擔憂其職位不保等。我們發現，在推動變革初期，管理階層針對各級人員所做的溝通頻率，至少應比他們預定溝通的頻率，多三到五倍。

　　對時間基礎觀念持懷疑態度的人，管理階層可用的最好的對策，就是直接處置。特別是一些資歷深的員工，他們通常堅信現行模式才是正確之道。除非遭到個別點名批判，否則公司推行任何新措施，他們都會想辦法扯後腿。許多員工發現，時間基礎願景與事實是背道而馳的。例如許多員工相信，想要提供更好的服務，公司應維持更多的庫存量。公司過去一直都是這麼做的。大多數員工頭一回聽公司宣傳說，導入同步化（synchronized）與連續流操作（continuous flow operations），可以縮短週期時間，從而降低供應給顧客所需產品或服務的前置時間時，都會直覺地加以排斥。還有員工會說，我們公司從事的是大宗商品（commodity，或譯為一般化商品、日用品）事業，利潤非常微薄，成為時基競爭者也難以大幅提升獲利率。想要駁斥此種質

疑，管理階層必須強調時間敏感區隔（代表高價位與高利潤的市場區隔）的存在，用細節向員工清楚地解釋，並以實際例子爲佐證。

另一個根深蒂固的觀念爲，公司或許在價值遞送系統中「浪費了一點時間」，即便公司努力減少一半或更多被浪費的一點時間，也無助於加快客戶訂單處理流程，更無助於新產品之開發。這類變革的設想是不可信的。想要改變這種被扭曲的思惟，管理階層應設法讓員工從效率專家對浪費時間的思考方式，轉變爲從策略角度看待壓縮時間的成效。此種溝通當然需要耗費管理階層很多時間。若能繪製包含方框及箭頭的圖表與流程圖，應有助於區分兩種時間觀念之差異。

在推動變革初期，管理階層面臨的第二個課題爲，應如何吸引組織所有成員，致力於研擬公司所需的解決方案？此一課題將把我們帶到變革程序的核心。吸引員工的方法有很多種。據我們所知，每個成功案例均採多管齊下的方式。例如，管理階層可試著在某些單位，針對時間壓縮主題進行實驗或前導測試（pilot），這種做法能讓員工主動提出解決方案，因此我們建議管理階層應立即仿效。又例如，規模龐大的組織，通常涉及跨功能的複雜議題，管理階層便應費心設計出妥適的程序，邀集組織內部不同領域的人參與，共同研擬出適切的解決方案，才是正確的方法。當然，再沒有比成立一個專責提升顧客服務水準（確認顧客需要爲何、我們該如何提供更好的服務等）的跨功能小組，能夠讓組織更有效率地集中全組織注意力的方法了。

成立一個提升顧客服務的專責小組，應能產生新的洞見。成立這樣的小組，其主要目的就是要精準定位（locate）公司最佳客群，亦即，設法找出那些會重重酬謝你的顧客，因爲你幫助他們

大大減少與做生意有關，受時間延誤影響的因素，也減少了不確定因素。想要定位最佳客群的主管，不妨試著問：如果我們用特定方式，提供客製化的產品給顧客 X；或，如果我們改進送貨流程，用二分之一的時間交貨給顧客 X，結果會有什麼不同？舉例來說，假設我們公司是一家雜誌出版社，如果我們專門針對雜誌最大廣告主之目標客層，另行刊印雜誌特別版，那麼，該雜誌特別版對廣告主的價值將難以計量。這是一個新思路之例，可幫助主管探索顧客的想像力：如果有業者透過適切的通路，提供他們所需的正確產品，他們將如何酬謝該業者。運用這樣的假設，主管可自行計算出預期的營收流（revenue stream）與捕獲率（capture rate），進而估算出顧客從事的事業將產生什麼樣的重大改變。掌握了這些資訊，公司將做好準備，適時幫助顧客提升經營體質。果真如此，就提升顧客服務這件事來說，你的公司實已做好充分準備，立時可「率先」投入這個事業，絕不落於人後。你很難再找到另一個比藉由你的幫助，讓你的顧客賺取更高利潤還要棒的雙贏情境了。

　　以下是一個實際案例。一家營建材料供應商，專門供應建材給配銷商，再由配銷商販售產品給顧客群。配銷商面對兩大顧客群：大型承包商及小型預製製造商（prefab manufacturer，或譯為組合式製造商）。由於這兩大顧客群均承購一定的數量，因此配銷商特別關切他們的需求。營建材料供應商指派兩名專員（行銷及生產部門各一），針對配銷商顧客群進行時間基礎區隔化（time-based segmentation）工程。兩名專員來到配銷商現場，分析不同顧客群的前置時間與產品組合需求，居然發現了另一個顧客群──專門承接高價位營建案的小型承包商。這類小型承包商的確切需求為，它們期望下訂單後，當天就能取得該建材供應

商，新建彈性工廠所生產的少量營建材料，且願意支付 20% 至
30% 的價格溢價。兩名專員將分析所得報告給少數配銷商，接著
和這些配銷商攜手合作，建立一套專屬的訂單處理及配送通路，
專門服務此一新顧客區隔。如今，該顧客區隔，已成為讓該建材
供應商與配銷商獲利最豐的顧客群。

　　學習從小區隔的角度去探索你的顧客群在哪裡，是蛻變成為
時基競爭者的起步選項之一。你不妨試著去思考，你的公司該加
快多少速度，適足以大幅增加公司最佳顧客群的財富。算出這個
數字後，再來研究後續該如何做。如此做有助於主管擬出一個具
體的長期目標，其中包含了經過縝密計算的財務數據。當管理階
層提出這樣的具體目標取代抽象的文字描述未來遠景時，必定能
引起組織成員的回應。

前導測試及突破小組

　　如果組織某些特定單位擁有許多躍躍欲試的優秀人才，再加
上採取局部試誤實驗極可能產生解決方案，當這兩個條件同時成
立時，選擇在這些特定單位採用前導測試（pilot），確實有可能帶
動工作士氣。值得注意的是，一旦公司決定設立前導測試小組，
就不能允許組織內非小組的人事物插手前導小組的事務。這意味
著，公司應在前導測試小組和組織其他單位之間，設立物質面與
政治面的緩衝區。必要時，公司應在前導測試小組，和其他與
該小組有互動關係的單位之間，建立一個暫時的材料倉庫或資料
庫。切勿讓資深人員在前導測試小組搶奪地盤，但歡迎他們在測
試後期，待小組提出成果時提供意見，小組主持人全權負責招募
各類專業人員參與小組運作。

　　實例：某駐地辦公室的六名銷售人員認為，他們應少待在辦

公室處理行政業務，而應多花時間和顧客交流溝通。他們想出了一個改善計畫，可以幫助他們達成上述目標。此一改善計畫建議，為提高駐地報告系統（包含交由區負責人審核）的效率，駐地辦公室應增加一個新的數據鏈（data link，或譯為資料鏈），同時應升級駐地辦公室的軟體。該小組特別邀請任職該公司資訊系統部門的一名專家，加入該前導測試小組。於是，該小組勉強拼湊出一個原型數據鏈，並在市面上買到一套最接近小組需求的現成軟體。不料此一勾促間湊合出來的東西，使用起來卻非常趁手，而讓其他駐地辦公室感到非常興奮。於是，大家聯合起來要求資訊系統部門與會計主任編列預算，根據前導測試小組的觀念，設計出適用於全公司駐地報告系統的相關軟硬體設施。先實驗，再定案；先小試、再擴大。

　　某營建設備製造商認為，新產品開發流程耗時太久，應想辦法縮短二分之一時間。而新產品開發流程至少涉及七個部門：產品行銷、產品工程、研究中心、製造工程、工具準備、採購，以及測試工程。某位產品線主管曾經嘗試減少開發時間，最後卻以失敗收場。這位主管的做法是，同時邀請七位部門主管參與，卻因為涉及因素太過複雜而陷入困境。此外，其中兩位主管（測試及加工）甚至反對開發流程做任何改變。這一次，該產品線主管僅邀請三位主管（行銷、產品工程及製造工程）參與，並告訴他們，僅需套用數個基本時間基礎原則於新產品開發即可，而且可以隨他們的意思重塑開發程序。該產品線主管同時允諾他們有權對外採購所需服務，前提為內部功能提供的服務彈性不符新程序之要求。此一允諾來得正是時候（加工與測試部門人員對三人說，原有程序無法也不應改變），於是三人便對外採購所需服務，這次前導試驗非常成功。該結果也驗證了此位產品線主管採

取強硬手段是正確的;如此一來,加工與測試部門必須設法改變。

如果某位駐地主管對自己想要做的改變,已有充分的掌握,確知那是可行的,甚至知道確切的改善途徑;而且在一開始就使用實地示範(demonstration)方法,可以最快奏效的話,那麼,前導試驗模式最適用於這類情境。公司想要推動的前導試驗關鍵驅動因子(critical pilot drivers)(本案例為不同部門的三位主管)已就位,就是前導試驗成功的先決條件。

然而,還有一些跨功能情境,不僅涉及難以界定的課題,也沒有一個特定的人通盤了解問題全貌,甚至沒有一位領導者人選。此時,突破小組(breakthrough team)便是不錯的選擇,突破小組通常由四至六名重要中階主管組成。管理階層特別准許突破小組用數月時間,傾全力摸索研擬出一個顛覆的全新解決方案。在蛻變為時基競爭者初期,一個典型的大型企業可能會同時成立數個突破小組;例如:

- 如何把「從接到顧客訂單至完成交運之週期」減至一半
- 如何加快新產品及工程變更成本估計(cost estimating)的使用時間
- 如何在公司內,設立一個可全天操作的全球短期資金管理(money management)功能
- 如何確保所有供應商,同時取得和公司一致的訂單資訊及排程資訊
- 跨國企業如何讓旗下分支機構成功產品,快速移植到另一個分支機構

突破小組屬於那種專門負責尋找解決方案,任務完成便立刻解散的團隊,而非長期維持運作的工作團隊(working team)。突破小組的成員,通常來自任職於價值遞送週期各個重要環節,最

能幹的中階主管。他們大多了解問題癥結所在，也能分辨什麼是紙上談兵，什麼才是真正能產生實效的解決方案。成立之初，突破小組成員多半需要先花一些時間，大家好好坐下來討論，讓問題聚焦。如此做可幫助成員看見系統全貌，而不是一開始就要求他們每天絞盡腦汁解決問題。突破小組的既定使命，乃是要成員儘量丟出各種與改變公司營運模式有關的假設，看看能否篩選出更好的運作方式。這樣做的主要目的，並非要對高層主管做一次內含各種漂亮數據，且面面俱到的簡報，而是要找出速度更快，效果更好，能夠顛覆現有工作模式的核心方法。

　　根據過去經驗，管理階層最好對突破小組下達訂定激進（radical）目標的指示，例如將占用時間減為一半。否則，小組成員丟出的假設根本沒有挑戰意義。訂定高挑戰的假設目標，是希望小組成員專注於從瓶頸、故障（breakdown）、未獲滿足的顧客需要等要素著手，蒐尋是否有大幅改善的機會。可供突破小組運用的工具或技術有很多種——根本原因分析（root-cause analysis）、情境構建（scenario building）、刻意引戰（故意製造兩人衝突，在過程中讓問題變得更加透明），以及想像力等。小組成員各自負責進行技術面或其他解決問題的研究，並在例行會議中提出研究成果報告。小組成員不必提交正式報告給小組負責人。各個突破小組須提交報告，呈送資深督導委員會（steering group）審閱，後者負責督導所有突破小組之運作。管理階層一旦決定追求特定時間基礎願景，將指派資深主管成立督導委員會，全權負責相關變革推動事宜。

　　實例：一家汽車公司的層峰命令某突破小組，對一款汽車新零件之成本估計週期（cost-estimating cycle，或譯為報價週期）研擬壓縮時間的可能。在這之前，該公司每個功能（部門）依序

將工作包（work package）傳遞至下一個步驟，整個週期約需時二至三週。如【圖 7-7】所示，產品工程繪製藍圖，製造工程發展途程（routing，或譯為路徑、路由），工業工程附加勞動基準（labor standards），採購為外購零件報價，財務計算製造費用率（burden rates，或譯為負擔率），最後由銷售功能提報定價。此一成本估計週期，可以明顯看出傳統序列式處理（serial process）管理鬆散的特徵：沒有人對整個週期負責，該週期被掩蓋在眾多參與者中；該週期運作過程中，多人參與工作交接（handoff）；參與工作交接的眾人，每一人僅負一小部分責任。由於所有人均須依照公司規定逐級陳報，適時互動變得非常困難，因此如有人發現不合理的數字時，通常為時已晚。這種做法拖累了整個汽車新零件的報價（quoting price）程序。

新成立的突破小組，由前述六個部門各派一名代表所組成。小組成立後，前後共召開五次會議，研發出一個解決方案。深入分析過先前數個案例之前因後果後，突破小組發現，新零件可歸類為數個類別，而屬於同一類別的零件，都具備類似的成本計算（costing）特色。該小組遂研發出一套步驟與規則，並提供了一些教人們如何確認問題的重點提示（note）。該小組訪談了成本估計週期所有關係人，以及它們所屬的部門主管。該小組確實掌握了問題的核心。

該小組提出了具體建議，要求成立一個常設閉環成本估計單元（standing closed-loop cost-estimating cell）。該成本估計單元由四人組成，每星期會面兩次，負責處理所有產品工程部門送來的新藍圖。四人在同一間辦公室內完成所有工作，無須辦理正式工作交接手續。如遇棘手案件，成本估計單元另行安排在離線時間深入研究，並排入下次會議議程討論。成本估計單元設有主席一

【圖7-7】成本估計步驟：成立突破小組前後對照

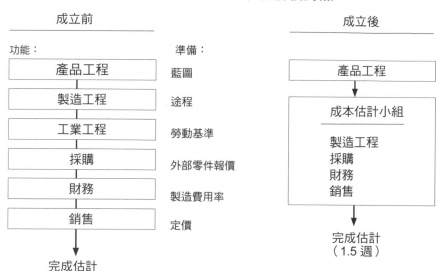

職，原則上每隔六個月輪替一次。此一新工作模式奏效了：平均週期時間縮短為一週半（之前為二至三週），工作品質也相對提升。

　　每個突破小組處理的問題都不同，以下歸納出一些適用時間基礎企業的共同原則：

- 設法讓組織設計、職權（authority）的施行、資料蒐集，以及生產排程等的執行步調，和主序列的工作步調保持一致。
- 將組織迫切需要的資訊儘快傳送到上游。
- 持續衡量績效，並比較績效改進幅度。
- 為消除瓶頸，針對相關人員及設備進行投資。
- 不要讓支援作業成為耽擱主序列進程的把關者。或大幅增加支援作業備載產能，徹底消除時間延誤現象，或改在離線時間處理支援作業。

- 研擬在需要處理的程序及任務中，依所屬性質適當分類，好讓它們和工作流程保持一致步調。

- 盡可能採用並行處理（parallel processing）。

- 減少批量規模，增加處理每次批量之頻率。

- 要求做到同步作業（synchronize operations）；特別是應設法調整不同批量組合的週期時間，以免下游作業因無法適應批量不同的組合，而造成塞車現象。

- 不要將未完成工作丟給下一個步驟去處理。

- 從工作流程源頭消除日後需要重做的原因。

- 決心推動變革之前，設法了解程序所有細節，並掌握該程序的績效槓桿點（leverage point）。

- 不要為了維持團隊成員之間的和諧關係，而對上述原則做出任何妥協。

　　總而言之，公司成立突破小組最主要的目的，就是要重新設計工作。每個公司特許成立的突破小組，成員人數要夠，而且成員背景須為跨功能，才能在時間壓縮目標的指引下，做出能夠讓顧客有感的真正改變，甚至足以引起策略專家想要登門拜訪一探究竟的興趣。上述提及的成本估計突破小組，為規模屬於中等的特許組織。管理階層僅花了五週時間，便完成突破小組之設計，且讓它開始運作。反觀，為供應商設計可以同步分享資訊的新系統突破小組，至少需要數個月時間才有可能搞定這類問題，小組參與人數約為成本估計小組的兩倍。負責邀集相關人員，成立擁有特許權利之突破小組的督導委員會，亦肩負整合多個突破小組的責任，將成為推動變革的總指揮。該成立多少個突破小組是一大學問。小組數量太多，各自負責的課題相對變得太瑣碎，難以找到一個分散各地的複雜組織所面臨的問題癥結。小組數量太少

的話，這些小組卻有可能認爲難以承受重責大任，而無法完成主管交辦任務。成立突破小組的目的，只許成功不許失敗。

　　突破小組或其他獲得主管授權的類似單元，特別適用於幫助組織推動複雜的變革。但在採取任何行動前，必須先做足分析功課。先做分析是因爲解決方案尚未明朗化，而且組織內部，尚有許多不同單位的人都應參與整個改革大業。突破小組乃是一家公司蛻變爲時間壓縮組織的骨幹，必須要有非常強的行動能力。突破小組可以提出期初建議，引起更多人關注時基競爭議題。一旦解決方案正式成形，仍可在導入（implementation）階段做細部修正。突破小組若遲遲未採取行動，將失去成立它的意義。

　　由此觀之，推動時間壓縮變革程序，既非由上而下，也非由下而上，而是由中階人員承辦、再由層峰出力協調（描繪出願景並決定全力追求）。組織最適合指派這些辦事能力極強的中階主管，去學習最先進的，將來會重塑公司營運實務的競爭模式。他們年紀夠輕，知道哪些做法行得通，哪些做法行不通；他們又夠資深，較能看到問題全貌。同樣重要的是，他們將參與自己所設計的新系統之導入任務，進而將新系統置於可持續自我學習的位置。蛻變爲時間基礎組織絕非一蹴可及。在推動過程中，組織需養成一種複合式學習能力——學會如何去學習的能力——這就是促成成功時基競爭者脫穎而出的能力。從時間壓縮的設計到導入，組織必須讓最優秀的中階主管持續參與學習環（learning loop），同時應給予他們所需的回饋，好讓他們在下一回合拿出更好的改進成績。

組織重整議題浮現

蛻變爲時基競爭者的最佳途徑爲：首先，管理階層應以對顧客最有益的工作流程爲中心，重新設計組織結構；其次，管理階層應更加倚重中階主管，授權他們去發掘此一工作流程，進而依照新工作流程重塑公司現有營運模式。但採取這個途徑的前提是，資深管理階層僅能創造願景，並激勵屬下願意接受變革挑戰；資深管理階層既不能指示屬下該採取何種解決方案，也不能由上而下進行組織重整。學者和專家常提出他們的觀察所得：美國企業善於控制，拙於協調；日本人遇到問題時，較少循正式管道處理，較常透過管理程序去解決，或尋求擁有較大影響力的來源。時間基礎企業則打造協調力與程序力。在嘗試提升績效的過程中，不少主管的最初直覺往往是：公司實在應該進行組織重整（reorganization），營運模式也需要徹底重組（restructure）了。然而讓改革良機憑空溜走的，也是這一批人。

不論是組織重整或重組，都應安排在前導測試小組與突破小組之後進行。前導測試小組與突破小組係屬探索式機制（exploratory mechanism），有助於管理階層答覆下列問題——現有部門應如何納入重整或重組後的組織結構？重整或重組後，職權該如何分配，責任又該如何歸屬？重整或重組後的組織結構，應劃分爲幾層（layer）？營運作業（operations）是一種有機體（organism），不是一種機制。正因爲營運作業是一種有機體，所以沒有人能夠很客觀、很精準地設計營運作業模式。因此，正確的組織結構輪廓，應該是在各個營運主管就如何達成激進的時間基礎目標的議題，彼此激烈角力之後，才逐漸浮現的。一家公司蛻變爲時間基礎組織的過程，需要參與者發揮無比創意，也較少透過正式程序進行，絕非做一次即可搞定的任務，例如間接費成

本價值分析（overhead value analysis）。在蛻變過程中，改革乃以不規則步調前進；有的時候，管理階層須下定決心往前邁出一大步（big step），有的時候，只需往前走一小步。但如果管理階層為了大幅提升績效，而選在不恰當的時機邁出一大步——例如導入所費不貲的新資訊系統，或讓太多個新成立的產品基礎利潤中心（product-based profit center），共用一個主序列——勢將付出昂貴代價。

　　但值得注意的另外一件事為，欲蛻變為時間基礎的公司，資深管理階層必須展現強有力的領導與督導。這意味著，資深管理階層必須展現強勢領導作為——發展願景、往下數層評選出組織所需中階主管、特許成立前導測試小組及突破小組、審視各小組提出之改善績效報告，並在推動變革過程中適時修正錯誤。資深管理階層亦須化解蛻變過程中出現的重大緊張關係。例如，管理階層為了醫治組織沉痾而開出的藥方，藥效可能太強，通常會對某些分權直屬主管或功能主管，造成威脅。為此，管理階層必須提醒這些主管與主管，組織進行重整或重組的再思考大業時，一定會將所有可能納入考量，分權（decentralization，另譯為去中心化）也不會被排除在外。換言之，重整後的組織結構，將不允許某些作業有時仍繼續實行集權式（centralized）管理。

　　那些已下定決心帶領全公司，邁向時間壓縮型組織的資深主管，於推動變革伊始，一定會面臨一個兩難情境：該如何做，才不會讓短期的工作中斷（work interruption），嚴重影響組織追求達成快速週期的長期目標？對於作業流程中發生的延誤與錯誤，大多數組織均以增列餘裕資源（slack resources，或譯為寬裕、剩餘），以及建立寬鬆配合介面（loosely fitting interfaces）等措施，以為因應。然而，當一家公司開始壓縮週期時，一定會剔除

餘裕資源。如此一來，作業流程中發生延誤與錯誤時，人們絕不可能快速因應。作業流程發生短期故障，必然損及組織對顧客的快速反應能力──組織重整的終極目標。走在時間壓縮的鋼索上，每個管理階層都必須抓到屬於自己的節奏感，也要找到最適用於所屬組織的機制。多做一些前導測試很有幫助。動態電腦模擬（dynamic computer simulation）技術亦有助於預測問題產生點。管理階層不妨考慮多增設一些臨時緩衝區（temporary buffers）。但須切記，在持續施壓推動變革的過程中，即便會無可避免地出現各種問題，主管仍應繼續努力，不可中止。

持續改進

　　前述組織為了蛻變成為時基競爭者所開的處方（提出激進的願景、成立突破小組、高階管理階層參與及領導整個改革大業），可視為按下邁向長遠目標的啟動鈕。任何一個大型企業，在任何一個時間點，都可以針對特定營運模式（連同對該模式的預期績效，及該績效隱含的標準）進行投資，並期待該模式能提升經營效能。公司所處產業的變化率（rate of change）愈低，所需投資金額相對愈高。即便是最成功的組織，也會有受惰性（inertia）拖累的經驗。許多在壓縮時間方面有優異表現的企業，它們之所以能夠保持歷久不衰的努力，是因為它們想出克服惰性的好方法：它們訂定新目標，拋棄舊的常規，如果新方法確實大幅提升工作效率，它們一定大肆慶祝。領導者藉由靈活調動組織內部優秀人才至適當職位，來克服惰性的問題。按下啟動鈕乃意味著，整個組織即將進入一段足以顛覆固有思維，時時讓人繃緊神經的歷程。但此種改革，最後也非常有可能帶來令人高度滿意

的結果。

　　這種讓全體組織成員高度動員的啓動方式，短期內確實有可能見到改善成效。但這樣做的主要目的，乃是要藉著建立新典範，以及藉著訂定新方向，讓人產生更多工作動力，從而克服惰性。短期見效確實可鼓舞工作士氣。但建立新典範及訂定新方向，更有助於讓組織長期保持高昂鬥志。如【**表 7-1**】所示，不同公司的啓動期，所需時間從 5 至 10 個月不等。這些公司多半能達成縮短一半作業週期時間的預期目標；另外，從價格實現到市占率，它們在市場上也獲致具體成效。

　　但一個組織在改革初期被激起的工作動力，絕無法靠自身力量長期維持下去。一家公司內部總有一些有遠見、抱持開放心態的人。他們深信，堅決走改革之路，一定會爲公司帶來巨大改善成效（它們或許不見得知道實際方法）；也因爲公司擁有這麼一批既能幹、又充滿幹勁的員工，才會在啓動期創造有感成績。然而，一旦公司無法解決重大難題，或爲了看到短期易見成效的遞增利益，倉促成軍的工作團隊決定，既定解決方案應稍作讓步，使得公司仍維持原樣，那麼，先前被激起的工作動力，將很快如洩了氣的皮球一樣消退不見。如果主要主管不再鞭策人們往前，如果公司繼續沿用舊指標來考核績效，如果令人們頭痛的問題人物仍未被排除於要徑之外，組織的時間壓縮改革進程必然處處受阻。同樣地，如果公司因爲獲利差而減弱對時間壓縮投入的努力，一旦市場景氣開始回溫，想要再投入時間壓縮努力恐怕爲時已晚。

　　想要讓組織持續投入努力，管理階層必須建立制度化的時間壓縮基本規則：

- 以願景爲衡量基準，監控改善進度，強調仍然存在的過

【表 7-1】成功壓縮時間的案例

產業	初期時基重心	初期利益	期程（月）
汽車零配件	訂單處理；工廠作業	週期時間縮短50%；市占率不再下滑	8
電話機設備	新產品開發	週期時間縮短40%；新產品導入提升55%	9
保險	新保單開發；理賠處理	週期時間縮短45%；勞動生產力提升15%	10
特種紙張	全系統：從訂單到完成交貨給顧客	週期時間縮短30%；價格實現提升10%；市占率由降轉升	8
商業銀行	消費性貸款核貸程序	週期時間縮短70%；新貸款商品增加25%	7
包裝食品	移植成功產品到全球市場	週期時間縮短65%；搶進歐洲成長市場區隔，獲利率上升25%	5

大差距。

- 以最佳時基競爭同業爲師，持續進行競爭標竿學習（它
  們不會在原地踏步；它們仍然在持續進步中）

- 挑選關鍵主管，責成他們帶領下一回合的前導測試小組
  及突破小組，並確保達成工作目標，不能稍做妥協。

- 那些參與第一階段小組任務，且圓滿達成目標的人，可
  擔任種子人員，加入次一階段新成立的小組，和新小組成
  員攜手合作，解決棘手難題。在此一過程中，新小組成員
  可以從種籽人員身上看到公司價值，而非只看到第一階段
  的改善成果。

- 接下來，管理階層應正式制定一套新的績效考核標準，
  以及相對應的獎懲制度，順便淘汰舊標準與制度。

- 對於任何一份能促進時間壓縮成效的企畫書，例如建構
  分散式資訊網絡（distributed information networking），管
  理階層應授權提出者或提出單位編列資本性支出（capital
  spending）預算的權力；但，如果週期時間已成功縮短，
  再有人提出擴建新廠或增購設備之企畫書，管理階層應打
  回票。

- 和所有關係人（constituencies），包括員工、供應商、顧
  客、工會領袖等等，持續不斷地溝通時間壓縮原則與目標。

投入時間壓縮努力，不經過數年時間（而非數月）難以收實
質改善成效。實質改善成效指的不僅僅是財報數據，也包括學習
成效。藉由成立一個團隊去解決特定棘手問題，藉由探索並檢
討，爲何該團隊能夠做出與眾不同的成績，並設法將此一成功典
範，逐一複製到組織其他地方，諸如此類，均有助於讓組織變得
愈來愈有學習能力，且清楚知道該如何學習新事物。一些大型企

業旗下主要事業部 —— 美國電話電報（AT&T）旗下消費品事業部、全錄公司旗下影印機事業部，以及迪爾公司旗下營建設備事業部等 —— 均爲拿出顯著時間基礎改進績效的最佳案例。這些事業部的改革進程，也和上述學習論點相符。這些事業部能夠脫穎而出，行事作風與眾不同，是因爲所有組織成員，彼此都「期待」對方也懷有迎接變革的心態，進而持續投入改進績效努力。一旦失去這種期待心理，持續改進便會立刻停止。

　　績優企業永遠都在追求更上一層樓。1970 年代許多企業的經營思維，與這些企業的經驗曲線，忠實反映了這個論點。某產業一家亟思進取的公司，運用經驗曲線長期追蹤每單位眞實成本的下降率，進一步分析發現，事業單位持續累積工作經驗，成本仍在下降。諸如稱霸醫用病床及棺材市場的公司希倫布蘭德（Hillenbrand），以及稱雄化學肥料領域的帝國化學工業（ICI），儘管兩家公司長期維持業界龍頭寶座地位不墜，仍然不敢絲毫懈怠，年復一年，繼續追求績效改善。這類精益求精的經營心態，既出現於高科技產業，也出現於低科技產業；出現於高成長市場，亦出現在低成長市場。實際上，持續改進之成敗，乃取決於管理階層 —— 非取決於科技或營收成長率。

　　經驗曲線適用於成本基礎，同樣也適用於時間基礎。以【表7-1】所舉那家汽車公司爲例，透過改變作業方式 —— 由原來管理鬆散，各自爲政的功能專家作業模式，改爲閉環單元作業模式 —— 該公司成功地把成本估計週期，從原本的二至三週，縮短爲一週半。下一階段的時間壓縮任務爲，部分資訊流將改採自動化作業，同時減少一名突破小組成員。原有成員擔任是項工作時間夠久，已養成足夠跨功能素養，少一人不致於影響小組之運作。如此一來，週期時間可進一步縮短。未來的時間壓縮任務，

可能包括將來自上游工程師資訊予以簡化及標準化。發展到最後，整個成本估計功能極有可能被組織吸收，最後變為一個離散週期（discrete cycle）而消失不見。

　　未來，組織將從何處著手進行下一階段的持續改進，目前情況尚未明朗化。的確，如果已確知下一階段公司該從何處著手改革，管理階層早就會動手了。不過，這裡有一個不錯的工具可以派上用場，若搭配生產或配銷之類，可供組織深入分析的程序，該工具特別有幫助。根本原因分析圖（root-cause diagrams）有助於主管，擬出一個未來持續改進待辦議程（agenda）。【圖 7-8】為一座高度多樣化工廠裡，最常見的機器設置（machine setup）根本原因分析圖。根據該分析圖，主管可以從左到右，追根溯源找出問題癥結。該分析圖往下追溯四個層級，而每一層級又有複數任務有待處理。類似【圖 7-2】的分析圖，【圖 7-8】有助於協調一個機器單元（machine cell）工作人員，一同攜手處理相關的挑戰。

　　組織應否建立一套致力於推動時間壓縮的管理程序制度，乃為追求持續時間改進最初期一定會面臨的情境。答案是肯定的。然而要讓時間基礎學習持續進行下去，管理階層應確保所有作業透過快速回饋環（rapid feedback loop），以供員工隨時改進。如果關於決策或行動的結果數據，太慢送交特定工作直接關係人手中，就會影響這些人員的學習速度，甚至毫無用處。

　　以下是一些快速回饋環的實例：

- 從新產品開發，到競爭情報研究專案（competitive intelligence research project），均導入快速原型設計（early prototyping，或譯為早期原型設計）。即便是重大課題尚待解決，仍應強力要求參與者盡快拼湊出初步產品

【圖7-8】根本原因分析可顯示一座工廠機器設置之持續改進途徑

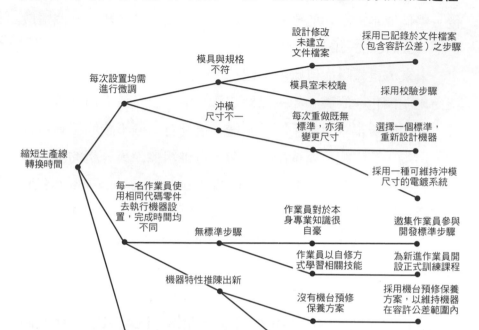

（preliminary product）。此種做法是要讓所有參與者看到全貌，並了解哪裡還有欠缺。

- 邀集不同功能人員，持續參與低強度市場研究，以彌補進行單次大規模市場研究之不足。後者使用制式化方法，過程及結果出現遺漏與扭曲在所難免。在杜邦公司（Du Pont），拜訪重要客戶並不限於銷售人員及產品工程師，連生產工人也需要和客戶溝通，以獲取關於客戶需要的第一手訊息。

- 盡可能組合出各種零件搭配（collocation），以創造新的產品販售組合。

- 規定員工持續提供廠管各類工程變更建議，且無最低金額限制。某公司一位工程監督人員告訴手底下的工程師，請他們專注於研究重大工程變更是否可行，結果無人提出改進建議案。該公司競爭同業卻不斷推出許多有實用價值的小改款產品，持續侵蝕該公司市占率。

- 新產品上市初期，嚴密監控追蹤相關訊息，不僅包括銷貨與顧客滿意度，也要關切其他績效指標，例如產品工程、包裝等。公司愈快獲取有助於加快銷路的產品版本，與銷售方法之情報，就能愈快針對優點強化銷售訴求，同時可安排趕工生產熱銷產品。不論公司預測的市場轉換（market conversion）需要花多久時間，都應該採取以上步驟。

- 縮短機器設備的經濟壽命。在做採購決策時，許多公司都傾向於選購那些使用年限長，可分攤較低折舊成本的設備。但購進使用年限較短的設備，可迫使各個主要功能增加流程審查（process review）頻率，改進可行性。

- 　定期針對工廠監工與工作者之績效進行評比，各個工作團隊成員的績效也應互相評比。

- 　開發內部專利技術，例如工程設計演算法、績效評核表格，以及市場研究區隔化描述符號（descriptor）。購買現成技術，有助於員工認識他人對解決問題的觀點，從而避免員工養成自大自滿心態。

這裡還有另一種可促進組織持續改進的條件，那就是公司從事事業的營收成長。市場占有率是一個很好的績效指標。許多企業也將市占率視為重大競爭優勢。但營收成長乃是一個企業經營不可或缺的績效指標。有活力的企業總會努力讓營收持續成長，而不管所處產業的成長率如何。設立營收成長目標，可督促組

織爭取新顧客，鞭策它們發掘新問題。在營收持續成長的組織，其成員將改變他們度過每一天的方式。營收成長可促使你的公司開創新的市場區隔，甚或跨越界線遭遇新競爭者。營收成長愈持久，你就能愈晚宣布公司從事的事業已進入「成熟期」，也能愈晚宣布你的組織已邁向「安定」。當那一天真的到來時，那才是你公司的大麻煩。

第八章

以時間幫助顧客及供應商競爭

　　在匈牙利購車頗令人費解：一輛二手車的售價，常高於一輛同品牌同款式的新車。我們談的並非骨董車，而是一輛很普通的二手汽車。車主購入這種二手汽車，將來一定需要花很多錢維修，壽命一定比新出廠的同款汽車短。但為什麼還是有很多人願意掏腰包買這種二手汽車呢？市場上出現這種反轉訂價（price inversion）的現象，背後原因其實很單純——時間。在匈牙利，車主任何時候都可以買到一輛二手汽車。反之，車主下訂單購買一輛新車，常需等候兩年才會接到交車通知。而手上有足夠存款買車的人，立刻就要車子到手。

　　在一個管控嚴格的社會主義經濟體系中，上述現象時有所聞。有人會解釋說，那是因為供應鏈出了問題。在汽車製造業，裝配一輛汽車之前的作業序列（籌措資金、取得原物料、打造煉鋼工業生產能力，以及從供應商獲取所需元件），實質決定了一家汽車公司未來將達到何種成功水準，以及未來將以何種速度水準創造營收成長的供應鏈。在任何一種經濟體系中，特定供應鏈中的各個層次（level），實有互相依賴的關係。在一個典型的社會主義經濟，特定供應鏈中的各個層面，也各自隸屬不同政府部門。而且不同政府部門也都訂有自己部門的行事議程，很少會和其他部門的行事議程有很大交集。因此，任何一個層面（政府部

門）發生供應短缺，或出現官僚僵局（bureaucratic gridlock），整條供應鏈就會立時停頓下來。例如，市場對汽車有非常殷切的需求，但煉鋼工業生產能力無法配合，因為所需資金未籌齊。也有可能因為兩個政府部門之行政長官彼此較勁，而間接拖累了供應鏈之運行。不論原因為何，汽車生產被迫停頓，導致消費者必須另尋他途。在本案例，消費者另尋他途，指的是到保養廠或其他地方選購適合的二手車。對二手車來說，這種產品的供應鏈非常短，而且二手車的價格幾乎完全取決於市場需求，因此二手車的供應鏈可稱為由市場因素驅動的供應鏈。明確地說，一輛汽車的現有車主，在得知其擁有的汽車在二手汽車市場很搶手的那一刻，而決定出售。但新車的供應鏈不僅長，並且受許多與市場運作毫無連結，利益互相衝突的力量（forces）之驅動。

在資本主義經濟體系，供應鏈為生產者（汽車製造商）提供服務的效率，遠高於社會主義經濟。更高的市場價格，驅動業者提高產能。供應商必須依照合約議定日期交貨，否則顧客（生產者）隨時有可能因為不滿意，而決定更換供應商。我們所處的市場制度，幾乎允許我們總是有其他選項。做為一個生產者，我們可以挑選自己想要服務的顧客群，也可以挑選生意上的合作夥伴（供應商）。挑對了對象，事業邁向成功的機率相對增加。

供應鏈領導者

現今的生產者乃更進一步採行甚具創意的做法，讓供應商更緊密地和生產者共事。事實上，這些企業乃是在幫助供應商與顧客，期望它們也像這些企業一樣，能夠在市場上與他人從事更有效的競爭，從而提升整條供應鏈的競爭效能。例如數年前，一向

擅長販售紡織品（soft goods）的傑西潘尼（J.C. Penny），想要在零售店內販售新的五金產品（hardware product），企圖吸引更多來客量（traffic）。該公司和一家汽車電瓶供應商密切合作，共同開發出一款市面首見，以大眾市場爲銷售對象的長效電瓶。透過兩家公司進行這次協力型（collaborative）研發努力，雙方均拓展了新的市場勢力範圍。美利肯是另一個成功實例。美利肯直接發揮影響力，加快供應鏈速度，幫助顧客提升競爭力。面對來自低價進口產品的競爭，身爲美國紡織品大型績優廠商的美利肯，決定出手挽救此一不利局面。具體做法爲：縮短服飾零售商必須等候訂單產品到店，以及貨品上架之漫長時間。進口服飾產品的前置時間甚長，因此對於一些高價位的季節型產品線，或高檔時尚服飾產品線，零售商負擔得起支付較高價格給供貨速度更快的製造商。美利肯出面整合整條供應鏈，從紡紗廠到成衣製造業者，重新建立了一個比進口服飾產品反應更快的供應鏈。此舉不僅守住美利肯自身事業，也守住了美國成衣市場。

　　現今的企業，更應該視自己爲一個相互依賴的供應鏈參與成員，共同攜手合作，和其他的供應鏈互相競爭，以爭取銷售端最終顧客的青睞。技術因素是供應鏈參與成員必須合作的理由之一。從個人電腦到汽車，愈來愈多的最終產品，有賴從供應商購進的元件，和最終產品之間，能夠達成一種精湛的設計組合。日本技術基礎公司便讓我們看到，在挑選供應商時，它們如何攜手合作，共同發展出這種達成精湛設計組合的關係，從而創造出雙贏價值。另一個供應鏈所有成員必須通力合作的理由是時間。顧客希望壓低庫存量，因此要求供應商縮短週期時間。要求縮短前置時間的壓力，不斷地在供應鏈上下游流竄。讓最終產品遞送前置時間縮短的最佳方法，是要求供應鏈所有參與者共同努力，剔

除讓其他參與者多等待的時間。如果供應鏈中某個值得信賴的重要供應商，經常讓其他成員等待該供應商出貨，所有工作都必須被迫暫停，整條供應鏈的運作等同於停擺。

　　我們可以視美國經濟的供給面，為許多緊密咬合的供應鏈所組成的。其中數量最多的供應鏈，是維持顧客與供應商關係的供應鏈。這類關係一旦建立，常維繫數十年而不墜。我們可以花很多工夫來深入探討，供應商與顧客應如何發掘其中各種機會，改變現有做法，讓整條供應鏈的時間大幅縮短。許多顧客──供應鏈配對（customer-supplier pair）共享商業資訊，包括即將上市的新產品消息，或短期需求預測值等。大多數供應商均利用這類資訊，幫助它們預測優良顧客的訂單類型，或察覺顧客的特殊需要，俾在顧客提出緊急申購單時，公司能夠迅速反應。實務上，某些供應商已成功發展出及時配送的交貨系統。這些都屬於顯而易見的共同利益。極少數業者，已超越這類議題，成功地大幅提升整條供應鏈的運作效能。這是傳統供應鏈參與成員彼此之間從未觸及的課題。

　　具體言之，下文將深入探討，一家公司係透過何種特定方法，來決定公司倉庫的庫存量為何，或者，一名顧客如何決定向主要供應商進多少貨，以及何時進貨。在重新設計內部資訊系統時，極少公司將主要客戶及／或供應商一併納入考量。然而這些同為供應鏈要角的主要客戶與供應商，乃影響公司未來在市場的成敗甚鉅。很明顯地，如果兩家公司建立的是雙向買賣關係，雙方若能共同訂定存貨政策，而非各訂各的，那麼，整體供應鏈的運作效能一定更佳。當供應商無須像以前那樣，必須從採購部門傳來顧客訂單，以獲取顧客的產品使用率（rate of usage）的訊息，而是立即從電腦螢幕上獲取相關訊息的話，不僅成本得以降

低，也可作進一步地壓縮時間。如果參與供應鏈的所有成員攜手合作，建立一套能有效滿足使用者的資訊系統，將有助於這些參與成員超越競爭同業。

本書列舉許多傳統成本中心公司與時基競爭者之間，兩者出現巨大績效差異的例子。同樣地，不同供應鏈之間也能做績效比較。供應鏈愈長，結構愈複雜，績效差異就會愈大。以零售業為例，每個零售商均居於零售供應鏈的最頂端。零售供應鏈至少鏈接了四層（tier）公司——原物料供應商供給原物料給中間產品製造商（intermediate product maker），中間產品製造商將中間產品運送給最終產品製造商，再由最終產品製造商出貨給零售商。現今最成功的零售商，不會僅仔細挑選一個最終產品優質供應商，就期待供應鏈爾後能順利運作，一直回溯到供應鏈的最上游。今日最成功的零售商，乃關切整條供應鏈的所有參與成員，並儘可能地剔除供應鏈各層被浪費掉的時間與成本。從 The Limited、沃爾瑪超市，到玩具「反」斗城，這些與眾不同的卓越零售商，實為時基鏈管理者。這也是時基鏈管理者站上業界領導者地位的主要原因。

一如 The Limited 變成零售供應鏈管理的領導者，美利肯及福特等製造商，也變成製造供應鏈管理的領導者。這些卓越製造商帶領供應鏈所有成員，也就是和它們有生意往來關係的業者，一同學習去關注各種潛在改善機會。這些領導製造商邀集供應鏈所有成員，教導他們習得時間基礎觀念與技術，並對那些真正落實時基做法的成員，以增加訂單金額為獎勵。每一條供應鏈都需要一個領導者。該領導者必須展現強勢領導力，有效結合努力，帶領整條供應鏈往前邁進。在汽車製造業，福特就是供應鏈領導者。在成衣製造業，美利肯就是領導者。和任何長期共同打拼的

團體一樣，供應鏈的運作也不例外。在一起做生意的過程中，供應鏈或顛簸而行，或於某個時間點改進了某個作業。或者，供應鏈的合作夥伴們也可以共商大計，並深入研究，該如何重新評估現有共事模式，以及是否應淘汰部分已過時的工作實務，從而提升整條供應鏈的運作效能。對傳統企業而言，針對和自己有直接生意往來關係的供應商共商改善計畫，可能已達管理階層承受挑戰壓力的極限了。供應鏈領導者卻要挑戰全體成員。

所有供應鏈領導者都對同一件事很感興趣——努力克服因長期建立關係而產生的惰性，促使供應鏈所有成員在更短時間內完成例常工作，同時提升供應鏈處理多樣化之產能。從玩具零售店的貨架、到汽車經銷商的新車展示間，再到服飾店，今天所有商家都已有能力提供更多產品多樣化的選項了。但這些商家面臨最大的問題是，如何在「任何時間」，都能提供消費者期望買到的多樣化選項，而不需要常常勞煩供應商一直花功夫到倉庫各個角落，去搜尋商家急需要補充的貨色。這的確是職場大哉問，常讓店經理及供應商夜不成眠。

那些以時間壓縮為目標的供應鏈領導者，通常選擇從以下三個層面，和供應鏈成員一同努力達成：首先，供應鏈領導者會設法及時提供供應鏈成員，更多與訂單、新產品、客戶特殊需要等有關的實用資訊；其次，供應鏈領導者想辦法讓自己，也幫助供應鏈成員移開障礙物（公司的一些特定作為，常不自覺變成其他供應鏈成員的障礙物）以免它們阻礙供應鏈追求時間壓縮之進程；第三，供應鏈領導者設法，讓供應鏈各層次或各層所有成員的前置時間與產能同步化，使得更多工作流能夠協調、順暢地導入供應鏈。以上三個層面涉及的改革工作缺一不可，有賴供應鏈所有成員齊心努力克服萬難。但終有一天，整條供應鏈都會共嘗甜美果實。

更優質的熱騰騰資訊

　　每一條供應鏈均可視為，一個由數家公司組成的垂直系統，其中一家公司位於系統頂端。位於頂端的這家公司，在供應鏈各層次之間，定期及不定期收發資訊及收送產品。供應鏈各層次之間的資訊交換（information exchange），涉及許多不同種類的資訊——新產品規格、顧客向供應商下的訂單、即將從供應商導入市場供顧客選購的產品，或關於解決特定問題的建議方案等。至於供應鏈各層次之間的產品收送，從原物料到各類製成品，種類包羅萬象。某個層次完成產品製造後，隨即交運該產品至下一個層次進行附加價值作業。

　　【**圖 8-1**】是一張供應鏈示意圖，結構雖然非常簡略，卻能顯示及時資訊的重要性。供應鏈頂層為一家零售商。第二層是一家成衣製造商。第三層是一家紡織品製造商（fabric maker）。第四層是一家紡紗廠。該供應鏈每日例常業務，就是將供應鏈頂端的訂單向下層傳送，然後將產品由下往上層傳送。具體言之，零售商下了一張訂單，比如向一家牛仔褲製造商訂購一批藍色牛仔褲。該牛仔褲製造商轉而向一家丹寧布料製造商下單，準備進一批丹寧布料。該丹寧布料製造商則向一家紡紗廠下訂單。產品運送（shipment）則反向移動。紗線被運送到紡織品（丹寧布料）製造商。接下來，丹寧布料被運送至成衣（牛仔褲）製造商。最後，牛仔褲被運送至零售商。以上所有作業，每日持續不斷地運行。而在這些作業的背後，實有諸多推力：市場需求，位於供應鏈四個層次商家的庫存量，以及各商家所訂用於決定生產批量之營運方針。

　　現在就讓我們來看看，當某層次成員傳遞給其他層次成員的資訊數量改變時，此一簡易的供應鏈系統會如何反應。茲假設，

過去一年內，零售需求呈逐漸衰退趨勢。此一趨勢導致，每一層次商家向供應商下訂單訂貨時，貨品數量都比前一張訂單少一些。供應商每個月的生產量，乃至於向上一層運送產品的數量，也愈來愈少。庫存量也變得愈來愈低。但，服裝流行趨勢（fashion cycle，或譯為時尚週期）輪流轉，已退流行多年的藍色牛仔褲，突然之間又開始流行起來了。市場出現一股對藍色牛仔褲突增的零售需求。過去一年，面對需求衰退趨勢，零售商認為庫存量已顯偏高，故採取對策，漸漸減少庫存量。零售商當然歡迎特定產品熱賣，卻視藍色牛仔褲銷量突增為一短暫現象，待熱潮一過，一切又會恢復正常。因此，零售商並未更動每月訂貨模式，仍然持續降低每月訂單數量。零售商的對策為，動用兩個月的庫存量，以因應市場需求突增現象。兩個月過後，藍色牛仔褲依舊熱銷。此時，零售商才據以判斷，藍色牛仔褲熱潮可能會持

【圖 8-1】供應鏈簡易示意圖

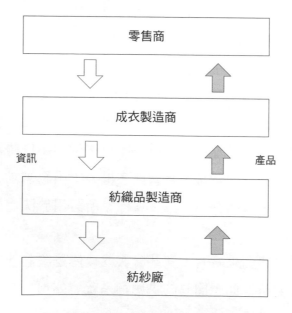

續更久，因而決定增加每用訂單數量。

　　零售商驚覺，從現在開始，爲了應付持續熱銷的市場需求，公司不僅需要提高庫存量，還要設法補足過去兩個月減少的量。於是乎，零售商決定從下一張訂單起，就把過去兩個月減少的量和未來應付熱銷趨勢必須新增的進貨量，一次調整。這意味著，這張對藍色牛仔褲製造商下的訂單數量，高於市場需求的量。在此同時，藍色牛仔褲製造商的庫存量逐月減少（前兩個月，零售商的訂單數量仍維持按月下降趨勢）。原因無他，零售商每月訂單傳遞了一個明確的訊息：市場對藍色牛仔褲的需求呈下降趨勢。現在，藍色牛仔褲製造商被如此龐大數量的新訂單嚇到了。該製造商翻閱零售相關報導，發現藍色牛仔褲銷路的確有上升趨勢。但很不巧的是，最近該製造商接到其他服飾訂單都比較晚，所有生產線均已安排妥當，要趕工生產這些晚來的訂單，不可能再更動排程處理藍色牛仔褲這張大訂單了。此外，牛仔褲製造商還要觀察下一個月的訂單。如果新訂單數量依舊龐大，牛仔褲廠造商才需要做大幅度的生產排程調度；同時，該廠商也會向紡織品製造商下訂單進更多的丹寧布料。

　　然而到了下個月，也就是市場掀起藍色牛仔褲熱潮的第四個月，零售商的訂購量依舊維持高檔（零售商仍須補充先前因爲產品熱銷而挪用的庫存量），牛仔褲廠造商向紡織品製造商所下的訂單數量，甚至比零售商的訂單數量還高。牛仔褲廠造商突然發覺，原來自己也需要補充庫存量，以填補零售商訂單之不足，之後還需要提高庫存量，以應付最近新竄起來的需求。

　　不只牛仔褲製造商需要做大幅度的改變，連丹寧布料製造商的庫存量也連月見底，而需要改弦更張，重新訂定新政策了。牛仔褲製造商下的訂單數量太大，丹寧布料製造商必須連月趕工生

產，才有辦法交貨。牛仔褲製造商是丹寧布料製造商的最大客戶之一，也是關係良好的生意夥伴。迫不得已，丹寧布料製造商只好暫時擱置其他客戶的既定生產排程，傾全力生產丹寧布料，設法滿足牛仔褲製造商之需求。丹寧布料製造商必須和其他客戶頻頻賠不是。當然，丹寧布料製造商的紗原料庫存量早已見底，必須立即向紡紗廠大量進貨補充棉紗。相同的情節不斷地在此一供應鏈重演。

商場上也不例外，幾乎每天都在重複上演同樣的情境。消費者需求週而復始地逐月上下變動，波動幅度可能達 10% 至 15%。回到前述供應鏈的例子，從市場需求出現第一波漣漪開始，供應鏈各層供應商便使出渾身解數在後面追趕，導致訂單數量變動幅度愈來愈大。我們試著用具體數據來解釋此一變動幅度。供應鏈最底層廠商（紡紗廠）從接獲訂單的內容（假設數量較前一訂單多 30% 至 35%）察覺到，原來市場需求上升了，可能已經是數週或數個月之後的事了。此一現象，即所謂的訂單變動放大效應（amplification of order changes）。訂單變動放大效應也是不斷造成訂單延遲、存貨過剩，以及整個產業間接費成本偏高的問題根源。

問題癥結出在資訊及時早已失去時效。和前述零售商與藍色牛仔褲製造商一樣，大多數公司仍然採用傳統方法，決定何時下訂單給供應商，同時決定該進多少數量的貨。除了透過訂單管道以外，一般商家極少與供應商定期聯繫溝通。以藍色牛仔褲案例來說，有將近三個月時間，零售商未提供任何關於產品銷路上升的資訊，分享給供應鏈成員。然後，零售商立刻下了一張大訂單，等同於傳遞了一個混雜的訊息：「需求增加，與存貨告罄亟需補貨」。從接獲訂單的那一刻起，藍色牛仔褲製造商判斷，藍色

牛仔褲一定又開始流行了，否則訂購數量不會這麼高。但該製造商沒有想到，藍色牛仔褲在市場上熱銷已快三個月了。更甚者，該製造商也無法區分得出，大訂單中到底多少數量屬於市場增加的需求，多少數量是零售商要拿去補充已見底的存貨。藍色牛仔褲製造商得到的資訊不僅過時，也難以解讀。

當藍色牛仔褲製造商下訂單給紡織品（丹寧布料）製造商時，該訂單不僅更不具時效，甚至注入了放大效應。藍色牛仔褲製造商收到零售商的訂單，等了一個月才向丹寧布料製造商再訂購，一方面是因為倉庫裡尚有庫存量，另一方面是受觀望心態的影響。於是，一個月後，藍色牛仔褲製造商不再觀望，認定市場需求再起，而再度放大了訂單，向丹寧布料製造商大量進貨——既為了要生產更多丹寧布料供應上游廠商，也因為自己需要補足前一個月幾乎用罄的庫存量。在此同時，丹寧布料製造商仍然無從得知，藍色牛仔褲再度流行的浪潮已撲面而來。更糟糕的是，丹寧布料製造商同時生產多種紡織品，離掌握藍色牛仔褲市場需求似乎更遙遠。無論從哪個角度看，面對突如其來大訂單的狂襲，丹寧布料製造商是準備最不足的供應鏈成員。丹寧布料製造商唯一能做的，就是擱置其他客戶的生產排程，先想辦法全力趕工生產丹寧布料再說。

為抵銷供應鏈經常出現上述有悖常理情境帶來的損失，許多公司遂決定增列緩衝存貨（buffer inventory，或譯為保險存貨，）以為因應，同時增聘若干計畫督辦專員（expediter）與調度員（scheduler），專門處理突增的需求及額外的產能。增加人手當然會提高間接費成本。於是乎，供應鏈每一層商家均增列多餘的庫存量。如果產品多樣化之種類形式繁多，乃意味著商家必須增列更多不同等級、尺寸、顏色的產品存貨。供應鏈的每一層商

家都從經驗習得教訓，都知道應先擱置次要訂單，讓遲來的大訂單插隊投入生產，或趕工生產必須準時交貨的重要訂單。生產排程每變更一次——允許大訂單插隊，擱置次要訂單——所有被迫暫停，被擱置一邊的在製品，連同最終產品（end product，或譯為製成品），它們所代表的產能以及前置時間，將雙雙永遠流逝了。產能被浪費，是因為原先用於生產在製品的產能，轉而用來趕工生產大訂單產品，導致那些在製品被晾在一旁枯等。

以上所述排程變更與應付放大效應之種種作為，都需要供應鏈成員費盡心思去逐一處理。管理階層必須投入更多人力，用於監視及管理脫序的訂單流，還要應付抱怨連連的顧客，更要應付被逼得難以招架的供應商。

產生如此嚴重問題的根源為，一旦資訊過時，該資訊就失去價值了。過時的資訊將使得供應鏈浪費時間與金錢。在供應鏈中流動的訂單資訊，一旦無法忠實反映最終產品的真實需求，那麼，供應鏈成員根據過時資訊採取的行動，將讓自己付出愈來愈多的冤枉錢，甚至將承擔一些非預期的副作用。以本章案例來說，過時數據產生放大效應，造成交貨延誤，並增加不少間接費成本。數據一旦過時，這些負面影響一個也躲不掉。如果供應鏈成員決定增列大量緩衝存貨，用來「壓平」突發增減造成較大波動的訂購量曲線，這樣做反而讓人看不到核心問題。想要讓參與成員從失序供應鏈脫困的唯一途徑，就是壓縮資訊時間，讓那些在供應鏈被成員傳遞的資訊，全是熱騰騰的實用資訊。

以下所舉是一個醫療保健產品供應鏈的真實案例。該供應鏈深受被扭曲的資訊及後續嚴重副作用之苦，一直苦思解決之道。該供應鏈共有四層主要參與商家——醫院、經銷商、最終產品製造商，以及原物料供應商。長期以來，這些商家受制於失序供應

鏈的典型病徵：被迫延長的前置時間、間接費成本過高，以及各層商家累積愈來愈多的存貨。所有商家終於受不了，而決定共商解決之道。他們發現，問題源頭出在位於供應鏈頂層的醫院，不斷地傳遞已過時、且被扭曲的資訊流。為扭轉此一形勢，該供應鏈決定做以下大幅度的改變，重新訂定一套資訊處理政策，並據以嚴格控管：

- 加速供應鏈各層之間發送訂單之頻率，從每月或隔週一次，改為每週一次，遇特殊情況時每日發送一次。

- 某些產品品項種類及式樣繁多，個別需求變化多端，醫院應提供這些產品實際使用量數據，每日傳送給經銷商。

- 經銷商接獲這些使用量數據，經過分析後判讀未來趨勢，並立即和下游製造商研商生產排程計畫。事實上，除了訂單管道外，供應鏈各層之間已另外建立資訊溝通管道。

- 為降低放大效應，供應鏈另訂定變更訂購數量之上限。如此一來，各週訂單之訂購數量不致於上下大幅波動，下游供應商也能在作業系統被干擾最少程度下，準時交貨。更甚者，此舉將迫使顧客隨時關注發展中的趨勢，並將趨勢變動快速反映在傳送給供應商的訂單中。類似那家藍色牛仔褲零售商延誤了兩個月，才發送訊息告知供應商需求已上升的問題，即可避免發生。

- 供應鏈各層之間已建立電子資料交換機制，不會再發生接收訊息延誤情事。新機制也鼓勵人們交換使用心得，甚或產生新的資訊。

透過對醫院使用量數據之分析，經銷商發現，醫院每週對產品實際使用量之組合，以及再訂購產品之組合，主要取決於每週病患組合（patient mix）。也就是彙集病患攝取藥物之數據，有助

於醫院預測下週使用量及再訂購量。同樣地，經銷商也運用此一資訊預測進貨數量，同時向藥廠下訂單。連同新建立的電子資料交換機制，製藥廠得以及早獲取關於藥物組合的實用資訊，有助於藥廠正確安排生產排程。最後，間接費成本占銷貨額之百分比因而下降；這是 15 年來首見。

該供應鏈發展並導入上述變革，前後共花了 18 個月時間。如今，該供應鏈的運作比以前大為順暢。所有病癥均大有改善。這也不讓人感到意外，因為所有病癥從一開始就互有關聯。前置時間拉得很長，是因為醫院訂購數量次次不同，且差異甚大，使得經銷商與藥廠難以用正常庫存量及產排程，去滿足訂單需求。這也意味著，由於一些內含非預期組合之大訂單經常闖入系統，導致經銷商與藥廠庫存量時高時低。更甚者，供應練成員必須增聘計畫督辦專員與調度員應付這類狀況，於是間接費成本隨之水漲船高。

該供應鏈新政策（訂單頻率增加、訂購數量設定上下限）上路後，訂單放大效應相對減弱。不僅如此，用來維持系統順暢運作的製成品及在製品庫存量，也降為原來三分之一的水準。如今，前置時間僅為原先的 40%。這使得供應鏈成員無須像以前那樣，用推測的方式一次大量訂貨。更頻繁與更穩定的訂單，以及更短、更可信賴的前置時間，持續互相強化。

此一商場案例的重點非常明確。首先，加速與現有需求相關的優質資訊的流通，同時把劣質資訊剔除於系統之外。凡是過時的、被動的、被放大的，以及批量的（batched）的資訊，均屬於劣質資訊。其次，供應商應設法和顧客研商出，一個可以讓顧客接受及信賴的前置時間期程，爾後將堅守準時交貨承諾。第三，訂出一套規則，明訂再訂購之頻率，以及每次訂購量之上下限，

並嚴格遵守。該醫療保健供應鏈做到了這些重點，營運流程隨即變得順暢多了。

瓦解供應鏈週期時間

一個能夠壓縮集體週期時間（collective cycle）的供應鏈，其位於供應鏈頂端的公司（零售商或最終製造商）便能以較短前置時間，且能夠讓供應鏈各層無須維持多餘庫存量的條件下，將產品交運給顧客。班尼頓便是一個範例 1980 年代中期，藉著開創了一個新能力，讓美國零售商在三週內，即可收到從義大利運來接單訂製的服飾商品，完成零售店內貨架補貨程序。班尼頓成功完成流行運動服飾及休閒服飾的壯舉。在這之前，進口運動服裝補貨時間長達三個月。班尼頓瓦解週期時間的實際做法包括，加快傳遞資訊給義大利的時間，同時有效組合剪裁車縫（cut-and-sew）工場及染色工作室，要求它們以快速出貨（fast-turnaround）及小批量生產週期模式運作。於是，班尼頓得以讓各個零售店貨架上，擺滿各式各樣五顏六色的熱銷商品，而無須在供應鏈各層堆積過多庫存量。

想要壓縮整條供應鏈的週期時間，商家必須採取新的協調方法。供應鏈系統的週期時間被拉長，不能僅靠供應鏈成員單獨壓縮自身週期，這樣做是行不通的。有太多原因指出，一家公司可能不會為了縮短整條供應鏈週期時間，而主動自我改革；改革行動必須集合兩個商家或眾人之力才有可能看清真相。

改善重複增列緩衝庫存量之浪費現象，應是壓縮供應鏈週期時間最容易切入之處。為保險起見，每一名顧客（供應鏈成員）通常都會幫進貨（incoming）多加一些緩衝存量，而該顧客的供應商，也會習慣幫出貨（outgoing）多加一些緩衝存量。例如，

電冰箱製造商收到供應商的進貨（壓縮機）後，一定會保留一部分安全存量（safety stock，另譯爲緩衝存量）。而供應商也會挑選一些製造商尚未訂購的出貨（電冰箱零件），爲它們各自保留一部分安全存量。製造商與供應商各自保留安全存量，目的完全一樣：應付突發狀況，包括突增的需求上升、同時發生多個變動、或供應商生產線故障等。但是，在計算安全存量時，製造商與供應商均假設對方未保留任何緩衝存量。此種過剩量（redundancy）既浪費時間，也耗費金錢。問題癥結在於，顧客（電冰箱製造商）不希望完全依賴供應商，而供應商也不想要冒著害製造商生產線停工的風險。正因爲雙方未共同去看待問題，才會出現重複保留緩衝存貨的現象。

另一個可供商家改善供應鏈週期時間的切入點是，顧客與供應商可一同研究，將原本的順序工作模式改爲並行工作模式。例如傳統以來，壓縮機製造商都是先完成工程改良，再通知電冰箱製造商。後者進行產品改款設計時，便會將改良過的壓縮機納入考量，讓它能夠和改款設計彼此搭配。商家採取此種標準作業模式，自有其說得通的理由。基於保護產品商業安全之故，壓縮機製造商待完成工程改良後，才告知電冰箱製造商。在未接獲已通過各項測試，並裝箱交運的改良壓縮機之前，電冰箱製造商無須對現有產品做任何更動。負責以無縫交接（trouble-free handoff）方式，將新壓縮機（從壓縮機工程師）送交給電冰箱工程師過程的參與者均深信，此一安排對自己公司最適合。但從供應鏈的角度來看，這種作業程序並非最適做法，而是次最佳化模式。如果兩家製造商各派一組工程師，採取協力（collaborated）方式進行產品改良作業，極有可能提前數月，就能在展示室擺放新產品了。

大多數公司每天都在經歷這類供應鏈次最佳化的問題。之所

以會出現供應鏈次最佳化，完全是因為傳統政策與習慣，把優秀員工的眼界，訓練成專注於正確、但狹窄的標靶。除非兩家公司主事者願意擱置成見，共同研商，同時看見整條供應鏈之時間壓縮，對所有成員帶來利益的全貌，否則上述問題仍然無解。

汽車座椅業即為一個值得介紹的例子，說明如果供應鏈成員願意捐棄成見，一同尋找，將發現改善供應鏈時間的絕佳機會。汽車座椅供應鏈涵蓋以下四層主要商家：

1. 一家汽車裝配廠，負責將座椅製成品安裝到汽車內部
2. 一家汽車座椅製造商，購入座椅框架、泡棉椅墊、座椅套，組合製成汽車座椅成品
3. 一家座椅套布料製造商
4. 一家紡紗廠，販售紗原料給布料製造商

汽車座椅供應鏈面臨的挑戰無他：必須跟得上汽車裝配廠永無休止的變動需要。從顏色、布料，到機械式座椅式樣，汽車買主對座椅有各式各樣的選擇，因此供應鏈必須生產數量龐大及種類繁多的汽車座椅成品。實際上，汽車座椅供應鏈必須備貨數百種成品組合。更甚者，美國汽車裝配廠有時會改變裝配線的排程，導致對座椅之進貨組合也跟著改變。因此，汽車座椅供應鏈必須非常有彈性。

【圖 8-2】說明上述四家公司累計占用時間條狀圖。四家公司各派一名代表，組成一個專案團隊。專案團隊的使命，除了要算出整條供應鏈的週期時間，還要提出壓縮週期時間的具體建議。專案團隊的第一個發現，讓團隊成員大吃一驚：四層商家用了足足 71 天，才能從提供座椅原物料到完成製成品，走完整個週期。71 天包含了物件在系統中流動所占用的全部時間──包括對產品

附加價值之作業，產品在程序中移動，產品在程序中等候，或被迫枯等的存貨。71 天中，僅 19 天用於創造附加價值或移動產品，如圖中黑色條狀。其他以空白條狀表示的 52 天，或花在存貨，或被迫等候。

專案團隊決定逐一去探討這 71 天到底用在何處，先研究白色條狀，再研究黑色條狀。首先，專案團隊發現，占用 18 天時間的已染色紡織製成品，被送進倉庫變成存貨。部分原因為，為避免發生產品供應量趕不上突增的排程變動，廠商都會增列安全存量；然而在估算安全存量時，座椅套布料製造商未和座椅製造商協調，而讓庫存量呈現過剩現象。然而，在倉庫裡多存放一些紡織製成品確有其必要，因為汽車裝配廠經常會拖到最後一刻，才通知下游供應商生產排程更動的消息。其次，專案團隊發現了另一個時間浪費點：系統裡有占用 20 天時間的紗產品存貨。部分原因和前述現象類似。紡紗廠和座椅套布料製造商之間欠缺協調

【圖 8-2】汽車座椅套供應鏈

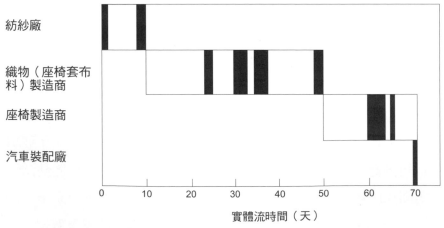

管道，因此重複提列安全庫存量。另一個原因是，紡紗廠和座椅套布料製造商的織物製程，不僅機台設定時間（set-up times）很長，連經濟生產運作時間（production run length）也很長。

專案團隊進一步分析，為何商家需要將座椅套布料與紗產品在倉庫裡堆放 38 天。在解析週期時間之前，專案團隊認為，他們應設法取得更多關於汽車裝配廠生產排程的有用資訊。結果該團隊發現，汽車裝配廠共有三個生產排程──未來兩個月的長期排程、未來兩週的中期排程，以及未來一週的近期排程。座椅製造商其實只需使用長期和近期排程，而不需使用中期排程。近期排程常被迫納入長期排程無預警做的重大變更。由於近期排程僅涵蓋一週時間，若有任何變更，下游的座椅套布料製造商接獲通知，根本來不及調整生產排程，以應付上游廠商的變更需求。實際上，中期排程均納入長期排程的變更。很不幸地，中期排程的溝通管道僅限於汽車裝配廠。因此，專案團隊立刻做了一個安排：在中期排程接獲長期排程變更排程的當日，必須讓座椅製造商及座椅套布料製造商，同步收到汽車裝配廠的兩週排程訊息。如此一來，座椅製造商及座椅套布料製造商，即可提前獲知大部分排程變更之訊息，從而降低提列更多安全庫存量的狀況。

專案團隊幫助供應鏈開了一扇機會之窗：大幅降低重複提列緩衝庫存量。藉著提前接收新排程資訊，供應鏈運用兩週前置時間，為縮短週期時間成功跨出第一步。座椅套布料製造商之所以在倉庫，存放大量染色紡織製成品存貨，主要原因就是，汽車裝配廠的近期排程未提供足夠的前置時間（一週）讓布料製造商處理染色及製成汽車裝配廠要求的成品。因此，座椅套布料製造商必須在倉庫裡，存放大量各種顏色的布料存貨，而且一擺就是好幾週。如今情況已大有改善，前置時間已延長為兩週。亦即，接

獲裝配廠變更生產排程的通知後，座椅套布料製造商還有兩週時間做準備。座椅製造商和座椅套布料製造商一致認為，專案團隊幫供應鏈開了這兩週的窗，等同於容許座椅套布料製造商把所有尚未染色的布料，置於倉庫存放兩週。因為，座椅套布料恰好需要兩週時間，用來染色、製成座椅套、運送給座椅製造商，由後者完成汽車座椅之裝配作業。

這些多出來的前置時間，不僅容許下游供應商得以降低庫存量，實際上也促使供應鏈能夠以接單生產方式，進行染色、製成座椅套，再交由下游廠商製成汽車座椅。如今，存放於座椅套布料製造商倉庫裡尚未染色的布料，已可歸類為中級存貨或更有彈性的存貨，使得下游廠商作業程序的週期時間，已少於該程序的前置時間。因此，下游廠商已經能用「接單生產」（making to order）取代存貨，便能滿足上游顧客的需求。

已上是專案團隊針對白色條狀所做的改善。接下來，專案團隊還要進一步壓縮週期時間，試圖縮短黑色條狀，也就是創造重要附加價值——紡紗、織布及染色、製造汽車座椅等等——的週期時間。如此做有兩個好處。第一，直接占用時間得以節省，從而減少黑色條狀占用之長度。以本案例來說，廠商用於裝配汽車座椅的時間便可縮短。由於裝配汽車座椅，是運送製成品到汽車裝配廠之前的最後一個生產步驟，節省此一步驟之占用時間，就等於直接改進供應鏈的週期時間。

縮短處理時間（processing time，或譯為加工時間）的第二個好處，影響更為深遠。處理時間縮短後，供應鏈成員的生產排程實務，以及成員對存貨的需要，都將迎接突破性的發展。舉例來說，如果紡紗廠能夠減少機台設定時間及生產運作時間，那麼紡紗廠的週期時間將相對降低，同時也會降低紗製成品之庫存量。

又，如果座椅套布料製造廠接到汽車裝配廠，兩週新的生產排程通知，能夠完成全部作業，包括織布、染色、縫製座椅套，那麼，供應鏈幾乎無須堆積任何織物存貨。從編織到完成座椅套，座椅套布料製造商可完全採接單生產模式進行。供應鏈惟一的存貨，只剩下紗產品了。

一般來說，處理週期時間愈短，供應鏈愈能依照實際需求（本案例為已定案之汽車裝配排程）安排生產排程。供應鏈愈有辦法在滿足前置時間前提下，做到更多接單生產的訂單，整體供應鏈週期時間就會更短。

如前所述，汽車座椅事業供應鏈專案團隊成功地完成了初期兩階段任務。如今，專案團隊準備進行第三階段改善工程。之前的兩個階段，供應鏈已從原本 71 天的週期時間當中，剔除掉 28 天。次年，專案團隊期望再砍掉 10 天。該供應鏈持續不斷地改進，期望供應鏈週期時間最終能縮短為僅剩下 20 天。

此一專案團隊能夠大幅縮短供應鏈時間，主要是因為兩家公司主其事的兩位高階主管，一致認為時間壓縮是供應鏈的第一優先任務。觀察企業管理階層宣稱未來將執行「第一優先任務」，以及其後續的作為，是一件很有趣的事。因為有些公司是非常認真的，有些公司只是說說罷了。當一家公司決定，今後將致力於追求特定第一優先任務時，即意味著其他目標、專案、視為當然的信念，都將被暫時忽略或擱置，以便組織從制度面推動根本改革。有時，主管雖然強調某件事為第一優先任務，卻不期待該任務的導入推翻既定政策，或給公司製造壓力。這種第一優先任務是在玩假的。公司投入任何努力，很外就會胎死腹中。然而汽車座椅供應鏈的這兩位高階主管，是用非常嚴肅的心態全心全意幫助專案團隊，成功地克服了好幾個困擾四家公司多年的障礙。

　　這類障礙，和許多在大企業內部行之有年的日常事務一樣，是非常普遍的。第一個障礙是，首先，供應鏈中的兩個成員，對於多餘緩衝存貨占用時間過長產生懷疑。長期以來，兩家公司一直如此行事，然而在估算安全存量時，座椅套布料製造商未和座椅製造商協調，而讓庫存量呈現過剩現象，兩家公司因而多花不少庫存費用。兩位高階主管對此一現象存疑，最後證明供應鏈是朝有效途徑發展。如今，供應商必須達成更高工作目標：在剔除緩衝庫存量之前，紡紗廠必須減少機台設定時間及生產運作時間；座椅套布料製造廠必須在一定時間內完成全部作業。第二個障礙是，紡紗廠尚須供應汽車座椅供應鏈以外的數個客戶，而這些客戶並不特別要求時間壓縮，也無太高產品多樣化需求。這些客戶更關心產品成本課題。直到和汽車座椅供應鏈密切合作之前，紡紗廠為了增加製程彈性，而投入用於擴充資本設備及改善工具準備作業方面的資金，均難以回收。然而，和汽車座椅供應鏈合作後，紡紗廠發現，公司為增加設備彈性，好讓週期時間縮短所投入的錢，實為一筆合算的投資。如果紡紗廠僅考慮「只重視成本，僅採購單一等級紗製品客戶」的需求，此筆投資就沒必要。所幸汽車座椅供應鏈訂購量夠大，能夠讓紡紗廠引進先進生產設備之投資獲得回收。

　　受制於惰性，許多大企業均怠於處理這類營運障礙。若無強有力的領導作為，組織投入改善時間壓縮的努力，終將化為泡影。經過眾人的努力，供應鏈或許能繼續壓榨出六天或七天，讓週期時間變得更短。然後，專案團隊便可宣布「已獲得重大進展」。但專案團隊並不知足，而決定進行下一波大規模程序改善計畫，期待供應鏈持續不斷地精進。

同步化前置時間與產能

一旦供應鏈能夠獲取更多及時資訊,並能促使不同程序的週期時間縮短,該供應鏈便可用更緊湊的節奏運作,同時將意外狀況降至最低。在提交給客戶的報價單中,交貨前置時間更短。供應鏈也無須存放多餘貨品,便能如期交運。

但如果產品多樣化程度倍增,供應鏈就必須開闢另一條戰線,繼續努力精進,以免被繁雜的生產規畫與排程吞沒。還記得老式烤麵包機(以前市面上僅有三、四種款式可供選擇)長什麼樣子嗎?這些老式烤麵包機全是一個模樣:垂直烤槽、外觀為金屬色、只能烤薄片吐司。到了今天,任何一家烤麵包機製造商都能生產數十種樣式的烤麵包機——垂直烤槽或烤箱形式、金屬色或塑膠外觀、且能烤薄片吐司以外的食物。凡此種種,均對烤麵包機供應鏈帶來生產及運送方面的問題。工廠新增許多不同程序及日常業務。廠商必須向更多不同供應商採購更多零件。特定型號烤麵包機的每月銷貨,將出現更多變異。可想而知,烤麵包機供應鏈一定多出許多意想不到的事,有更多事情需要事先規畫,很多時點會出錯,甚至失控。

下文便進一步探討,產品多樣化增長後,烤麵包機供應鏈將應付哪些新效應。第一個效應為,不同型式產品在供應鏈中的移動時間各不相同。例如,為烤麵包機外觀鍍鉻(鍍一層金屬色),和熱塑成型所用的時間不同;或負責製造用於烤箱型烤麵包機之電子控制裝置的供應商,所需前置時間較傳統老式控制裝置的供應商長,那麼,烤麵包機供應鏈勢須面臨更複雜的供應鏈管理課題。當某種產品僅僅出產幾種型式時,廠商在生產這些產品時,對於它們在供應鏈中的移動時間,通常都在廠商掌控之中。但,不同型式的產品,需要不同的客製化工程時間、不同的供應商前

置時間、不同的裝配時間等。由於產品多樣化持續快速增加，供應鏈內部涵蓋眾多或長或短的週期時間，今日已讓供應鏈成員難以招架。

此一效應直接衍生出另一個效應。如果週期時間隨著廠商訂購特定產品型式而有所不同，那麼，廠商用來製造這些產品的產能，也將有所不同。假設裝配烤箱型烤麵包機的時間，爲裝配傳統烤麵包機時間的兩倍，那麼前者將用掉裝配廠兩倍的產能。特別是，如果裝有電子控制器的烤箱型烤麵包機，本季恰好熱賣，電子控制器極有可能變成供應鏈的瓶頸。每一供應鏈中都有若干層商家，對於需求組合的變動特別敏感。當每個月的需求變動都不同時，供應鏈的瓶頸將在不同位置之間流竄。

家居家具業即爲深受高多樣化困擾的供應鏈之例。家具製造商最爲人詬病的，莫過於漫長的前置時間，以及交運產品總是缺東缺西的。這可能是因爲顧客在訂購臥室或起居室家具時，自行搭配不同顏色與套件。亦即，顧客常選購不是整套的桌椅組合。而且，桌子及椅子可能是不同供應商製造的，因此前置時間也不同。一張簡單式樣椅子的椅腳和椅座，兩者的工廠生產週期時間約略相同。但一張納入時髦設計式樣的椅子，其機械加工與精加工所需前置時間，卻可能是簡單式樣椅子的四倍。更甚者，需要個別剪裁，用來縫製椅墊的織料的形狀與數量，也會隨著椅子式樣而有所變動。最後，每週進貨的木料材質彼此間都有些微差異，跟著影響鋸切操作的時間。產品產出率將取決於每次鋸切產品的組合。以上所述種種都是生產規畫與產能排程的惡夢。難怪顧客訂購家具，經常需要等候數月之久。實際上，家具製造商用於製造成套家具的時間，僅數個工作天。

想要讓家具製造這樣的供應鏈，擺脫過長前置時間與過多存

貨困境的唯一途徑，就是藉由同步化不同產品組合之前置時間，均衡化（balancing）供應鏈各層廠商之產能，以建構出一個具備高度彈性的營運作業模式，從而簡化供應鏈的生產規畫機制。對供應鏈而言，尤其是各成員一向各自為政的供應鏈，這可說是一個重量級的議程。

同步化不同產品組合之前置時間，簡單地說，就是每家公司各自努力，設法縮短耗時最長產品之週期時間，儘量拉近它和耗時最短產品週期時間的距離。這樣做的目的，是要讓供應鏈上游顧客能夠信賴供應商。一張採購訂單內的所有產品（或程序），不論最終產品為何種款式，交由誰製造，供應商都能在同一時間送達。如果供應鏈各層廠商都能以此種方式同步化前置時間，那麼各層廠商將可充分信賴下一層供應商，每次都能如期交貨，而不論採購產品組合內容為何。換言之，烤麵包機零售商完全信賴供應商能夠在一定期限（假設供應商允諾四週）完成交貨，不論訂單涵蓋何種烤麵包機產品組合。

家居家具業也在進行類似的改革。例如某家具製造商已將不同精加工（最後加工、完成加工）之工序，做到標準化（standardization）的地步。不論是塗抹（apply）還是固化（cure），所用時間都一致。在完成標準化作業之前，精加工週期時間差異很大。完成標準化作業乃意味著，精加工作業之有效產能已可獨自估算出來，而不論送來之產品組合為何。因此，整條供應鏈的生產規畫得以大幅簡化。完成標準化作業後，該家具製造商已能非常精準地安排，產品批量之精加工生產排程，而無須擔心精加工的工序組合。故從多樣化的這個層面來說，家具供應鏈已無須分別導入生產規畫及均衡化（供應鏈各層廠商之產能）。該公司已做到讓所有精加工工序，達到相同前置時間之地步。

同步化前置時間也意味著，不同供應商同時進行的並行作業，可維持一致的前置時間。能做到這個地步，供應鏈廠商可以很有信心地完成生產規畫。例如，餐桌製造商的週期時間，可能不同於椅子製造商的週期時間。在同步化之前，零售商訂購一套餐桌及椅子，兩種家具交貨時間不一致。零售商勢須等全套家具送齊，才能裝箱送交最終顧客。如今，家具零售商已能更主動地管理供應鏈，因為椅子或餐桌製造商已能安排裝配組合之生產排程，不論產品型式為何，均能做到讓兩者前置時間約略相同之地步。因此，家具零售商即可確定餐桌及椅子抵達賣場的時間，同時告知顧客一個確切時間，全套家具將準時送達。沒有理由讓位於供應鏈頂端的顧客（零售商），必須等候部分家具於不同時間送達，或要求供應商趕緊補送未送達的家具。這種服務模式不僅會增加間接費成本，更會引起顧客的不快。

產品多樣化程度愈高，促成供應鏈各層商家產能達到平衡化的難度愈高。儘管如此，如果供應鏈期待拉平前置時間，如期將商品送達最終顧客手中，產能平衡化仍然有其必要。每層商家的產能必須有足夠的彈性應付產品組合變動，並仍照已公布的產能製造產品。供應鏈任何一層商家，若無法應付產品組合變動而形成瓶頸，產品流將困在供應鏈，全部堆積在瓶頸點之前。整條供應鏈的產出能力將連帶受累。優秀供應鏈領導者會主動找出，供應鏈各層商家產能不平衡之病徵，進而導入生產單元（production cells），以及其他閉環解決方案（closed-loop solutions），以幫助產能有問題的該層商家解決困難。

然而，產能平衡化並非僅解決瓶頸問題而已。要做到真正的產能平衡化，有賴系統其他成員充分合作，尤指販售最終產品給顧客的商家。此刻，資訊再度被證明是成敗關鍵。當訂單提前傳

送至下游所有供應商時，這些供應商有充裕時間進行生產規畫，以及有效運用現有產能。供應鏈之所以會發生瓶頸，大多數是因為在前一週，公司正忙著做別的事情，渾然不知本週有亟待處理的工作，到了本週，才驚覺已來不及了。要讓供應鏈達到產能平衡，及時是主要著力點，而非建造更高產能。至於簡化供應鏈管理之目的，乃是要幫助所有成員應付愈來愈複雜的產品多樣化。要讓一個大企業捨棄行之有年的規畫實務，重新設計一套新模式，這件事說來容易，實際執行有其一定難度。簡化規畫程序常有悖常理——違反業界常規。讓我們再來看家具產業的案例。

多年來，座椅製造商使用一些特殊方法，從一長捲織物切割所需尺寸之布料，縫製椅座底部和椅背，用於座椅軟墊的面料。這些切割方法有一個共同特色，就是以減少織物浪費為首要考量。座椅製造商發現，在座椅產品多樣化程度甚為有限的情況下，從一長捲織物切割出最多所需布料的最好方法，就是先一次全部裁切椅座底部，再一次全部裁切椅背。然而用這種方法裁切布料，勢須將裁切完畢的椅座底部及椅背布料，全部存放到倉庫當成存貨。這種做法合乎成本效益原則。根據家具業者權威分析專家說，多出來的倉儲成本，還低於布料節省的成本。替代方法為「一次」裁切出一張座椅所需所有面料：座椅底部、椅背、扶手等。

權威分析專家的說法很正確。但該說法的成立須有一個前提，就是座椅產品組合不能出現太大變動。從織物的裁切工人、倉儲人員，到生產排班人員，他們大概都能應付兩、三堆已完成裁切的座椅底部布料，以及兩、三堆已完成裁切的椅背布料。問題是，現在已發展出數十種座椅設計，每一種座椅均搭配獨特款式的底部及椅背。這些種類與款式繁複的座椅底部及椅背布料，

在倉庫裡被四處堆放，不易工作人員追蹤管理。自從改為一次裁切一張座椅所需所有面料的替代方法後，雖多製造出一些織物廢料，卻大大節省了間接費成本與倉儲費用，扣除布料損失還有剩餘。導入這種及時製造模式後，製造現場也不會再出現裁切織物無庫存（stockout，另譯為缺貨）的狀況——產品多樣化增加及需求組合改變時，無庫存一定會打亂既有生產排程。

這種更簡單的織物裁切規畫方法，藉由剔除所有庫存，同時淘汰長時間大量裁切同一種面料的傳統方法，改用一種快速裁切程序，因而有效降低了供應鏈週期時間。不僅如此，由於無庫存狀況不再出現，廠商報價給顧客的前置時間，也變得非常可靠。座椅套布料製造商發覺，生意比以前更好做了。因為該製造商主管不會像以前那樣，半夜接到家具製造商的來電說，他們收到的面料織物與訂購要求相符，但裁切面料的種類不對。

然而，現今商場上導入這種模式（用更簡易的方法裁切及規畫織物存貨）的家具製造商並不多。理由很簡單。大多數業者從未站在整個家具製造程序與整條供應鏈的立場，從週期時間的角度（透過穩定、可預測的前置時間，在供應鏈各階段間維持穩定的產品流）去看待這件事。時至今日，大多數家具業者仍然從傳統成本觀點，去做供應鏈的生產規畫工作。難怪這些業者建立了一套不同的系統。

你需要一群苛求的顧客

東歐一家大型卡車製造商的工廠主管，最近對外說明為何該公司不能到西歐市場販售卡車。他說，這個決定和政治或經濟制度毫無關係，問題出在一個大客戶，也就是蘇聯。多年來，這個

大客戶一直向該公司訂購同款卡車，而且要求千萬不要做任何改變。蘇聯要求卡車配置相同的底盤、相同的組件，只因不希望存放任何更多備用零件（spare parts），也不需要教工人學習新的維修程序。該卡車工廠主管相信，這是任何一家廠商所服務對象中最糟糕的一種顧客。除非顧客提出改進要求，否則廠商不可能精益求精，自我期許成為更好的供應商。

供應鏈也面臨同樣的議題。供應鏈需要它的大客戶不斷地要求壓縮時間。在這樣的壓力下，供應鏈勢須協調所有能夠提供更好資訊的行動來源，努力縮短週期時間，並設法同步化產能。若無來自顧客的施壓，供應鏈的整體績效改進，將侷限於供應鏈廠商自身的眼界，改進幅度也不會大過自身能力所及。單靠供應鏈各廠商各憑本事做自我改進，實在無法和商場同業做有效的競爭。如前所述，兩家或更多公司攜手合作，才有可能讓供應鏈，達成遠超過個別廠商眼界的系統績效改進水準，從而大幅降低週期時間與庫存量。值得注意的是，多家廠商攜手合作，共同決定之改進行動，往往和個別業者想要採取的改進行動互斥。因此，供應鏈領導商家應訂出，足以鞭策大家努力追求的共同願景，同時訂定相關行動指南，好讓供應鏈所有成員有所依循。

時間基礎供應鏈採取有別於傳統的績效改進做法：

- 將最終產品的訂單資訊，即時傳送給供應鏈下游所有廠商。傳統做法恰好相反，商家僅把最終產品訂單資訊，傳送給和該公司有直接生意往來關係的下一層供應商。

- 為連續訂單（successive orders）訂購數量變動百分比訂出上限，以免對下游供應商存貨調整帶來放大效應。傳統做法為，商家下單訂購時，僅考慮要將本月庫存量補足至所需水準，而不管訂購數量是否遠大於上次訂購量。

- 剔除重複的安全庫存量。重複提列安全庫存量，不僅增加倉儲成本，人們也不易察覺供應鏈眞正需要解決的問題。一般做法爲，廠商各自決定安全庫存量，從不過問下游供應商或上游顧客如何處理存貨課題。

- 設法降低供應鏈各層商家之週期時間，有助於整條供應鏈加快產出率與提升彈性。傳統做法爲，各廠商自行根據生產成本及存貨需求，估算出合理週期時間爲何。

- 顧客有需要時，供應商才會運用產能爲製成品創造附加價值。一般做法爲，爲避免出現產能利用率（utilization）太低，廠商通常一有機會就安排生產作業，以備顧客臨時訂購交貨不及。

- 設法讓不同產品組合的前置時間與產能做到同步化，好讓供應鏈各層商家安排生產排程，能做到前後一致，而無須理會產品組合之例常變動。傳統實務爲，如接到訂單涉及不同產品的組合，廠商報價給顧客的前置時間較長，如此做不僅增加生產規畫的複雜度，也會增加報價給最終顧客前置時間的複雜度。

日本煉鋼產業就是一個敢勇於打破傳統，從而創造出令人刮目相看成績的大型供應鏈之例。從 1970 到 1980 年代初期，日本煉鋼產業致力於壓縮週期時間，不僅成功壓低生產成本，且大幅提升產出，成爲舉世矚目的卓越供應鏈。在這段期間，美國鋼鐵採購者經常批評美國煉鋼廠，說美國廠的前置時間太長，遠遠超過日本煉鋼廠的前置時間。日本煉鋼廠採用連續鑄造（continuous casting，或譯爲連續澆鑄）技術，因而去除了傳統煉鋼過程中的中間產品階段（intermediate product stage）。日本煉鋼廠設在最現代化的港口廠區，方便整船進口之鐵礦石及煤炭，以最有效率的方

式裝入特殊設計的運輸載具，直接送進廠區處理。此種模式完全用不到內陸運輸，也不用排隊等候。日本煉鋼廠試圖以近乎恆定開工率（constant operating rate，或譯為恆定運行率）的模式，維持煉鋼廠的運作。這通常意味著，在美國客戶尚未下訂單之前，日本煉鋼廠正在將製成品送上貨櫃輪，準備啟程前往美國。設在美國的日本貿易公司，有時才剛接獲美國客戶下了訂單，裝滿鋼材製成品的貨船已正在途中，因此到貨船抵達美國港口時，該公司必須已和美國客戶完成議價程序，確保船上所有的鋼材製成品完全出售。

日本煉鋼產業供應鏈成員涵蓋了礦業開採業者、運輸業者、煉鋼廠及港區設施，以及貿易公司。1970 年代初期，該供應鏈打破了傳統煉鋼業者行之有年的多個產業規則。例如，傳統業者一向選擇到原料出產地或市場附近設煉鋼廠。又，採用連續鑄造獲得的產出，尚不足以回收投入的資金。最後，若收到的訂單能回收成本，公司才願意考慮接單生產。

供應鏈的運作反映了供應鏈領導者的價值觀。以服飾業者 The Limited 為例，多年來，該公司和美國供應商及其他國家供應商密切合作，致力於壓縮週期時間。The Limited 明白告知供應商，供應商與該公司有生意往來關係的任何一個層面（預計推出新設計產品之原型式樣、通知可能發生的運送問題、寄送收據，以及填寫訂單等），都要努力壓縮時間。該供應鏈的大多數供應商都樂於配合。

稍後，The Limited 陸續打入一些新市場，卻發現極少數新加入該供應鏈的成衣廠，表示難以配合 The Limited 的要求做調整。碰到這種情況，強勢如 The Limited，遂發展出一套新紀律及相對應的績效目標。

反觀美國的軍事採購（military procurement，或譯爲武獲）供應鏈，卻表現得荒腔走板，這並不讓人感到意外。而其中最爲人詬病的一項，就是美國國防合約中漫長的前置時間，以及高的離譜的間接費成本。在美國所有產業中，國防採購模式仍然沿用早已過時的訂購方式，仍然維持最高的製成品存貨，以及供應鏈中仍然存在著速度最慢的履約流程（closing loop）。所有問題的源頭，均指向軍事採購供應鏈的最終顧客：美國政府。美國政府裡面擁有決策制定權的人不知凡幾，且彼此利益互相衝突。更甚者，美國國防部幾乎毫無停歇地更動國防採購計畫，連帶拖累軍事採購供應鏈之運作效率。

今天，不論是美國、歐洲、或亞洲，某些比較積極進取的供應鏈領導者，它們的身分恰好也都是全球競爭者（global competitors）。全球競爭者傾向於將不同功能分散到全球各地，包括設計、製造、採購、及銷售產品，同時到世界各處選擇合適國家或地區創造附加價值作業。例如像開拓重工或國際商業機器這樣的公司，絕不會向同一個客戶提出一張報價單，對其中包含的一種全部在美國生產的主要產品，提報一個前置時間，而對在其他海外國家生產的產品配件，則提報另一個較長的前置時間。全球競爭者的新產品設計功能，與產品工程功能，可能分別在世界不同地區進行。但新產品上市時間，絕不能以功能分散各地之理由而延誤。

事實上，全球企業訂定了一套，適用於全球各地分支機構的反應及時間壓縮標準。否則，全球企業的供應鏈，就稱不上是結合不同國家（全球企業對這些國家的經濟有特定需求）的供應鏈了。產品多樣化趨勢發展至今日，已沒有任何一個全球企業能夠做到在單一國家或地區，完成一個產品全部的附加

價值作業。放眼望去，時間壓縮努力早已伸進世界各個角落。這些成果，實反映了身爲所屬供應鏈龍頭的全球競爭者的經營理念。

第九章

時間基礎策略

　　任何一家想要運用時間為競爭利器，從而創造價值的企業，都應訂定一套足以鎖定最有利可圖顧客，同時防止大多數競爭同業迫近的策略。對大多數公司來，策略選擇不外乎以下三個主要選項：

- **尋求與競爭者共存**：此一選項實非長久之計，因為競爭者不大可能長期維持現狀。

- **撤退**：現今許多公司正執行撤退計畫。《華爾街日報》三不五時就會刊出各大企業撤退的消息──藉著合併工廠、聚焦經營（focusing operations）、分割事業（divesting business）、退出市場，以及進行企業「升級」（going "upscale"）或轉型等。

- **直接攻擊或間接攻擊**：商場上最典型的直接攻擊策略，就是傳統的削價增產策略（cut-price-and-add-capacity strategy），這是和競爭者的正面對決。間接攻擊意味著採取奇襲手段，殺得競爭對手措手不及。此一奇襲手段可能並不是競爭對手所能理解，或雖然競爭對手雖能理解卻來不及反應，因為攻擊來得實在太快。

　　以上三個選項之中，攻擊是唯一能夠幫助企業成長的策略。

採取直接攻擊策略的企業，必須備妥遠勝於競爭對手的資源，方有可能取得最後勝利。因此，直接攻擊策略不僅代價昂貴，一旦失敗，極有可能帶來毀滅式災難，因為公司幾乎已投入所有資源，用於攻擊行動了。相對而言，採取間接攻擊策略的企業，卻能從較少的投入獲取豐碩回收。

知名戰爭歷史學家利德爾·哈特（Liddell Hart），以他對人類兩千五百年間，發生無數次武裝衝突（armed conflict）之觀察分析，提出了為何他認為間接攻擊優於直接攻擊之論點：

「迄今為止，人類歷史發生過多次決定性的戰役，其中（一個）非常高的百分比，都是由採取間接攻擊的一方取得勝利。而且，採取直接攻擊的戰役少之又少，更突顯出間接攻擊是最有獲勝希望，也是所出代價最低的策略形式。

「我們能否從歷史汲取教訓，做出具體推論嗎？面對天然條件或軍力遠勝己方的敵軍，常勝將軍幾乎從不考慮採取正面對決手段。然而，在壓力大的情況下，如果他們選擇直接攻擊，將冒著被打敗，在記錄上留下汙點的風險。」[1]

由於直接攻擊的代價太大，企業主管多半會謹慎為之，或儘量考慮採取間接攻擊手段，設法增加市占率及提升獲利率。可供企業主管採行的間接攻擊的「工具」包括：市場再區隔（resegmentation）、重新包裝商品及服務、差異化通路策略，及其他等。然而，這些工具無一能廣泛應用於各式各樣的產業。即便真的採用了，它們對於提升營運效能及擴大客戶基礎，成效甚為有限，也難以長期抵擋戰鬥意志堅強的競爭者。

此時，時間做為間接策略的選項便應運而生。具體來說，運用壓縮時間的手段提供價值（以快於競爭對手的速度供應新產品

及服務、填報訂貨單，並提供服務給顧客），其目的就是要破壞
現有競爭平衡。透過建立時間基礎優勢，幫助企業朝向建構一
套贏家競爭策略之路邁進。時基策略不僅能為顧客及公司創造價
值，也會讓競爭對手摸不著頭緒——在競爭對手高層主管會議
中，時基競爭者的策略，常讓這些主管困惑不已；極少時基競爭
者遭到來自成本基礎競爭者強力或有效的反擊。

剖析間接攻擊

　　1982 年初，麥雷華（Mad River Company；化名，以保護真
實公司的商業策略）董事會成員參與例會，審慎思考該公司未來
的命運。麥雷華公司已連續虧損很多年，未來前景也不被看好。
董事會勢須採取必要行動了。

　　麥雷華是一家早已不合時宜的辦公用品製造商。它是業界碩
果僅存的極少數幾家仍使用小型老舊工廠生產的業者之一。過去
20 年來，大型競爭者採用大規模快速製程，取代小規模速度較慢
的生產程序，導致許多類似麥雷華的工廠或關廠，或轉型為純粹
接單訂製的工廠。這些大型廠商的營運模式，已演變為產業新標
準了。一如其他小工廠，除了以下三個選項，麥雷華董事會成員
似乎別無選擇：

- 汰換舊機器為新機器
- 「賤價」出售廠房給競爭對手，接手經營的新管理團隊將用
  減薪對待老員工
- 直接關廠

以上顯非會受董事會成員青睞的選項。首先討論第一個選

項。引進新機器大量生產出來的產品，並非麥雷華現有銷售能力消化得掉。此外，建構新製程與籌建新廠房所需資金，遠非該公司現有現金流所能支應。而且，該公司恐怕也無能力申貸此筆款項。至於第二個選項，麥雷華的競爭者最近才買下另一家同業，已無餘力再吃下另一家老廠。最後是關廠選項。除非萬不得以，董事會不會決定關廠。因為自創始以來，該家族一直堅守崗位，維繫著公司的營運。而且麥雷華工廠為當地創造很多就業機會。

　　事實上還有另一個選項可供選擇。新上任的總裁手中握有一張好牌，或許能夠挽救麥雷華的命運。剛上任時，新總裁很驚訝地發現，相較於其他都會區，麥雷華在聖路易市（St. Louis）的市場占有率非常高。新總裁進一步詢問銷售副總，為何出現這種有違常理的現象時，銷售副總感到有一點惱怒。銷售副總答稱，麥雷華能夠在聖路易市維持傲人業績，完全是因為麥雷華的銷售人員和聖路易市的經銷商已建立良好私人情誼。果真如此，新總裁顯然不能期待採取任何新措施，能夠讓麥雷華在其他市場收到立竿見影的成效。

　　趁著參與一次產業年度大會之便，新總裁親自去聖路易市拜訪這位經銷商。新總裁利用這次難得的機會詢問經銷商，他和麥雷華銷售人員如何維持這麼好的私人關係。結果卻得到令他大吃一驚的答覆：「的確，我們之間維持很好的關係。我經常這樣告訴喬（銷售人員）說，只要他每天把我訂購的商品準時運送到我的倉庫，我就當他是朋友。一旦他停止這麼做，我們就不再是朋友。」

　　在搭機飛回麥雷華的途中，新總裁仔細回想那位經銷商的回答。麥雷華今後有沒有可能以強化對經銷商的服務，取代過去只以價格為取向的做法，為辦公用品生意開闢出一條獲利新途徑

呢？如果真有此一途徑，麥雷華應提供什麼服務水準？需要改變現有營運模式嗎？產品價格該如何訂定？競爭者會如何反應？

　　新總裁以麥雷華的一些經銷商為對象，做了一次問卷調查，以了解這些經銷商從競爭同業那裡得到什麼樣的服務水準。問卷調查結果讓他既感驚訝，也感欣慰。基本上，競爭同業的服務非常差勁。平均而言，從經銷商下單訂購，到競爭同業把商品裝上卡車，通常須等候四到六天。競爭同業的貨車每週只到經銷商補貨三次。更糟糕的是，經銷商檢查訂單內容，常發現經銷商的訂購清單中，有 50% 的商品不在送貨清單內，且被列入延期交貨（back-order）清單中。受到如此差勁的待遇，害經銷商不僅少做了不少生意，經銷商還被迫追查自己當初到底訂了哪些商品，哪些尚未交運，哪些商品尚未付款。

　　經銷商曾經對那家競爭同業明白表示過，希望該供應商能準時送交經銷商對特殊品（specialty product）的訂購量，卻得到令人失望的答覆。經銷商只好自行多準備一些庫存量，以免顧客撲空。經銷商的特殊品庫存週轉率一年約四到五次，標準品庫存週轉率一年約 10 到 12 次。經銷商每次下單訂購特殊品，那家競爭同業不僅強調須等候五至六週才能出貨，還要求經銷商多買一些，以符合該供應商規定的訂購數量下限。具體言之，五至六週是該競爭同業的生產排程週期；訂購數量下限就是裝滿一卡車的量。在新總裁眼裡，經銷商能夠期待從該競爭同業得到的唯一好處，就是該競爭同業能夠開出較低的報價。一言以蔽之，該競爭同業還真不是好對付的商家。

　　讓這位新總裁大感興趣的另一件事，同樣和新興的服務策略有關。過去 20 年來，該競爭同業陸續關閉了所有和麥雷華類似的傳統工廠。該競爭同業的管理階層如此做的目的，是要追求成

爲業界成本最低的製造商。想要發展出一套有效的服務策略，該
競爭同業無論如何都不應該把遲遲不回應顧客需求，或甚至完全
不回應顧客需求，當成是一個服務選項——即便回應顧客需求意
味著提高成本。此時，新總裁心想，制定出一套不一樣的服務策
略，或許能讓麥華雷與競爭者共存！

　　問題是，該提供什麼樣的服務水準呢？新總裁思前想後，並
與同仁多次討論後，共同敲定了服務目標。麥華雷告訴經銷商，
該公司將履行當日出貨（one-day turnaround）之承諾；亦即，經
銷商每次下單訂貨，無須像以前那樣，需等候四至六天，供應商
才將商品裝運出貨。其次，麥華雷的貨車改爲每天跑一趟經銷商
市場，取代過去每週二次的頻率。麥華雷將儘可能地滿足經銷商
訂貨需求，達成率至少爲96%。

　　麥華雷特別重視對數量較少的特殊品之服務。麥華雷要求的
最低訂單數量下限，遠低於競爭同業，且允諾兩週內交貨。麥華
雷賣給經銷商的特殊品，所訂的價格與競爭同業並無二致——比
一般標準產品價格高35%。但麥華雷的標準產品售價，比競爭品
牌高約20%。如此一來，經銷商應該會比較喜歡銷售麥華雷的
特殊品，而不會刻意去推銷麥華雷的標準產品。照此趨勢發展下
去，競爭同業將吃下高產量標準產品的市場，麥華雷將專銷特殊
品，形成皆大歡喜局面。

　　這個策略能否成功，尚有賴麥雷華在其價值遞送系統做一些
必要的改變。新總裁已規畫妥當，並將整套計畫呈送董事會審
議。董事會也很擔心，不確定新服務策略能否奏效。但除了關廠
外，麥華雷似乎已別無選擇。

　　第一個要改變的是生產程序。工廠機器必須變得更有彈性，
才能讓最小批量訂單的製造，維持在合理的成本水準。麥華雷的

機器最被人詬病的地方，就是它們既笨重，又毫無彈性。由於機器運轉速度非常快，每次轉換不同型號產品生產時，製程後端一定會產生大量廢料，有賴工作人員花很多時間清理才能進入下一個製程。想要達到符合經濟效益的生產線轉換，導入電腦化製程控制，讓製程快速進入「正軌」，才是最佳解決之道。辦公用品產業已於數年前導入電腦化製程控制，但僅限於用在最新、速度最快、性能最佳的機器。在生產線轉換期間，這種機器能夠快速產生大量廢料。儘管有電腦化製程控制的幫助，大型機器的生產線轉換成本仍然居高不下。

　　產品完成製造後，立即被送往精加工及包裝部門。和生產程序一樣，此一部門的成本對多樣化也非常敏感。一般來說，只有大批量產品會交由高速機器進行精加工及包裝作業，小批量產品則由速度較慢、勞力密集型（labor-intensive）更高的設備去處理。麥雷華遂投資引進自動化精加工及包裝設備。新設備可以快速換線處理不同型號的產品。此外，麥雷華也加購了額外機器設備，提高公司可派得上用場的產能。發展至此，精加工與包裝已不再是整個程序的時間瓶頸（time bottleneck）。

　　麥雷華為降低工廠生產線轉換成本所做的投資，有助於管理階層安排比以前更多種類產品之生產排程。如今，麥雷華規畫生產 175 種獨特款式產品，供應給顧客，遠高於競爭同業僅有 65 種選項，供顧客選擇。

　　麥雷華價值遞送系統中下一個需要改良的部分，就是訂單登錄了。從接收、登錄到處理完成，訂單處理時間必須儘量縮短，以配合公司宣稱當日出貨之承諾。麥雷華現有訂單登錄系統既複雜又耗時，和本書第三章描述的那家電信業者之中央交換設備一樣。麥雷華針對訂單登錄作業進行流線化改革，之後再導入電

腦化（倘若先導入電腦化再進行流線化，電腦化將無法發揮其影響力）。

訂單登錄系統獲得改善後，管理階層的注意力開始轉移到物流管理。麥雷華擁有一個卡車車隊，負責運送辦公用品至各大城市經銷商處。在辦公用品製造產業，物流功能和其他功能一樣，需講求成本效益。然而，如果績效指標從成本改為時間的話，主管進一步分析物流功能的時間消耗到哪裡去，結果發現：

- 為降低成本，物流功能習於裝滿一卡車貨品再發車，導致大多數經銷商訂單都被拖延數天之久。

- 當某大區數家經銷商同時訂購大量商品時，物流功能把所有可派遣運能（available capacity）都用上，卡車駕駛因連續出車而疲累不堪，積壓待配訂貨也跟著增加，導致訂單拖延情事一再發生。

- 依法律規定，卡車駕駛連續行駛 400 英哩（約 643 公里）送貨，必須停駛，睡足八小時再上路。

看來，麥雷華必須儘快改善物流效能，否則該公司宣稱對經銷商實行的服務策略，恐將淪為空談。於是麥雷華決定廢止非裝滿一卡車才能出貨的規定。管理階層認定，信守「維持每日補貨以滿足市場所需」之承諾，比讓卡車裝滿貨品以節省運輸成本更加重要。因此，麥雷華重新安排卡車出貨行程，必要時另外租用更多卡車，同時安排備用駕駛隨行。

導入上述新的經銷商服務策略，並非太困難的事。但還有一個問題尚待解決。在傳統辦公用品產業，經銷商和供應商之間乃維繫著獨占關係。亦即，經銷商通常允諾製造特定產品線的供應商，僅販售該供應商的產品，不會在店舖裡販賣其他供應商的產品。供應商則允諾經銷商，不會把該特定產品線到其他經銷商鋪

貨，做爲回報。麥雷華絕對負擔不起每天派遣卡車車隊，僅到單一經銷處補貨之做法。單單運輸成本就會把麥雷華拖垮。因此，麥雷華需要到每個市場更多的經銷商處去鋪貨。這種做法將打破長久以來的慣例：改變經銷商和供應商的獨占關係。

　　沒有人喜歡改變現狀。如果經銷商甲發現，經銷商乙也在開始販售相同商品，供應商對此改變卻毫無補貼，經銷商甲決不會任由此事發生。麥雷華的銷售人員一想到必須跑到獨家經銷商那裡，跟自己公司的長期生意夥伴說，今後不再有獨家經銷這件事的時候，就快樂不起來。讓銷售人員更苦惱的是，當他們和長期盟友解釋完解除獨家銷售關係這件事之後，還要跑到該區拜訪另一家新的經銷商——長期以來被他們總是忽略的商家。但新總裁堅持推行**新的**服務方案，也接受可能有部分經銷商選擇不再和麥雷華來往的風險。

　　麥雷華的銷售人員確實能帶給經銷商一些正面的訊息。凡願意接受麥雷華新安排的補貨辦法的經銷商，存貨週轉率將變快多得多。由於麥雷華允諾每天到經銷商補貨，因此，經銷商貨架上的商品接近售罄時，再下單叫貨都來得及。不僅如此，經銷商的存貨週轉率將相對增加，從而提高其存貨投資報酬率。麥雷華保證經銷商的存貨週轉率每年至少可達 15 次。補貨比較勤快的經銷商，存貨週轉率將更高。

　　在導入新方案時，新總裁遇到另一個阻力。物流主管不批准未裝滿一卡車貨品的車輛出車。畢竟，該主管自上任以來，就以降低運輸成本爲追求目標，而貨品裝滿整輛卡車，即意味著運輸成本降低。不管總裁如何勸說，該主管就是不肯照辦，不讓沒有裝滿貨品的卡車出車，導致服務效率受害。經過幾個月的嘗試，總裁不得不將該物流主管調離現職，派另一位願意履行服務承諾

的新人接任。

　　也有一些來自財務部門的抗拒。麥雷華申購的自動化精加工與包裝設備投資案，財務部門一直遲遲未批准。財務部門認為，麥雷華的財務狀況已岌岌可危，增購一些額外設備，平時不用，只有在生產尖峰期才會派上用場，此一邏輯的合理性到底在哪裡？總裁強調，增購精加工與包裝部門設備，讓該部門產能提高至能夠處理平均需求量，使得工廠整體產能利用率得以提高。否則精加工與包裝部門之積壓待配訂貨上下波動，麥雷華便無法於承諾時間內完成對經銷商之補貨服務。經過激烈辯論，總裁強迫財務部門代表簽字同意申購案。

　　經過時 11 個月的密集努力，新服務策略終於正式上路。此刻，管理階層清楚知道，麥雷華的工廠能夠快速完成機台設定，送貨卡車每天到主要市場補貨兩次，訂單達交率（fill rate）可達 96% 或更高，特殊訂單也能有效處理。準此，麥雷華所允諾的服務水準，已超越所有競爭同業。

　　新措施實行下來，成效極為顯著。市場需求竄升。二年後，在一些主要市場，麥雷華的市占率均增加了一倍多。產品組合也發生變化。獲利較高的特殊品販售比例提高。標準產品的銷量並未因為訂定價提高而降低──雖然公司預期標準產品的銷量可能會下跌。事實上，標準產品售價雖高，經銷商仍然向麥雷華訂購，他們看重的就是麥雷華的優質服務。

　　麥雷華新服務策略的成功，讓競爭同業大感震驚。麥雷華原本是一家已面臨關廠的業者，如今搖身一變成為締造獲利新高的公司。之前，麥雷華無法完銷所有庫存品，如今已賣到供不應求。競爭同業同感訝異，相較於以往，結合優質服務的特殊規格產品，居然有這麼大的需求。

　　目前競爭同業尚無回應麥雷華服務策略的消息。現今麥雷華鋪貨給經銷商的眾多特殊品，正是這些競爭同業過去一直嘗試透過各種手段（訂定高價、規定最低訂購量、運輸時間太長）勸阻經銷商少進貨的商品。這些競爭同業對於目前能夠銷售，透過低成本製造設備所生產出來的核心品項，還有利潤可賺，讓一切都在預算控制範圍內，感到心滿意足。這是一個皆大歡喜的結局果。

從麥雷華學到的教訓

　　我們可以從麥雷華案例汲取到五個寶貴教訓，包括：

- 時基競爭者利用及時選擇所開發出來的競爭效能水準，已超過傳統產業從業者的理解範圍。
- 想要蛻變為時基競爭者，其價值遞送系統必須從頭到尾徹底改造。
- 想要讓人們改變對本身從事工作的思維，以及改變對如何衡量成功指標的思維、其困難度不亞於規畫組織未來的前景，甚至更加困難。
- 強化過的系統一旦導入上市，市場就會迅速反應。
- 奇襲總會奏效，但留給競爭者一條生路。

　　麥雷華總裁查覺到，從及時和選擇可開發出的競爭效能水準，已非傳統產業從業者所能理解。麥雷華並非僅單純提供較佳的服務，而是提供絕佳的服務。麥雷華並未排斥多樣化，而是張開雙臂擁抱多樣化。如此做讓麥雷華脫穎而出，不僅受到經銷商的青睞，也讓競爭同業感到困惑。因為傳統競爭者總認為，惟有提高成本，才有可能提供更佳的服務及多樣化。

　　麥雷華擬定的時基競爭者蛻變計畫，涵蓋了對價值遞送系統

從頭到尾徹底的改造。該公司針對降低機台設定時間所做的投資，以及對增加精加工及包裝部門額外產能所做的投資，有助於工廠以更接近產品銷售的時間（而非依賴大量存貨）安排生產排程。精加工及包裝部門額外增加的成本，遠不及整體系統庫存量降低所節省的巨額成本。藉由減少卡車出車次數，或規定卡車裝滿貨品才能出車，從而節省成本的做法，將冒著破壞整個服務精神的風險。管理階層必須讓所有員工認清整套改革方案之全貌，同時讓他們了解，僅優化價值遞送系統某個環節，卻忽略其他環節，可能會傷害整個系統之運作效能。

麥雷華總裁花了一些時間與精力，察覺到問題癥結，進一步費了一些功夫擬定服務策略細節；但和後續總裁及資深管理階層所花的時間與精力，努力說服屬下採取行動相比，實在是小巫見大巫。想要蛻變為時基競爭者，領導者必須徹底改造組織的信念體系、工作模式及獎懲制度，這件事非常重要。這是一個無法「授權」他人執行的任務。麥雷華的管理階層還有一個其他業者比不上的地方，那就是許多其他組織的管理階層想要變成（或應該設法變成）時基競爭者，通常到最後都事與願違。事實上，麥雷華已別無選擇。擬出一套救亡圖存的新服務策略，是麥雷華當時最後的機會。其他選項並不存在。因此，倘若某位員工做了一個不合作的決策（不去尋求解決流程出現阻塞〔blockage〕現象的方法，不去設法發揮創意以提升彈性及減少時間，不接受關於職務、績效考核和獎懲制度的改變）等同於促成所屬公司走向關門大吉一途，自己也丟了飯碗。其他大多數公司的員工，可能不像麥雷華的員工，在管理階層決定讓組織蛻變為時基競爭者的過程中，被迫面臨如此有限的選項。但我們的建議是，一家公司的管理階層若想讓組織轉型為時基競爭者，就必須真的面臨經營危

機，或刻意製造危機，或創造出一個可信的、能夠產生巨大商機的願景。惟有如此，組織成員才不會猶豫，並質疑主管爲何差遣他們上戰場拚命。

　　組織將改頭換面的系統導入市場後，通常見效甚快。顧客對服務及多樣化的敏感度甚高，恐怕連他們自己都感訝異，即便之前事實顯示他們並非如此。過去多年來，受太長與不可靠前置時間的對待，以及受產品選擇甚爲有限的對待，經銷商累積了不少對供應商的怨懟及挫折感。突然之間，供應商提供了另一個服務選項，經銷商非常有可能立刻接受新提議——甚至意味著支付價格溢價。

　　奇襲總會奏效，但可能的話，留給競爭者一條生路。若在無迫切需要時，某組織領導者就對外放話，同時昭告天下（當然也包括其他同行）該公司準備轉型爲時基競爭者，這樣做其實並無好處。風險是有旺盛企圖心的競爭同業可能搶先一步蛻變爲時基競爭者，這是最壞的情境。最好的情境是率先宣稱想要成爲時基競爭者的公司，後來眞的如其所願，比競爭同業更快完成轉型。儘管如此，先行者的機會仍屬有限，因爲其他競爭者很快就會跟上來了。當所有業者都同時轉型爲時基競爭者時，等於大家都來到相同的起跑點。此時所有業者都提供優質服務水準，意味著沒有一家業者擁有服務優勢，顧客成爲唯一的贏家。

　　時基競爭者致力於開發機會之窗，應儘可能地擴大其範圍。蛻變爲時基競爭者的過程可能非常漫長。因此，競爭同業愈晚回應愈好。很明顯地，選擇不對外宣示你的時基企圖心，當然是一件好事。但如果你採用欺敵策略，或留給競爭者一條生路，你的機會之窗將更加擴大。欺敵策略係指運用能夠誤導競爭者的資訊，讓競爭者採取錯誤的行動，或不採取任何行動。例如某營建

設備製造商的高階主管，明知公司已逐步邁向成熟時基競爭者，卻對貿易刊物宣稱，該公司藉由大量增加製成品存貨及安排工人延長工時，已經將送貨時間從 22 週縮短爲 4 週。該主管的企圖非常明顯：競爭者要麼不用理會該公司，要麼也可選擇跟進，大量增加存貨及加班生產。截至目前爲止，該時基競爭者同業的反應，都在管理階層意料之中。

在蛻變爲時基競爭者的過程中，除了採取欺敵策略外，留給競爭者一條生路，也是一個選項。最佳時基競爭策略，不僅意味著應採取收效極佳的奇襲戰術，也要讓競爭同業自認爲是贏家。麥雷華鎖定那些想要銷售特殊品，且對服務敏感的經銷商。但這些經銷商也向其他不大注重服務的供應商，訂購更平價的標準產品，在貨架上販賣。這些供應商本來就不希望生產種類繁多的產品，因此認爲麥雷華改變做法，對他們來說沒有什麼影響。由於麥雷華的資產報酬率隱藏在企業整體績效中，那些供應商並未察覺，它是業界平均值的二倍。

除了上述欺敵戰術，以及留一條生路給競爭同業，讓它們繼續用傳統方式做生意外，那些決定採行時基競爭策略的業者，應有這樣的心理準備：接下來，你必須用盡一切力量衝刺，跑得愈快愈好，愈遠愈好。競爭同業最不能容忍的，就是有人跑到它的地盤來撒野，逼得它走投無路。一個已被逼到走投無路的競爭者，已別無選擇，一定會全力反撲，和敵人拚個你死我活。

在某些行業，速度慢的競爭者幾無立足之地。遭到時基競爭者的攻擊，慢速競爭者的管理階層必須回應，否則就會被淘汰出局。以全球汽車製造業爲例，由於產業領導者已帶頭轉型爲時基競爭者，其他所有參與者別無選擇，只有快步跟上領頭羊的腳步，才有在市場上繼續拼鬥的機會。在一次私下聚會中，來賓話

題圍著馬自達和豐田的差異打轉。馬自達的一位常務董事提出他的觀察：「我們永遠也沒有辦法追上豐田（至少在製造速度方面）的水準。豐田起步甚早。我們必須傾全力追趕。如果我們不這樣努力，將無法在這個產業繼續生存下去。」

未來將是時基競爭者的天下

不論是產品或服務，你我都熟悉的大眾市場（mass market）已逐漸消失了。行銷人員感嘆道，需求碎片化（fragmentation）的趨勢讓他們難以招架。請看嬌生嬰兒產品（Johnson & Johnson Baby Products）產品管理總監卡爾・強生（Carl J. Johnson）的聲明：

「包裝消費品（consumer package goods，或譯爲快速消費品）產業已逐步演進，穩定地走向品牌擴散（proliferation of brands，或譯爲品牌繁殖），以及廣告增長（escalation of advertising）之趨勢。這兩者的成長速度，均快過它們所代表產品的實際需求成長速度。品牌行銷（branding，或譯爲品牌術）及產品多樣化快速蔓延，促使商家彼此撕咬所造成的傷害，遠不及兩者對市場的貢獻度。現今我們只有兩個選擇：大家同時叫停，不再玩這種遊戲；或者，我們必須讓營運體系適應這個碎片化的環境，同時調整相關資訊策略。」[2]

卡爾・強生的挫折感，在消費品公司主管圈裡很常見。消費品公司的顧客，似乎不斷地要求廠商提供更多產品變異，提供更多特殊服務。的確，一方面，顧客確實要求商家提供更多選項，要求更快供貨；但另一方面，競爭者正在做的事，不就是提供更多選項，及速度更快的運輸服務嗎？有時，你很難分辨誰才是趨勢領導者。

　　從顧客角度看，更多的選擇與更快的服務，當然更好。人口統計分析（demographics，或譯為人口統計變相）才是此一趨勢背後的推力。美國人口逐漸老化時，另一批人口逐漸成熟。所有人口區隔中，成長速度最快的區隔，就是 45 至 60 歲之間的人口。此一人口區隔，正是過去動用很大一部分可支配開支（discretionary spending，或譯為權衡花費）的人口區隔。到了 2000 年，此一人口區隔人數，將從 4500 萬增為超過 6000 萬人。而 35 至 44 歲之間的人口區隔，也將以同樣幅度增加。這兩個區隔總人口數不僅高，賺入較多可支配所得（disposable income，或譯為可支配收入），然而他們對產品多樣化的喜好和欲求，也難以捉摸。無論如何，商家一定會設法滿足他們。

　　如此看來，不論人們從哪一個角度去觀察，得到的結論並無二致：產品選擇呈現大幅成長，快速服務也愈來愈普及。加州橘郡（Orange County）的中國餐館，過去 18 年間，從 4 家快速增為 78 家。產品多樣化趨勢也不遑多讓。自 1974 年迄今為止，美國零售商平均庫存單位（stock-keeping unit，或譯為單品）成長了二倍。地方政府甚至立法強制增加產品選擇。1984 年，芝加哥郊區的卡羅爾斯特靈（Carol Stream）與布法羅格羅夫（Buffalo Grove）兩個市政府，通過「反單調」法案。依據該法案，房地產開發商在推案中，新建房屋外觀必須有差異——即便房屋內部並無差別。1988 年，伊利諾州巴特利特村（Bartlett Village）的村議會通過一個法令，要求鄰近社區任何一排四戶住宅，外觀必須互異。村議會委員「曾經到過一家定製住宅工廠參觀，對於多樣化數量之多印象深刻。該社區希望營造出更多定製特色的氛圍。」[3]

　　1988 年，日本家電及電子巨人松下電器旗下的 Panasonic，

推出 Panasonic 個別訂製系統 PICS（Panasonic Individual Custom System）。Panasonic 保證，任何人走進美國 PICS 經銷商，均可訂購一款量身訂製（made-to-measure）自行車。從色彩設計，款式、到車架尺寸，顧客可以完全照自己意思訂製一輛獨一無二的自行車，並在三週或更短時間內取貨。消費者可從四種款式、41種車架尺寸，以及 35 種色彩設計，總共 1 萬 1655 種排列組合中，選購一款自己專屬的產品。

消費者的其他選項為，從美國設廠生產的無數種半訂製（semicustom，或譯為半客製化）產品，或全訂製產品中，挑選出中意的一款，然後下單訂購，等候通知取貨。Panasonic 的產品價位，和競爭品牌的半訂製產品價位相當，但遠低於全訂製產品的價格。PICS 提供給消費者的選擇，遠大於競爭品牌的標準化品項選擇。由於 PICS 提供的是半訂製產品，和全訂製產品提供給消費者的選擇，很難互相比較。PICS 自行車和其他品牌自行車之間最大的差異，應該是交貨時間。前者僅需三週或更短的運送時間，遠低於全訂製產品的運送時間。至於其他提供標準化品項選擇的半訂製產品，運送時間則比 PICS 自行車稍快一些。

Panasonic 在日本國內製造自行車。Panasonic 採用彈性製造技術，在一般生產線組裝車架。工廠內幾乎沒有任何庫存，並能從接到顧客下訂單起，八天內即可全部組裝完畢。另外六天用於空運。Panasonic 後來到美國設廠，運輸時間即縮短了不少。

Panasonic 選擇到美國設廠，是一個睿智的決定。短短一年，Panasonic 產製的半訂製自行車銷量激增，讓公司品牌衝上業界第二名。Panasonic 美國分公司銷售主管指出：「未來高價位自行車市場，完全取決於交貨速度。」[4] 此一論點所冒風險並不高。Panasonic 在日本國內發展半訂製自行車快速交貨事業，比美國分

公司大約早了兩年！日本公司僅需兩週即可交貨，美國分公司則需三週。

《單車》（*Bicycling*）雜誌的史考特‧馬丁（Scott Martin），提出他對松下 PICS 自行車的觀察：「PICS 並非提供消費者完全量身定製的產品。如果你希望購買一輛全訂製的單車，你必須向車架製造商訂購，或許一年後才能取貨。PICS 提供消費者一個不錯的選擇：你可以選購一台專業級的車架，無須久候便能取貨。」[5]

今天，購屋者無須到處打聽，有哪一家貸款業者提供快速核貸的服務。花旗集團已和保德信（Prudential）、美聯銀行（First Wachovia，前身為第一瓦喬維亞銀行）等金融業者，合作推出快速核貸之抵押貸款服務。對此種快速服務最不感興趣的人，一類是債信風險最高的購屋者，另一類是後知後覺者，他們根本不知道市面上有提供快速核貸的服務。

甚至在交易處理程序中，競爭雙方之管理階層做決策的速度，都有可能成為生意成敗的關鍵。1988 年，巴斯集團（Bass Group）和福特汽車競標美國儲蓄與貸款協會（Savings and Loan Association），就是因為巴斯的決策速度勝過福特，終能取得儲蓄與貸款協會之經營權：

巴斯集團擁有另一個重大優勢。這個優勢很容易說明，那就是該集團的領導者一個人說了算。領導者諮詢過少數幾位顧問後，迅速做出決定。反觀福特，總公司先將案子交由位於舊金山的第一全國銀行（First Nationwide Bank）處理前期作業。該銀行幾位負主要責任的主管，必須和位於密西根州迪爾本市（Dearborn）的福特高層主管，釐清主要決策的若干內容。

任職於捷利金銀遠東有限公司（Shearson Lehman Hutton）的

葛斯‧普蘭克（E. Garth Plank）說：「巴斯集團的重大決策，都是由層峰決定的。相較於多層級的大型組織，這種決策流程簡易多了。」[6]

決定是否加入時基競爭賽局：非決定不可

　　管理階層必須決定，是要做一名旁觀者，看著時基競爭者帶領所屬產業轉型為時基產業，還是率先讓自己公司蛻變為時基競爭者，成為顧客與競爭同業的領導者。有一件事是確定的，做一名旁觀者，眼睜睜地看著同業轉型為時基競爭者，將對自己公司造成莫大傷害。目前並無案例顯示，率先轉型為時基競爭者的產業領導者，最後被跟隨者擊敗——除非領導者犯下嚴重錯誤。那些選擇不率先投入時基競爭賽局，甚至不願意去作跟隨者，這些企業的管理階層，將受到嚴厲的譴責：只會在類一般商品（commodity-like，或譯為類大宗商品、類日用品）市場，與同業競爭，賺取微薄利潤。尤有進者，除非有人找到能有效對付時基競爭的解方，否則靠時基策略取得的優勢，仍然是一道令其他同業難以跨越的鴻溝。

　　這個巨大競爭力的源頭，來自那些有遠見的人，以及他們共同做事的方法。時基競爭者的組織，正是該公司的競爭專有優勢（competitive proprietary advantage）。面臨時基競爭者開創的優勢，競爭同業必須回應，必須改變員工的心態與思維，還要改變整個組織共同做事的方法。此一任務的困難度，甚至比「購買一架體積最大、最節省燃料的商用客機，在它進行處女航的當天，便要求它的成本具競爭性」還要高。

　　率先轉型是唯一的選項，前文曾討論率先轉型的組織，其管

理階層能夠：

- 設計及執行更具競爭力的基本策略
- 為成熟市場注入活力
- 保護及強化本土市場優勢
- 有效管理供應鏈，甚至擴及全球供應系統，從而讓它們成
  為競爭利器

　　轉型為時基競爭者可獲得的內部利益與外部利益，其實都很有吸引力。這些利益包括降低成本、增加競爭效用、提高價格、增加客戶依存關係（customer dependency）、產品線能夠更快且更有效地進行擴展及調整、強化財務績效，以及打造出具競爭力的供應鏈。

　　以上提及所有的利益，其中一項對公司、對公司顧客，以及對競爭同業將產生最大影響力的利益，莫過於時基競爭者培養出的一種能力，讓時基組織能夠以快於競爭同業的速度，構思、開發及導入新產品與服務。一家公司若能從構思、開發及導入新產品與服務觀念的程序，建構了時間優勢，各種好事將接連出現。成本將迅速降低。顧客將快速引進新科技。產品及服務線將維持新鮮度，從而賺取較高邊際利潤。

　　諸多實際案例明白顯示，如果一家公司的新產品開發週期時間，已遠遠落後於主要競爭對手，即表示該公司已處於罹患重症末期階段了。再沒有比為了爭取美國購車者對新車激增的需求，汽車製造商無不使出渾身解數，在市場上激烈競爭的情景，更能讓人看清新產品開發週期時間的重要性了。1989 年，可供美國購車者挑選的汽車款式，包括 40 家廠商產製多達 600 種各式各樣

的車型！這麼多的選擇，已超過家電產品及電視機的選項，甚至接近許多時尚產品的選擇標準。

本書前面章節已提及，時尚產業的時基競爭者屢獲銷售佳績，主要原因就是，這些業者的高階主管能夠及時為熱銷商品補貨，及時將滯銷商品撤下貨架。若將及時補貨的觀念套用到汽車產業，指的就是將新款汽車產品導入市場的速度。除了福特汽車外，目前並無任何一家歐美的汽車公司，有能力快速導入新款汽車。歐美的汽車公司開發新產品的週期實在太長，根本無法對抗日本汽車業者設定的上市步調。

福特的高級車事業部、通用汽車，以及歐洲的豪華汽車製造商，最有可能受到日本成功進軍高價位車款的影響。這些汽車製造商必須推出能夠與日本車相抗衡的車款，不然就有可能被迫退出高檔汽車市場。福特、通用及歐洲車廠，均承擔不起此一後果。尤其是通用汽車，必須積極回應。通用汽車的平價車款及中價位車款，受到來自福特及日本車廠的強力挑戰。過去十年來，通用高級車款被歐洲車蠶食鯨吞。1970 年代末期至 1980 年代初期，通用賣出美國境內一半左右的豪華汽車。然而到了 1980 年代末期，通用豪華汽車市占率已萎縮為六分之一。通用汽車正遭逢空前經營困境。

最新財報數據顯示，歐美的汽車公司推出高級車款，但銷售成績不佳。本田豪華房車新品牌 Acura（謳歌或極品）的銷量，已超過賓士、富豪、寶馬、紳寶（Saab）的銷量，同時也侵蝕著凱迪拉克（Cadillac）與林肯（Lincoln）的市場。Acura 的成功，也引起豐田及日產的興趣。這兩家車廠都準備打入 2 萬 5000 美元以上價位的市場區隔。根據商業媒體報導，對於日本汽車製造商想要滲透高價位車市這件事，歐美的豪華車廠高層主管都抱持

觀望態度。因為極少人相信，以製造平價汽車發跡的日本車廠，品牌形象與產品訴求已深植人心，真的能夠成功打入高級汽車。

採取觀望態度的策略能否行得通，完全取決於業者有無精準眼光，能夠分辨威脅／機會的性質，能夠果斷決定何種為適切的行動，以及知道如何有效落實觀望策略的概念。西方豪華汽車製造商的產品設計週期仍然太長，難以讓抱持觀望態度策略的商家成功。過去，通用汽車在中價位與低價位區隔的市占率節節敗退。現在，通用的高價位區隔能否遏止進一步的市占率衰退，端視該公司以何種速度反應日本車廠的步步進逼。通用汽車與其他歐洲大車廠的產品設計週期，從四到五年不等，均無法和速度較快的日本車廠相比。福特相信為三年；日本汽車製造商平均設計週期為四年。豐田宣稱，該公司可將設計週期壓縮為二年半。本田更短，僅有二年。這些日本汽車製造商正搶著分食美國高級車市場區隔，受害者是通用及歐洲車廠。

許多歐美的汽車公司層峰，也察覺到自己公司在新產品開發速度方面的不足之處。許多現任及離職的高層主管對汽車製造廠如此緩慢的反應，有很深的挫折感。羅斯‧佩羅（H. Ross Perot）是其中最具代表的一位。他說：「在這個國家，需要用到五年時間，才能開發出一輛新車。真是見鬼了！我們打贏了二次世界大戰，才花了四年時間。我們投入數十億美元去開發新車，卻遲遲不見新車蹤影。這又不是什麼登月計畫。不過就是一輛汽車罷了。」[7]

由於通用汽車及歐洲車廠管理階層的無能，造成所有相關人等的被剝奪感，影響範圍之廣，已到了令人難以想像的地步了。諸如豐田、日產、本田等公司，為了強化旗下高級車銷售力，準備從凱迪拉克、奧茲莫比（Oldsmobile）、賓士及寶馬搶走更多生

意。我們不妨試著去想像，通用及歐洲車廠的組織內部，正在進行何等艱難的挑戰。原本以兩年為辯論主題，期待美國車廠將高級車款的新產品開發週期，大幅縮短到能夠和日本高級車款新產品上市週期一較高下。結果通用仍決定需四到五年時間，用於研發及推出新款高檔車。因此，在未來五年或更長時間，日本豪華汽車幾乎不用擔心來自歐美西方汽車製造商的挑戰。沒有任何一個產業，在國外競爭者已領先如此長距離的情況下，若無政府訂定特別保護措施，還能夠生存下去的。

諸如寶馬等汽車製造商，因面臨日本車廠入侵高價位區隔而備感威脅。但管理階層想要因應變局的心境，卻在怠於採取反應行動上表露無遺。在二萬至三萬美元價位區間的汽車競爭已到了白熱化的地步，因而刺激寶馬汽車逐漸退守到更高價位的市場區隔。在不經意間，該公司高層主管仍然流露出他們的經營理念：

寶馬北美分公司董事長岡特・克雷莫（Gunter Kramer），對於日本車商進軍豪華房車市場的動作嗤之以鼻。他認為，一家公司造出數百萬輛汽車，才有可能締造的產品形象，絕非其他業者一朝一夕可達成。他強調：「我們追求的是質的成長，而非量的成長。」[8]

為獲取「質」的成長，過去四年，歐洲汽車製造商多次調漲產品售價。至於「量」的成長，實際上是負成長。歐洲車在美國市占率於 1986 年達到高峰，但和今天相比，已萎縮了 20% 至 35%。這種從市場一路敗退的最壞結果，就是豪華車的市場區隔出現產能嚴重過剩。歐洲汽車製造商不僅未頑強抵抗，更未全力反擊。歐洲汽車製造商選擇區隔撤退策略。可預見的是，歐洲汽

車製造商最終將走向和其他生產摩托車、家電產品、照相機等產品的歐洲製造商一樣的下場，成為邊緣企業（fringe player）。

時間基礎策略

凡能結合快速反應與擴展多樣化這兩種能力的公司，就能建立強有力的領先優勢（leading edge），可以在今日商場上與人競爭。反之，未能建立此種優勢的業者，將被迫在商場上和同業做類一般商品的競爭。而購買這類商品的顧客都有一個共同點，那就是，他們僅關心產品的價格。以歐洲高級車造商為例，直到今日，它們已安全撤離價格競爭戰場，穩穩地守住美國汽車市場中，一個強調品牌意識及卓越駕馭性能的區隔。同一款車型在市場上熱銷多年，實為此一區隔之標準戳記。然而，日本車廠已展露強烈企圖心，想要染指高級房車市場。日本汽車製造商持續提升產品性能，逐漸拉近和歐洲性能房車的距離。事實上，兩者品牌界限已愈來愈模糊了。歐洲豪華車對車價的控制權勢將逐漸喪失。再加上，如果歐洲車的新產品升級速率落後日本車──以目前歐洲車的較長開發週期來看，短時間內應該趕不上日本車廠──屆時，歐洲高級車的售價將下跌。

這已經成為全球現象。對價格敏感的低端市場，顧客只能買到性能陽春、服務更陽春的產品──購車者走進一家設備簡陋的平價車商，僅能選購一輛透過急運貨（distress shipment）進口的經濟型小車（econobox）。消費者用較低價格只能買到這種車輛了。這種車上市久了，新車價格將變得更低。現在，某競爭者用遠勝於同業的速度，持續推出升級車型，情勢將演變為，該競爭者不僅控制了新車壽命，也將控制中價位市場（middle market）、

甚至高價位產品之定價。在這之前，一切都操之在我，由我決定用什麼頻率推出新一代車型。面對一個速度更快的競爭者，除非你能開發出一款具備真正優勢的產品，否則你在市面上販售的舊型產品，將愈來愈不具價格優勢。當競爭者推出產品改良版本速度愈來愈快時，品牌溢價（brand premium）受益者將從現任市場領導者換成挑戰者。產品價格將一路下跌。時尚產業就是一個明顯的例子。我們來看看，美國西爾斯百貨公司的成衣事業部經歷了什麼樣的遭遇。

　　到現在為止，本書所討論的各種論點，均迫使我們重新思考一個課題：哪些才是構成競爭力（competitiveness）的基本要素。1980 年代期間，許多美國企業都非常關心組織競爭力的問題。主要原因為，面對日本競爭者來勢洶洶的挑戰，美國企業無不在苦思對策。另一個原因是，製造觀念已發生巨變。事實上，過去五年來，不少製造業裡根基穩固的老牌企業，可能都被迫經歷了類似下文描述的自我評估（self-assessment）模擬過程。我們公司的成本結構與製造模式，已經變得沒有競爭力了，但我們公司的品牌名稱及配銷通路，仍然很有競爭力。因此，我們公司目前的首要任務，就是必須推動一個跨組織的品質計畫，同時還要全面重整現有組織運作結構，把成本再壓低一些。一旦我們讓產品成本恢復競爭力（再加上美元走弱的幫忙）我們公司的產品線，以及我們公司品牌的市場既有地位，可以讓我們公司再度展現競爭力。

　　1980 年代流行組織結構重整，的確是適切的解決之道。許多美國製造商發覺，現有管理層級數太多，在高製造費用率（high-burden-rate，或譯為高負擔率）的工廠製造太多低價值元件，以及必須負擔過高的產品線複雜度成本——庫存量及間接費成本過高所致。凡此種種，均讓這些企業和顧客愈離愈遠。因此，這些

企業紛紛投入努力改善——裁減幕僚人員、經由評估能外包就外包，同時儘量剔除營運作業過程中的浪費。在開發新產品時，這些企業試著讓工程部門與製造部門的人互相溝通。過去五年來，許多企業確實恢復了競爭力，或接近原來的水準——總成本降低了 20% 至 30%，顧客宣稱他們對產品更滿意了。在進口業者的強力挑戰下，從克萊斯勒到增你智（Zenith），許多美國品牌仍然能夠站穩腳跟。

然而，正如美國企業在 1980 年代迫切需要組織重整，才能維持競爭力一樣，那些僥倖存活下來的企業，只不過取得了一張入場券，被允許進入 1990 年代，繼續進行一場場戰局更詭譎多變的商戰。在 1980 年代，美國企業拚命壓榨成本，勉強維持住利潤邊際（profit margin）。到了 1990 年代，美國企業仍須努力壓縮產品開發週期，以免價格及利潤邊際受到侵蝕。然而，如果那些擁有領先優勢的競爭者，哪一天又創造出新的顧客價值，競爭優勢來源又將改變。如今，從競爭對手攫取市占率的能力，乃至於展現更高的價格實現能力，已完全取決於業者的創新速度。在 1980 年代，藉著致力於大幅降低間接費成本，並讓組織回歸基本面，許多美國企業的執行長因而成為家喻戶曉的英雄式人物。然而，完成這個階段任務後，這些企業領導者已無法再靠同樣工具為組織創造利潤。到了 1990 年代，企業執行長必須超越最基本的壓低成本基礎，提升為壓縮時間的競爭概念。美利肯的羅傑·美利肯（Roger Milliken），以及服飾公司 The Limited 的萊斯利·魏斯納（Leslie Wexner），便是做到這一點的代表人物。

組織重整和時間壓縮乃為兩種不同型態的企業轉型任務。組織重整本質上是一種還原程序（reductive process），一種將現有事業運作及營運步驟進行分類拆解的過程，一種由極少數人決定

如何壓縮作業的程序。至於組織邁向快速週期時間的改革之路，則是一種偏向於整合程序（integrative process）的轉型過程。時間壓縮始於建立更多的連結，讓組織成員看到涵蓋面更廣的全貌，從而設計出新的工作系統與工作組織。發展到最後，時基企業通常會反向操作，把組織重整進行的一部分還原程序，再還原回來。舉例來說，過去組織評估過外包優於自製，時基企業可能決定不再外包，而收回自製。哈雷與日立改外包為自製的兩個範例。另外，成功的時基競爭者也會積極嘗試打入，與本業無關的新事業領域。因為時基競爭者已建立一套卓越的組織程序，很想要透過該程序進入陌生領域，藉以見識它的威力。勿碰不相關的領域，的確是企業發展的金科玉律。但它是有前提的。如果共通性與熟悉性（familiarity）是某個企業的主要競爭力，投資陌生領域確實不妥。然而像佳能、惠普科技等高效組織，就有駛入未知水域的能力與膽識。

　　和日本、歐洲業者一樣，美國企業也能掌握壓縮時間的機會。**時間是一種機會均等的優勢**。不同於工資率、貿易障礙、市場規模，以及匯率，時間對每家公司，對每個國家，都是一樣的機會。事實上，美國尚占有一些優勢。美國是一個富裕且高度複雜的市場，其中涵蓋了不少具備領先優勢的市場區隔。美國人平均所得高。諸如專賣店零售（specialty retailing）、金融、電腦服務等服務業，美國業者的表現均領先日本。解除管制後的資訊基礎建設（deregulated information infrastructure）與專用網路（private network）的密集度，美國均高於日本。美國消費者一向不吝於支付高價，以取得更優質產品。例如，美國鋼材用戶情願支付更高價格，買進雜質較少的鋼材。日本鋼材用戶就沒有那麼挑剔。又例如，美國業者依照電子元件品質高低，訂有較多的價格梯度

（price gradient）。儘管本書一再介紹許多家位居時基策略先驅的日本企業，其實可稱為時基策略先驅的美國企業家數，也不遑多讓。諸如美利肯、昇陽電腦、The Limited，以及惠普科技等，它們個個都擁有不亞於日本企業，能夠幫助它們發展為時基競爭者的潛能，也都擁有不輸於日本的養分，足以幫助這些企業開發時基構想。

事實上，日本企業反而是美國企業轉型為時基競爭者的助力。許多在美國註冊的日資公司，以及分支機構，均為美國供應鏈的一分子。其中表現優異的組織，均有助於所屬供應鏈提升整體競爭力。一家位於田納西州優秀的日本汽車元件供應商，可以幫助底特律的美國汽車裝配廠提升競爭效能。不同國籍企業透過生意往來關係，在市場上和生意夥伴交流營運構想，乃至於建立供需鏈結的關係，是沒有國籍界限的，也沒有人在意它們的原始出處。未來，當美國企業與日本企業的全球化程度日增，且變得愈來愈見多識廣時，雙方勢將用自己最擅長的部分影響對方。可預見的是，美日合作組成的供應鏈將愈來愈多。今天市售的一輛福特小型車，或一架波音噴射客機，其中有多少百分比的零組件是美國製造的呢？這兩個市場領導者的體質，都比五年前強多了，主要原因就是，這兩家公司的物料來源及管理程序，均可稱之為混血品種。

滿足顧客所需

時基競爭者的終極目的，並非達成速度極大化，或追求最大多樣化程度，而是滿足顧客所需。速度與多樣化只是幫助業者滿足顧客所需（幫助顧客解決問題，降低成本）的工具而已。滿足

顧客所需就是幫助顧客提高競爭力、讓顧客賺到更多利潤。

　　任何一家想要站穩產業領先者位置的公司，最有效的途徑就是找到一批最挑剔的顧客，確認他們的需要，然後用遠勝於競爭同業的手法，滿足這些顧客的需要。時基觀念有助於業者，提供可創造領先優勢的優質服務。具備優質的服務，就能幫助供應商及顧客有效降低整個系統的營運成本。例如，寶鹼（Procter & Gamble，P&G）和沃爾瑪這兩家公司，已聯手改寫了「一家大型日用品製造商和一家大型零售連鎖店」的生意往來典範。成本節省來源包括資訊交換、生產排程、產品定價、物流管理，以及產品包裝。沃爾瑪是一個強勢的、難以取悅的顧客，可能搶占大多數的成本節省（並非全部）的好處。和沃爾瑪打過交道後，寶鹼將從中學到新的營運模式。這個新模式不僅可以幫寶鹼節省成本，確保寶鹼維持和沃爾瑪的生意往來關係，更讓寶鹼曉得，該如何與其他較不挑剔的顧客打交道。一家公司當然不希望所有顧客都挑剔，但它的確需要和某些非常難以取悅的顧客打交道。

　　時基競爭者有辦法在組織內不同的作業環節，發展出高超的內部反應性及協調性，進而分辨出各主要顧客之間的差異性，並進一步訂製及運送這些主要顧客所需的產品及服務。當納利公司（R. R. Donnelley）是雜誌出版業中，推出選擇式內頁裝訂（selective binding）雜誌的開創者。該公司雜誌訂戶定期收到的雜誌版本，是雜誌社根據公司對特定訂戶的認識，例如人口統計分析、購買型態、興趣嗜好等，為他們量身訂做（包括不同編輯內容，甚至不同廣告）的版本。雜誌內容客製化程度愈高，訂戶愈有可能續訂該雜誌，也愈有可能受廣告訴求吸引而採取行動。當納利也跨足型錄事業。許多受過嚴格訓練的電話行銷專員，根據公司對銷售對象的了解，包括他們的購買紀錄，以及他們的需

要變動傾向，在電話推銷過程中提出購買建議。要做到這一步，其實觀念很簡單——必須建立若干個資料庫；一個客製化導向的企業邏輯；以及一個能夠將該邏輯轉化為例常工作實務，且能經常進行創新的組織。但真正實行起來卻非易事。這類公司必須建立，一個由許多彼此互動無礙的環節所組成的網絡組織，而且各個環節之間的回饋迴路路徑很短。其次，在這類公司任職的工作者，必須充分掌握相關情資，隨時採取必要，且事先協調好的行動。此種行動模式既非傳統層級式組織能夠勝任，也非任由員工自行處理，更非放手讓一些小型、獨立的策略事業單位各自為政。這類公司必須具備，和時基競爭者一樣靈敏的內部反應性，以及明確的跨功能溝通線。

這個世界已朝向單一區隔（凡能成功進行產品及服務差異化，並進一步將它們交運給顧客的競爭者，將能同時提升業績與獲利率的成長）的方向大步邁進。電腦的發明及演進，並非如 20 年前社會學家的預言，促成一個標準化、一成不變的社會的形成。相反地，電腦和時基組織，均有相逢恨晚的感覺。顧客的心聲終於被聽見了。在速度更快，結構更精實的競爭同業的步步進逼下，企業官僚組織正逐漸崩解。對於一個急切想要在商場上與同業競爭的公司，我們對該公司健康狀況之預後（prognosis，譯按：醫學上，「預後」是指根據經驗預測的疾病發展情況）推估值如下：極佳。

注

第一章

1. 布魯斯・韓德森,《企業策略的邏輯》(劍橋,麻州:Ballinger Publications,1984 年),10 至 11 頁。

2. 韓德森,《企業策略的邏輯》,11 頁。

3. 韓德森,《企業策略的邏輯》,96 至 99 頁。

第二章

1. 大野耐一,《追求超脫規模的經營:大野耐一談豐田生產方式》(トヨタ生産方式)(東京:Diamond Inc.,1978 年),2 頁。

2. 翻譯自《日本經濟新聞》,2 月 23 日,1983 年。

3. 傑・佛瑞斯特,〈工業動力學:決策者之重大突破〉(Industrial Dynamics: A Major Breakthrough for Decision Makers),《哈佛商業評論》,7-8 月號,1958 年。

4. 〈豐田試圖將採購部門之看板制度應用到零售部門〉,翻譯自《日經電子》,2 月 23 日,1987 年,2、23 頁。

5. 喬治・史托克,〈反應規則〉(Rules of Response),《BCG 觀點》(*Perspectives*)系列,波士頓顧問公司,1987 年。

第三章

1. 〈趨勢、消費者態度及超市〉,《1988 年消費者態度及超市問卷調查》(華盛頓特區:食品行銷機構,1988 年),3、7 頁。

2. 《躉售銀行的未來》(*The Future of Wholesale Banking*)(Rolling Meadows,伊利諾州:銀行管理機構,1986 年),66-67 頁。

3. 喬・吉拉德(Joe Girard)與史丹利・布朗(Stanley H. Brown),《我的名字叫 Money:全世界最偉大銷售員的成功故事》(*How to Sell Anything to Anyone*)(紐約:華納出版社,1977)。

4. 羅伯特·古安瑟，〈花旗撼動抵押型貸款市場〉《華爾街日報》，11月13日，1988 年，B1 頁。

5. 〈抵押型貸款貸放機構濫用不動產經紀人組織之最新關注〉（Mortgage Lenders Lavish New Attention on Real Estate Agents），《儲蓄機構》（*Savings Institutions*），1988 年 2 月，82 頁。

6. 同 5.，83 頁。

7. 同 5.，82 頁。

8. 喬治·史托克與一位匿名房屋仲介之訪談紀錄。

9. 同 4.

10. 同 5.

11. 安尼塔·威利斯·波易蘭（Anita Willis-Boyland），〈1988 私人商業渠道之展望不樂觀〉（1988 Outlook for Private Commercial Conduits Is Dim），《今日不動產財務》（*Real Estate Finance Today*），2 月 19 日，1988 年，6 頁。

12. 個人訪談紀錄，1988 年 2 月。

13. 同 4.

第四章

1. 〈日產嘗試渡過難關〉（Nissan Tries to Turn the Corner），《富比世雜誌》，11 月 3 日，1986 年，51 頁。

2. 〈玩具「反」斗城有可能成大業嗎？〉（Will Toy's 'B' Great?），《富比世雜誌》，2 月 22 日，1988 年，37-39 頁。

3. 〈日產嘗試渡過難關〉，《富比世雜誌》，11 月 3 日，1986 年，51 頁。

4. 高莫利與舒密特，〈科學與產品〉，1204 頁。

5. 克拉倫斯·凱力·強森與瑪姬·史密斯（Clarence L. "Kelly" Johnson with Maggie Smith），《凱力：遠超過我所有的股份》（*Kelly: More Than My Share of It All*）（華盛頓特區與倫敦：Smithsonian Institution Press，1987 年），97 頁。

6. 同 5.，160 頁。

7. 同 5.，160 頁及 163 頁。

8. 翻譯自《日本經濟新聞》，2 月 23 日, 1983 年。

9. 〈昇陽一路飛奔迎向第一〉（Sun's Sizzling Race to the Top），《財星》雜誌，8 月 17 日，1987，89 頁。

10. 〈工作站神童長大成人了〉（The Maturing of the Workstation Wunderking），《電子業》（Electrtronic Business）雜誌，3 月 15 日，1987 年，89 頁。

11. 同 9.，90 頁。

12. 〈被掠奪的阿波羅領土〉（Domain of Apollo Under Siege），《電子業雜誌》，5 月 23 日，1988 年，24 頁。

13. 昇陽電腦公司年報，1988 年，頁 7。

14. 同 12.

15. 同 12.

16. 〈我可以借用你的實驗室嗎？〉（May I Use Your Laboratory），《經濟學人》（Economist），6 月 18 日，1988 年，78 頁。

17. 〈日本公司運用袖珍型電視機海戰術市場吸睛成功〉（Japanese Firms Build Consumer Interest by Flooding the Market with Tiny TVs），《華爾街日報》，10 月 8 日，1987 年，29 頁。

18. 〈百得推出讓人眼睛爲之一亮的新品項〉（Black and Decker Wows Industry with New Items），《太陽報》（The Sun），9 月 11 日，1988 年，C1、C6 欄。

19. 〈從富士山到埃佛勒斯峰〉（From Fuji to Mt. Everest），《富比世雜誌》，5 月 2 日，1988 年，35、56 頁。

第五章

1. 亨利・福特，《世紀的展望》，再版（劍橋市，麻薩諸塞州：生產力出版社〔Productivity Press〕，1988 年），112、113、114、118 頁。初版由雙日出版社（Doubleday）印行，1926 年。另中文譯本由臺灣商務印書館出版。

2. 〈惠普同意購併阿波羅電腦〉（Hewlett-Packard Agrees to Acquire Apollo Computer），《華爾街日報》，4 月 13 日，1989 年，A3 頁。

第六章

1. 審查了兩位資深主管所做的調查研究結果後，該公司總裁創造了這麼一句座右銘：「最佳技術價值來自於最短時間。」

2. 摘自刊登於 1988 年 12 月 22 日出刊之《華爾街日報》的一封信內容。作者爲大衛・倫德斯特姆（David E. Lundstrom），爲任職於明尼亞波利斯（Minneapolis）電腦業的一位產品開發工程師，之後擔任行銷部門經理。

第九章

1. 利德爾・哈特（B. H. Liddell Hart），《策略》（*Strategy*），改訂二版（紐約：Signet 出版社，1967 年），145 頁。

2. 菲利浦・伊凡斯（Philip Evans），波士頓顧問公司，摘錄其和卡爾・強生私人訪談內容，1985 年秋。

3. 〈市郊對抗單調乏味的景觀〉（Suburbs Tackles Ticky-Tacky），《芝加哥論壇報》（*Chicago Tribune*），10 月 22 日，1988 年，3-1 頁。

4. 私人訪談，1988 年 10 月。

5. 史考特・馬丁，〈去「PICS」訂一台你專屬的單車吧〉（Take Your 'PICS'）《單車》雜誌，9 月號，1988 年，107 頁。

6. 〈巴斯集團爲收購儲貸已準備就緒〉（Bass Group's Readiness Gives an Edge in Trift Rescue），《華爾街日報》，4 月 25 日，1988 年，6 頁。

7. 〈如今，羅斯 佩羅以內行人的身分，告訴通用及其他汽車公司，爲何它們必須改變，以及該如何改變〉（Now on the Inside, Ross Perot Tells GM and Its Rivals How They Must Change），《華爾街日報》，7 月 22 日，1986 年，4 頁。

8. 〈寶馬、保時捷已決定調漲 1988 年份新車售價〉（BMW, Porsche Set Price Increase for 1988 Autos），《華爾街日報》，12 月 3 日，1987 年，14 頁。

譯名對照

financial policies）

債務品質評級（debt quality ratings）

每股高分紅（high dividends per share）

債務股本比（debt-to-equity ratio）

銷貨收入／銷售（sales）

銷貨成本（cost of goods sold，COGS）

融資融券（on the margin）

融資保護傘（debt umbrella）

股東權益報酬率（return on equity，ROE）

間接費成本／管理費用／間接成本／間接費用（overhead costs）

生產產出率／實際產出率（production yield）

首次產出率（first-time yield，FTY）

鑄成率（casting yield）

勞動生產率／勞動生產力／生產率／生產力（labor productivity）

電力斷路器／無熔絲開關（circuit breaker）

區隔化（segmentation）

現金流量／現金流（cash flow）

惡意收購（hostile takeover）

公司購併客／公司襲擊者（corporate raider）

精簡管理層級（de-layer managements）

本益比／市盈率（price-earning ratio）

重估被低估的企業（revalue undervalued company）

低成本多樣化（low-cost variety）

快速反應時間（fast response time）

技術完善程度（technological sophistication）

時間基礎競爭者／時基競爭者（time-based competitor）

汽門／噴氣閥門（valve）

全配（fully optioned）

渦輪增壓（turbocharging）

超級增壓（supercharging）

四輪傳動（four-wheel drive）

傳動系統（transmission）

懸吊系統（suspension）

週期時間／週程時間（cycle time）

製品庫存週轉率（work-in process inventory turns）

總庫存週轉率（total inventory turns）

原物料（raw material）

價格溢價（price premium）

前置時間／交付週期（lead time）

機會成本（opportunity cost）

半客製化（semi-custom）

使用時間長短／時間消耗／耗時（time consumption）

價值遞送系統（value delivery system）

第二章

稼動率／正常運行時間／可用時間／順時（up time）

準時／按期（on time）

及時生產（just-in-time production，JIT）

規模（scale）

聚焦工廠／重點工廠（focused factory）

彈性（flexibility）

勞動成本／勞工成本（labor cost）

工資率（wage rates）

規模基礎策略（scale-based strategy）

彈性工廠（flexible factories）

市場寬度（market breadth）

調整／調適（adaptation）

高勞力密集（high labor content）

固定匯率制（fixed exchange rates）

工資基礎優勢（wage-based advantage）

資本投資（capital investment）

勞動力生產率（work-force productivity）

適應型製造技術（adapting fabrication technique）

大量生產程序（mass production process）

模組（module）

聚焦競爭者（focused competitors）

生產線轉換／換線（changeover）

設置（setup）

製成品（finished goods）

停工（down）

簡單化／簡化（simplified）

間斷式製造程序／離散式製程（discrete manufacturing process）

閒置時間（idle time）

損益平衡／損益平衡點／損平點（break-even）

整體產能／總產能（overall capacity）

穩定產量／恆定生產量（constant production volume）

產品垂直整合（vertical integration）

函數（function）

變動勞動成本（variable labor cost）

作業成本（activity costs）

彈性作業（flexible operations）

典型生產運作時間／生產運轉時間／生產運行時間（production run）

排程步驟（scheduling procedures）

集中式調度方法（central scheduling）

材料資源規畫（materials resource planning）

工廠現場控制制度（shop floor control system）

工作訂單／工單／製令（work order）

近端排程（local scheduling）

交換排程／中級排程（intermediate scheduling）

製程表（process sheet）

彈性製造（flexible manufacturing）

資產生產率（assets productivity）

最適營運成本點（optimum operating cost point）

全面品質管理（total quality control）

生產流程（production flow）

規模經濟（economies of scale）

運作原型（operations archetype）

官僚式運作（bureaucratic

馬奇諾防線（Maginot line）

程序技術中心（process technology center）

物料資源規畫系統（MRP system）

工廠單元（factory cell）

臭鼬工廠（skunk works）

功能變更者／特徵蔓延（feature creep）

要徑活動／關鍵途徑活動（critical path activities）

人因分析（human factors analysis）

回饋迴路（feedback loop）

時間感（sense of time）

局部最佳化／局部優化（local optimization）

當責（accountability）

時間層（time horizon）

跡近錯失／虛驚事件／幾乎發生的事故（near miss）

市場能見度（market visibility）

垂直整合（vertical integration）

相容性（compatibility）

第五章

稅前收入（pretax income）

自由現金流量（free cash flow）

淨資產生產率（net asset productivity）

野馬式生產系統（Yanmar Production System，YPS）

自有品牌（private-label）

轉子引擎（rotary engine）

成本生產力（cost productivity）

時間生產力（time productivity）

人力工廠（people factory）

第六章

關鍵里程碑（key milestone）

快速週期（fast-cycle）

主要營運流（main flow of operations）

工作流（flow of work）

主序列（main sequence）

連續流（continuous flow）

即時（real time）

及時存貨（just-in-time inventory）

現有庫存量（held inventories）

主線作業（main in-line activities）

預製（pre-engineering）

追加訂貨（reordering）

產出能力（throughput capacity）

總占用時間（total elapsed time）

工程變更（engineering change）

OODA 循環（OODA Loop）： 觀察（Observation）、調整 （Orientation）、決策（Decision） 與行動（Action）

剩餘產能（slack capacity）

產能超載（overload）

閉環團隊（closed-loop teams）

訂單流（order flow）

勞動時間（labor time）

專案小組（task force）

時間週期（process-time cycle）

資訊密度（information density）

準時交貨（on-time delivery）

稼動率（uptime）

產出率（yield）

停工（downtime）

中斷（interruption）

遞延（referrals）

沉沒成本（sunk cost）

減損（detract）

手工精整（hand-finishing）

閒置資產（idle assets）

不同步（out of sync）

重做（reworking）

順序（serially）

並行（parallel）

計畫表導向（schedule-driven）

存貨週轉率（inventory turns）

待配訂貨／待完成量（backlogs）

要徑（critical path）

《捍衛戰士》（*Top Gun*）

第七章

工作流程（working procedure）

覺察（awareness）

承諾（commitment）

典範（paradigm）

關鍵要角（key player）

工程流程圖（flow chart）

存料（stock）

流（flow）

跨功能團隊（multifunctional team）

決策點（decision point）

不成則敗（make it or break it）

關鍵環節（critical link）

資訊流（information flow）

系統效應（system effect）

工作負荷／工作量（workload）

總工廠週期時間（total factory cycle time）

爭效用（competitive effectiveness）

管理矩陣（management matrix）

生產批量／生產批（production lot）

訂單流／訂單流程（order flow）

良品（good product）

停止運作（shut down）

緩衝存貨（buffer inventory）

序列處理程序／序列進程（sequential process）

洞見／洞察（insight）

物料流程（material flow）

彈性製造單元（flexible manufacturing cells）

混流（mixed flow）

連續工作流（continuous flow of work）

閉環群體（closed-loop group）

同步化（synchronized）

連續流操作（continuous flow operations）

前導測試（pilot）

關鍵驅動因子（critical pilot drivers）

突破小組（breakthrough team）

成本估計週期（cost-estimating cycle）

並行處理（parallel processing）

同步作業（synchronize operations）

槓桿點（leverage point）

學習環（learning loop）

組織重整（reorganization）

重組（restructure）

產品基礎利潤中心（product-based profit center）

分權／去中心化（decentralization）

臨時緩衝區（temporary buffers）

變化率（rate of change）
惰性（inertia）
根本原因分析圖（root-cause diagrams）
預修保養（Preventive Maintenance）
快速回饋環（rapid feedback loop）
快速原型設計／早期原型設計（early prototyping）
市場轉換（market conversion）

第八章
供應鏈配對（customer-supplier pair）
訂單變動放大效應（amplification of order changes）
緩衝存貨（buffer inventory）
集體週期時間（collective cycle）
快速出貨（fast-turnaround）
設定時間（set-up times）
生產運作時間（production run length）
接單生產（making to order）
處理時間／加工時間（processing time）
標準化（standardization）
生產單元（production cells）
閉環解決方案（closed-loop solutions）
無庫存／缺貨（stockout）
備用零件（spare parts）
連續訂單（successive orders）
利用率（utilization）
中間產品階段（intermediate product stage）

連續鑄造／連續澆鑄（continuous casting）
恆定開工率／恆定運行率（constant operating rate）
履約流程（closing loop）

第九章
聚焦經營（focusing operations）
分割事業（divesting business）
削價增產策略（cut-price-and-add-capacity strategy）
延期交貨（back-order）
特殊品（specialty product）
當日出貨（one-day turnaround）
勞力密集型（labor-intensive）
時間瓶頸（time bottleneck）
可派遣運能（available capacity）
阻塞（blockage）
碎片化（fragmentation）
可支配開支（discretionary spending）
可支配所得（disposable income）
領先優勢（leading edge）
預後（prognosis）

圖表索引

國家圖書館出版品預行編目 (CIP) 資料

時基競爭 : 快商務如何重塑全球市場 / 喬治 . 史托克
(George Stalk, Jr.), 湯瑪斯 . 郝特 (Thomas M. Hout) 著 ;
李田樹譯 .
-- 初版 . -- 臺北市 : 經濟新潮社出版 : 英屬蓋曼群島商
家庭傳媒股份有限公司城邦分公司發行 , 2022.03
　　面 ;　公分 . -- (經營管理 ; 175)
譯自：Competing against time : how time-based
　　　competition is reshaping global markets.
ISBN 978-626-95747-1-1(平裝)

1.CST: 企業管理 2.CST: 商品運輸 3.CST: 時間管理

494　　　　　　　　　　　　　　　　　　　111000975